普通高等教育建筑类新形态系列教材

河南省“十四五”普通高等教育规划教材

建筑构造

主　编　李　虎

副主编　刘　琪　侯珏玭　田伟丽

中国水利水电出版社
www.waterpub.com.cn
·北京·

内 容 提 要

本教材以建筑构件为脉络，主要内容涉及墙体、楼地层、屋顶、地基与基础、楼电梯、门窗等构件；以关键词作为联系，构建了建筑构造的知识网络架构。通过建筑实例展示，延伸其构造做法、构造特点、建筑艺术等相关内容；以关键词建立建筑、构件、构造三者之间的联系，形成完整的知识体系。本教材配套的数字资源丰富了表现形式，适应了信息化时代的特征。

本教材适用于高等学校建筑类专业教学，也可供建筑行业从业人员阅读参考。

图书在版编目（CIP）数据

建筑构造 / 李虎主编. -- 北京 : 中国水利水电出版社, 2024.10

普通高等教育建筑类新形态系列教材　河南省“十四五”普通高等教育规划教材

ISBN 978-7-5226-2012-1

Ⅰ. ①建… Ⅱ. ①李… Ⅲ. ①建筑构造－高等学校－教材 Ⅳ. ①TU22

中国国家版本馆CIP数据核字(2023)第251294号

书　　名	普通高等教育建筑类新形态系列教材 河南省“十四五”普通高等教育规划教材 **建筑构造** JIANZHU GOUZAO
作　　者	主　编　李　虎 副主编　刘　琪　侯珏玭　田伟丽
出版发行	中国水利水电出版社 （北京市海淀区玉渊潭南路 1 号 D座　100038） 网址：www.waterpub.com.cn E - mail：sales@mwr.gov.cn 电话：（010）68545888（营销中心）
经　　售	北京科水图书销售有限公司 电话：（010）68545874、63202643 全国各地新华书店和相关出版物销售网点
排　　版	中国水利水电出版社微机排版中心
印　　刷	天津嘉恒印务有限公司
规　　格	184mm×260mm　16开本　16.75印张　317千字
版　　次	2024 年 10月第 1 版　2024 年 10 月第 1 次印刷
印　　数	0001—2000册
定　　价	**55.00**元

前言

2018年教育部发布《教育课程教材改革与质量标准工作专项资金管理办法》，提出“开展数字教材等新形态教材的研发、试点和推广”；2019年，中共中央、国务院印发《中国教育现代化2035》，教育部印发《普通高等学校教材管理办法》，提出“加快信息化时代教育变革”；2020年教育部提出“要研究制定覆盖知识领域、知识单元和知识点的相关领域知识图谱，开辟教学资源建设新路径和人才培养新模式”，并印发《高等学校课程思政建设指导纲要》，全面推进高校课程思政建设，提出要根据不同学科专业的特色和优势，深入研究不同专业的育人目标，深度挖掘提炼专业知识体系中所蕴含的思想价值和精神内涵，科学合理拓展专业课程的广度、深度和温度。2022年10月，习近平总书记在党的二十大报告中指出，要将教材建设作为深化教育领域综合改革的重要环节。根据以上相关政策，编写本教材。

本教材由纸质教材、数字资源、课程学习App三部分组成，是融合现代信息技术、多种介质综合运用、表现力丰富的新形态教材。本教材对建筑构造的知识框架进行了重新架构，首先，以建筑组成构件为脉络，递进介绍墙体、楼地层、屋顶、地基与基础、变形缝、楼电梯、门窗等构件的相关知识；其次，通过建筑实例展示，延伸介绍建筑构造做法、构造特点、建筑艺术等内容；最后，以关键词为枢纽，建立建筑、构件、构造三者之间的有机联系，建构建筑构造的知识网络图谱，从而形成完整的建筑构造知识体系。本教材配套的数字资源丰富了教材内容和表现形式，契合信息化时代我国加快高等教育数字化转型的发展要求。

为更好地建构“建筑构造”课程新的知识框架，我们借助信息技术，通过纸质图书中资源链接的二维码展现相关建筑形象，以便读者快速建立客观认知。我们还专门设计开发了可追踪学习路径、实现个性化学习的App，丰富学习方式，真正实现教材的新形态化。同时，这本教材还针对信息技术下如何适应新的学习方式，进行了编排方式的改进和数字资源建设。本教材的内容和观点主要依据为高校建筑学专业指导委员会规划推荐教材，书中知识点的客观描述多参考自《中国大百科全书数据库》《高等学校建筑学本科指导性专业规范》《普通高等学校本科专业类（建筑类）教学质量国家标准》，建筑平面、立面、剖面图来自《国家建筑标准设计图集》与工程实践项目等，其他图片由编写团队拍摄或收集整理绘制。

编写团队及编写分工如下：

李虎担任主编，刘琪、侯珏玭、田伟丽担任副主编，谢芸菲、王子毅、张俊峰参编，李虎、刘琪、侯珏玭负责整体构建教材知识体系框架和设计教材内容，田伟丽负责编写工作统筹和统稿。

纸质教材：

第一单元		张俊峰
第二单元		李　虎、王子毅
第三单元	3.1	李　虎、王子毅
	3.2 和 3.4	侯珏玭
	3.3 和 3.7	谢芸菲、田伟丽
	3.5 和 3.6	刘　琪
第四单元		田伟丽

数字资源：

PPT 课件及讲解文稿	刘　琪、侯珏玭、谢芸菲
图像资源	田伟丽、王子毅
课程学习 App	李　虎、田伟丽、张俊峰

在编写过程中，我们深感自身的局限，教材内容和形式难免存在不足，望同行专家和广大读者批评指正。在今后的教学中，我们将进一步总结经验，补充和完善知识内容体系和新形态教材的使用方式。

编者

2023 年 12 月

目录

数字资源目录

视频

拓展

第一单元

使用说明

“建筑构造”是建筑类本科生专业基础课程和理论主干课程之一。本教材综合考虑专业特点、“建筑构造”课程特点、学生学习特点，结合数字技术编写而成。为适应学生数字化、网络化学习方式，教材将信息技术与教育教学深度融合，以培养具有创新能力、跨界整合能力、高素质的交叉复合型建筑类专业新型人才为目标，助力信息化时代教育变革。

教材由纸质教材、数字资源、课程学习 App 三部分组成，形成多种介质综合运用、表现力丰富的新形态教材；引入知识图谱理论重构知识体系，梳理建筑构造知识框架，建构建筑构造知识图谱，形成“知识体系—知识领域—知识单元—知识点”的多层次立体网络体系，以促进学生加快建立知识关联意识；建设图片、视频、VR 模型、课件等不同类型的数字资源，激发学生的学习兴趣；将课程思政融入知识点和知识单元，培养和建立学生文化自信。

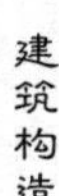

1.1 知识网络的建立

建筑构造教材常见的编写方式是采用类型学方法，按照建筑组成要素展开论述，从该要素的位置、作用开始，对其热工性能、构造做法和分类等进行专门描述，并对典型构造做法进行图解。对于初学者而言，按照类型展开知识学习，确实能建立对各组成部分的深入了解，但无法直接建立知识点间的相互关联，很难形成连贯的纵向、横向知识脉络。并且，仅采用图解的方式，很难立体、全面地展现构造做法，不利于学生全面掌握相关知识。所以，传统教材难以发挥建筑构造学习对于个人专业素养提升的作用。

结合信息化时代的学习特征和多年的教学经验，对建筑构造教材的编写进行了大胆创新，借助知识图谱技术构建包括核心知识、学科拓展知识等在内的建筑构造知识图谱，形成新的教材内容框架，并将课程内容按照“知识点”“知识单元”进行分级式归类整理，简化建筑构造核心知识，体现知识点之间的相互关联，拓展相关领域知识，变进阶式学习为关联式学习，变单科知识为多学科融合，以实现个性化、启发式学习的目的。

1.2 教材结构

本教材以建筑组成构件为知识单元、类型作为基本知识点，以关键词建立知识单元间、知识点间、知识单元与知识点间的关联，建构核心教材内容体系。基本知识点具有独立性，打破了传统进阶式编写方式。

类型作为基本知识点，涵盖建筑构造课程教学所涉及的各种分类方式（材料、位置等）的内容。以知识锦囊的形式存在，最易被初学者接受和理解。通过关键词、知识点描述、资源链接、知识拓展，完成从点逐步扩展到面的认知。

1.2.1 关键词

关键词建立了知识单元间、知识点间、知识单元与知识点间的关联。

关键词提取了知识点的位置 (知识单元)，构造特点 [构造位置、材料 (为该知识点重点、难点)] 等要素，并列排列。知识点位置强调了“知识领域—知识单元—知识点”的逻辑关系，以便学生掌握分类逻辑，同时便于对该知识点所处位置进行快速定位。构造位置、材料等关键词方便建立学科间及知识点之间的关联，同时引导读者抓住知识点核心，将具有相同的基本特征的知识点进行关联，从而加快读者知识体系的形成。例如：

知识点 / 知识单元	关键词
基础	基坑支护；天然地基；人工地基
基础变形缝	地基；基础
双墙基础变形缝	变形缝 基础 横墙

从以上案例可知，“地基”与“基础变形缝”不属于同一个知识单元，但是通过关键词“基础”产生了关联，“基础变形缝”与“双墙基础变形缝”属于“知识单元—知识点”的关系，通过关键词“基础”和“变形缝”产生了关联。

1.2.2 知识点描述

以基本知识点的客观描述为主，目的是让读者建立对知识点的形象认知。通过描述知识点所在位置、功能特点、构造特点、热工性能等内容，使读者对其概念形成初步认知，并熟悉建筑构造的描述方式。

1.2.3 资源链接

对基本知识点进行多方位的展示，与通过文字阅读形成的建筑空间想象相互印证，建立完整认知。多方位展示既包括实例照片、图纸资料等传统方式，又引入视频、课件、三维模型丰富展示形式，提高读者对建筑构造的认知水平。

1.2.4 知识拓展

对基本知识点进行相关知识的延展，既有学科拓展知识，也有法规等行业规范内容，例如在木门窗知识单元中，对现代木门窗的使用特点、形式进行拓展，以便学生认识了解影响建筑材料、类型发展和应用的趋势，启发学生对建筑构造知识网络进行相互关联。

1.2.5 知识点回顾与概论

课程设置重点、难点知识点回顾，知识点回顾应结合知识单元学习展开，一方面帮助学生建立学而思的学习方式，另一方面引导学生掌握课程重点、难点。

关键词、知识点描述和资源链接，是建筑构造课程基本信息，尤其是关键词，将知识点间的线索进行了具有关联性的提取；知识拓展是具有启发性的认知外延，选择性地对部分基本知识点进行补充，以增强学生建立知识网络的整体意识。建筑构造的发展受到外界环境、使用者、建筑技术条件和经济条件的影响，因此在介绍各知识点之前，在第二单元中明确了影响建筑构造的因素、设计原则和各种分类方式。

1.3 教与学的方式

根据当代大学生的学习认知特点，本教材配套图片、视频、课件等多种数字资源，学生可从多角度掌握知识内容，也可根据学习偏好选择学习资源，加深对知识的理解，并培养自主学习的能力。教材建构了多层次立体网络知识体系，学生可碎片化地学习知识点，同时也能明确知识点间的逻辑关系。

纸书、数字资源的一体化融合，实现便捷交互，教师可开展启发式、探究式、参与式、合作式等教学方式改革，实现知识的碎片化输入、系统性积累，满足个性化培养要求。

第二单元 概论

通过学习“建筑构造”这门课程，学生可以了解建筑物的承重原理、建筑材料与性能、结构构件与连接等内容，培养解决实际问题的能力，为未来从事建筑设计或相关领域的工作奠定扎实的基础。在构造设计中，需要综合考虑外界环境、使用者需求、建筑技术条件和经济条件等因素，遵循满足建筑功能要求、保证结构安全、适应建筑工业化需要、考虑建筑综合效益、提升建筑美观价值等设计原则。遵循这些原则，可以设计出符合功能需求、安全可靠、美观实用的建筑物，提高建筑物的耐久性和使用质量。

2.1 建筑构造组成

建筑构造是建筑学科中的核心内容，是建筑师和工程师在实践中必须深入了解和应用的基础知识。建筑构造主要涉及建筑的结构、材料和功能等方面，其中结构是建筑物的支撑系统，承载荷载和提供稳定性；材料是构建建筑的基础，影响着建筑物的外观、性能和寿命；功能则是建筑的设计目的和使用需求，决定着建筑物的具体功能和适用范围。

关键词：基础　墙　柱　楼/地层　楼/电梯　屋顶　门窗

知识点描述

建筑物通常由承重结构、围护结构、饰面装修和附属部件四个方面组成。通过这四个方面的组成，建筑物实现了结构的稳定性、一定的使用功能以及美观舒适的空间环境，每个组成部分都起着重要的作用，共同构成了一件完整的建筑作品。承重结构可分为基础、竖向承重构件、水平承重构件等。围护结构可分为外围护墙、内墙等。饰面装修一般按其部位分为内外墙面、楼地面、屋面、顶棚等。附属部件一般包括楼梯、电梯、自动扶梯、门窗、遮阳、阳台、栏杆、隔断、花池、台阶、坡道、雨篷等。

拓展
建筑构造宏观框架

拓展
影响建筑构造的因素及其设计原则

拓展
建筑的组成

资源链接

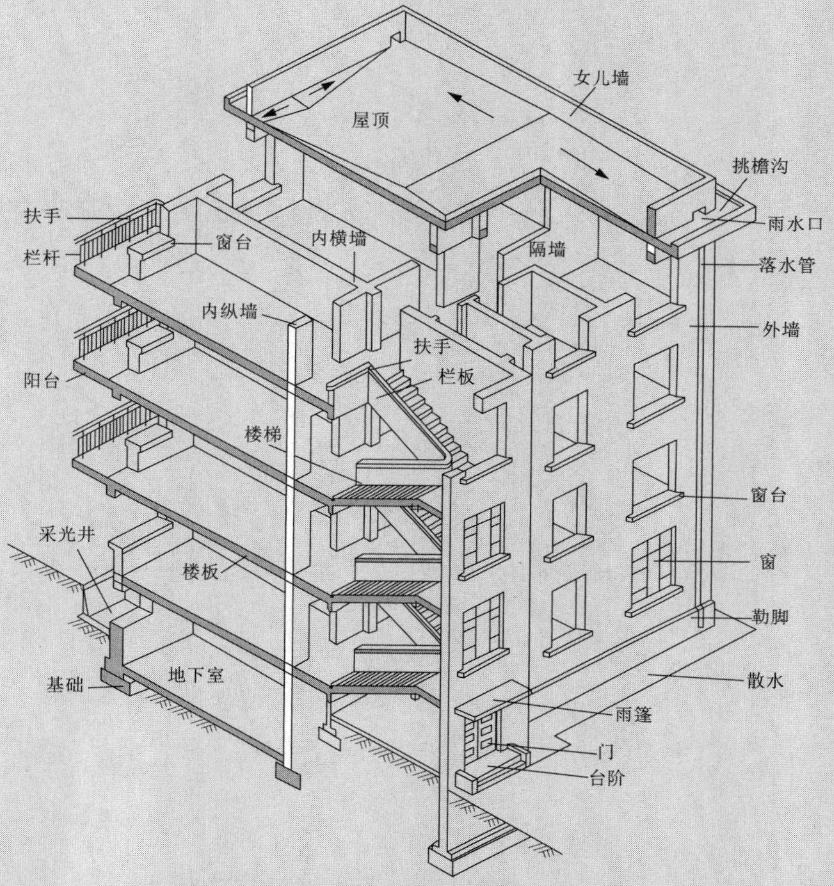

图 2.1.1 墙体承重结构的建筑构造组成

视频
墙体承重结构的建筑构造组成

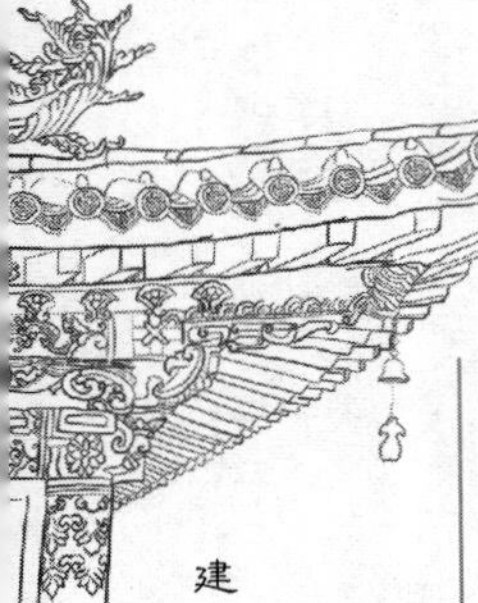

资源链接

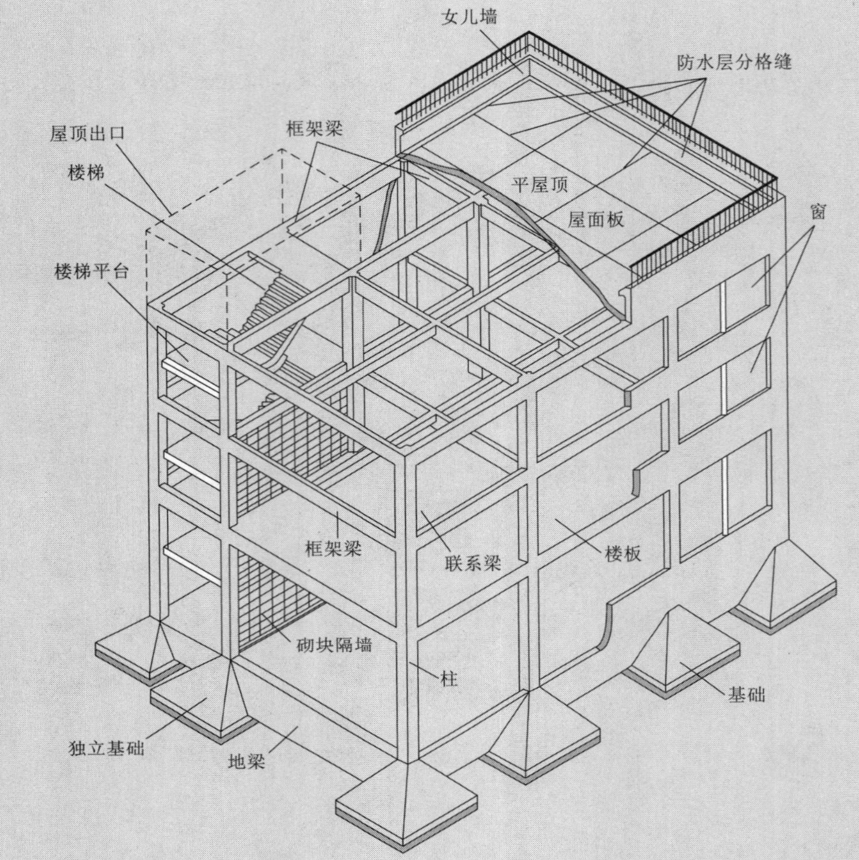

图 2.1.2　钢筋混凝土框架结构的建筑构造组成

视频
钢筋混凝土框架结构的建筑构造组成

知识拓展

根据各组成部件的位置与功能的不同，可将建筑的物质实体分为基础、墙和柱、楼层和地层、楼梯和电梯、屋顶、门窗等。

（1）基础。基础是建筑物最下部的承重构件，它承受建筑物的全部荷载并将荷载传给地基。基础必须具有足够的强度、稳定性，同时应能抵御土层中各种有害因素的作用。

（2）墙和柱。墙是建筑物的竖向围护构件，在多数情况下也是承重构件，

知识拓展

承受屋顶、楼层、楼梯等构件传来的荷载，并将这些荷载传给基础。外墙分隔建筑物内外空间，抵御自然界各种因素对建筑的侵袭；内墙分隔建筑内部空间，避免各空间之间的相互干扰。根据墙所处的位置和所起的作用，分别要求它具有足够的强度、稳定性以及保温、隔热、节能、隔声、防潮、防水、防火等功能，并具有一定的经济性和耐久性。为了扩大空间、提高空间的灵活性，也为了结构的需要，有时以柱代墙，起承重作用。

（3）楼层和地层。楼层和地层是建筑物水平方向的围护构件和承重构件。楼层分隔建筑物上下空间，并承受作用其上的家具、设备、人体、隔墙等荷载及楼板自重，并将这些荷载传给墙或柱。楼层还起着墙或柱的水平支撑作用，以增加墙柱稳定性。楼层必须具有足够的强度和刚度。根据上下空间的特点，楼层应具有隔声、防潮、防水、保温、隔热等功能。地层是底层房间与土壤的隔离构件，除承受作用其上的荷载外，应具有防潮、防水、保温等功能。

（4）楼梯和电梯。楼梯是人们步行上下楼层的交通联系部件，并根据需要满足紧急事故时的人员疏散。楼梯应有足够的通行能力，并做到坚固耐久和满足消防疏散安全的要求。自动扶梯是楼梯的机电化形式，用于传送人流，但不能用于消防疏散。电梯是建筑的垂直运输工具，应有足够的运送能力和快捷的性能。消防电梯用于紧急事故时的消防扑救，需满足消防安全要求。

（5）屋顶。屋顶是建筑物顶部的围护构件和承重构件，抵御自然界的雨、雪、风、太阳辐射等因素对房间的侵袭，同时承受作用其上的全部荷载，并将这些荷载传给墙或柱。因此屋顶必须具备足够的强度、刚度以及保温、隔热、防潮、防水、防火、耐久及节能等功能。

（6）门窗。门的主要功能是交通出入，分隔和联系内部与外部或室内空间，有的兼起通风和采光作用。门的大小和数量以及开关方向是根据通行能力、使用方便和防火要求等因素决定的。窗的主要功能是采光和通风透气，同时又有分隔与围护作用，并起到空间之间视觉联系作用。门和窗均属围护构件，根据其所处位置，门窗应具有保温、隔热、隔声、节能、防风沙及防火等功能。

2.2 建筑分类

建筑物的类型可以根据多个因素进行分类，包括功能、结构、用途等，每种类型在设计和功能上都有独特的要求和特点。

2.2.1 按使用功能及属性分类

拓展
建筑的分类

关键词： 民用建筑　工业建筑　农业建筑

知识点描述

民用建筑是指非生产性的居住建筑和公共建筑，是由若干个大小不等的室内空间组合而成的。

工业建筑指供人从事各类生产活动和储存的建筑物和构筑物。

农业建筑是指进行农牧业生产和加工的建筑。

资源链接

表 2.2.1　建筑按照使用功能及属性分类

建筑类别	定　义	二级分类	举　例
民用建筑	供人们居住和进行各种公共活动的建筑的总称	居住建筑	住宅、宿舍、招待所等
		公共建筑	办公、文教、托幼、医疗、商业、观演、体育、展览、旅馆、交通、通信、园林、纪念建筑等
工业建筑	以工业性生产为主要使用功能的建筑	单层工业厂房	主要用于重工业类的生产企业
		多层工业厂房	主要用于轻工、IT 业类的生产企业
		单、多层混合厂房	主要用于化工、食品类的生产企业
农业建筑	以农业性生产为主要使用功能的建筑		温室、畜禽饲养场、水产品养殖场、农副产品加工厂、粮仓等

知识拓展

1. 民用建筑

民用建筑是指住宅、旅馆、招待所、商店、大专院校教学楼和办公、科研、医疗用房等，必须按照国家有关规定修建战时可用于防空的地下室。这里说的“民用建筑”是区别于“军事建筑”和生产性工业建筑而言，指不论单位性质、投资规模和投资来源的居住建筑和公共建筑，包括：住宅及其配套设施、宾馆、招待所；学校教学楼及其附属设施；医疗用房及其附属设施；办公楼、科研楼、综合楼的非生产用房部分；商店；文化馆、影剧场、体育场、图书馆、展览馆、文体活动中心；其他法律法规规定的建筑等。民用建筑功能多、用途广，其构成比工业建筑要复杂得多。

（a）住宅楼

（b）教学楼

图 2.2.1　民用建筑

知识拓展

2. 工业建筑

工业建筑是指从事各类工业生产及直接为生产服务的房屋，一般称为厂房。工业建筑18世纪后期，工业建筑最早出现于英国，后来欧洲其他一些国家以及美国也兴建了各种工业建筑。苏联在20世纪二三十年代开始进行大规模工业建设。中国在20世纪50年代开始大量建造各种类型的工业建筑。工业建筑生产工艺复杂多样，在设计配合、使用要求、室内采光、屋面排水及建筑构造等方面，具有如下特点：

（1）厂房的建筑设计是在工艺设计人员提出的工艺设计图的基础上进行的，建筑设计应首先适应生产工艺要求。

（2）厂房中的生产设备多、体量大，各部分生产联系密切，并有多种起重运输设备通行，厂房内部应有较大的开敞空间。

（3）厂房宽度一般较大，或对多跨厂房，为满足室内、通风的需要，屋顶上往往设有天窗。

（4）厂房屋面防水、排水构造复杂，尤其是多跨厂房。

（5）单层厂房中，由于跨度大，屋顶及吊车荷载较重，多采用钢筋混凝土排架结构承重；在多层厂房中，由于荷载较大，广泛采用钢筋混凝土骨架结构承重；特别高大的厂房或地震烈度高的地区厂房宜采用钢骨架承重。

（6）厂房多采用预制构件装配而成，各种设备和管线安装施工复杂。

图 2.2.2　工业建筑

知识拓展

3. 农业建筑

农业建筑是指进行农牧业生产和加工的建筑，如粮库、畜禽饲养场、温室、农机修理站等，农业建筑的具体分类如下：

（1）动物生产建筑。动物生产建筑是农业生产建筑的重要组成部分，包括饲养鸡、猪、牛、羊、兔、鸭、皮毛兽等的禽畜建筑，以及鱼、虾、鳖等养殖建筑。根据不同的饲养工艺与气候条件，动物生产建筑一般又分为开敞式、有窗式、密闭式三种。

（2）植物栽培建筑。主要包括温室、大棚、中小拱棚、人工气候室、组培扩繁室、食用菌生产间、工厂化育苗室等。

（3）农产品贮藏保鲜及其他库房建筑。包括果蔬贮藏库、种子库、粮库、饲料库、青饲料贮藏库、畜禽水产品贮藏库、农业机具库等。

（4）农副产品加工建筑。农产品就地贮藏、加工、增值是农民离土不离乡，致富增收的支柱产业之一。农副产品加工建筑包括畜禽肉、皮、毛、羽毛、谷物、粮油、水产、乳品加工以及种子、饲养、果蔬等加工所需要的厂房建筑。

（5）农机具维修建筑。生产用房根据规模和任务分别设修理、锻造、焊接、木工、机械加工等车间，属小型工业建筑。

（6）农村能源建筑。农村能源建筑是指供乡镇、农村居民住宅以及农村公共建筑能源需要的建筑物，包括沼气池、太阳能光伏发电站、小型水力发电站、风力发电站、地热利用站等。

（a）温室

（b）粮库

图 2.2.3　农业建筑

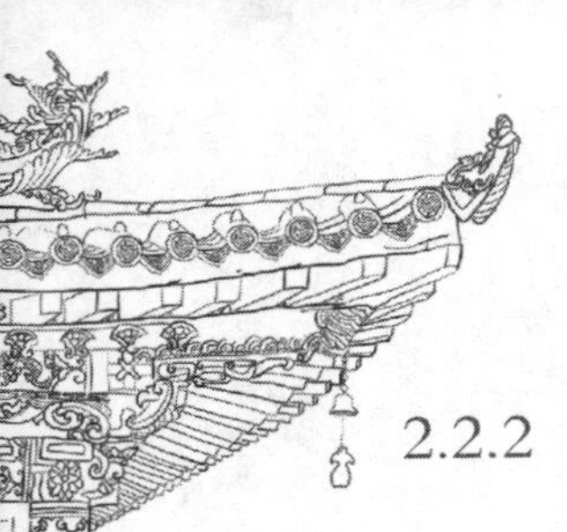

2.2.2 按层数或总高度分类

关键词：住宅建筑　公共建筑

知识点描述

建筑层数是房屋建筑的一项非常重要的控制指标，但必须结合建筑总高度综合考虑。根据《全国民用建筑工程设计技术措施（2009）》，民用建筑可以按建筑地上层数或高度进行分类。

资源链接

表 2.2.2　民用建筑按地上层数或高度分类

建筑类别	名　　称	层数或高度	备　　注
住宅建筑	低层住宅	1~3 层	包括首层设置商业服务网点的住宅
	多层住宅	4~6 层	
	中高层住宅	7~9 层	
	高层住宅	10 层及以上	
	超高层住宅	>100m	
公共建筑	单层和多层建筑	≤24m	
	高层建筑	>24m	除建筑高度大于 24m 的单层公共建筑
	超高层建筑	>100m	

知识拓展

普通建筑是指建筑高度不超过 24m 的民用建筑和超过 24m 的单层民用建筑。建筑高度按下列方法确定：

（1）在重点文物保护单位和重要风景区附近的建筑物，其高度是指建筑

知识拓展

物的最高点，包括电梯间、楼梯间、水箱、烟囱等。

（2）在前条所指地区以外的一般地区，其建筑高度平顶房屋按女儿墙高度计算，坡顶房屋按屋檐和屋脊的平均高度计算。屋顶上的附属物，如电梯间、楼梯间、水箱、烟囱等，其总面积不超过屋顶面积的20%，高度不超过4m的不计入高度之内。

（3）消防要求的建筑物高度为建筑物室外地面到其屋顶平面或檐口的高度。

2.2.3 按承重结构的材料分类

建筑的承重结构即建筑的承重体系，是支撑建筑、维护建筑安全及建筑抗风、抗震的骨架。建筑承重结构部分所使用的材料，是建筑行业中使用最多、范围最广的木材、砖石、混凝土（或钢筋混凝土）、钢材等。根据这些材料的力学性能，砖石砌体和混凝土适合作为竖向承重构件，而木材、钢筋混凝土和钢材既可作为竖向承重构件，也可作为水平承重构件。由这些材料制作的建筑构件组成的承重结构可大致分为木结构、砖石结构、砖木结构、砖混结构、钢筋混凝土结构、钢结构和钢-混凝土组合结构七类。

2.2.3.1 木结构

关键词：古建筑　木结构

知识点描述

木结构指竖向承重结构和横向承重结构均为木料的建筑。它由木柱、木梁、木屋架、木檩条等组成骨架，而内外墙可用砖、石、木板等组成，成为不承重的围护结构。

资源链接

图 2.2.4　中国传统木结构建筑

知识拓展

中国的木结构建筑在唐代已形成一套严整的制作方法，但见诸文献的是北宋李诫主编的《营造法式》。《营造法式》是中国也是世界上第一部木结构房屋建筑的设计、施工、材料以及工料定额的法规，对房屋设计规定“凡构屋之制，皆以材为祖。材有八等，度屋之大小，因而用之”。即将构件截面分为八种，根据跨度的大小选用。经按材料力学原理核算，当时木构件截面与跨度的关系符合等强度原则，说明中国宋代已能通过比例关系选材，体现出梁抗弯强度的原理。与梁、柱式的木构架融为一体的中国木结构建筑艺术别具一格，并在宫殿和园林建筑的亭、台、廊、榭中得到进一步发扬，是中华民族灿烂文化的组成部分。木结构建筑具有自重轻、构造简单、施工方便等优点。我国古代庙宇宫殿、民居等建筑多采用木结构，现代由于木材资源的缺乏，加上木材有易腐蚀、耐久性差、易燃等缺陷，单纯的木结构已极少采用。

2.2.3.2 *砖石结构*

关键词：砖 石 砌筑

知识点描述

砖石结构是指用胶结材料将砖、石、块砌成一体的结构，可用于基础、墙壁、柱子、拱门、烟囱、水池等。

资源链接

（a）赵州桥

（b）长城

图 2.2.5 中国古代砖石结构建筑

资源链接

（c）广惠寺花塔

（d）繁塔

图 2.2.5　中国古代砖石结构建筑（续）

资源链接

（a）荷兰布鲁塞尔市政广场

（b）意大利佛罗伦萨圣母百花大教堂

图 2.2.6　西方古代砖石结构建筑

知识拓展

砖石结构是一种古老的传统结构，自古以来就得到了广泛的应用，如埃及金字塔、罗马斗兽场以及中国的长城、赵州桥（安济桥）、大雁塔等。西

知识拓展

方古建筑主要是砖石建构，如世界闻名的巴黎圣母院，它是一座天主教教堂，全部采用石材建造，高耸挺拔，辉煌壮丽，整个建筑庄严和谐。砖石结构具有成本低、耐火、耐久性好、施工简单易推广等优点，但砌体强度低，特别是拉伸、剪切强度低、抗震能力差、砌体劳动强度大，不利于工业化建设。此外，黏土砖生产还存在与农争田、环境污染等问题。因此，从节能和环保的角度来看，应限制黏土砖的使用。

2.2.3.3　砖木结构

关键词：砖墙　砖柱　木屋架

知识点描述

砖木结构是用砖墙、砖柱、木屋架作为主要承重结构的建筑，如中国古建筑中的民居，大多数农村的屋舍、庙宇等。

资源链接

图 2.2.7　砖木结构建筑

知识拓展

砖木结构建造简单，材料容易获取，费用较低，通常用于农村的屋舍、庙宇等。例如，《商丘地区建筑志》记载："袁家山（袁可立别业），……大殿面阔三间，接大殿后为仙人洞，洞两侧有砖砌台阶，顺台阶而上则登八仙亭，八仙亭为带回廊的砖木结构。"砖木结构的房屋在我国农村地区非常普遍。它的空间分隔较方便，自重轻，并且施工工艺简单，材料也比较单一，但是它的耐用年限短，设施不完备，而且占地多。

2.2.3.4 砖混结构

关键词：砖　墙　柱　砌块　砌筑

知识点描述

砖混结构是指建筑物中竖向承重结构的墙、柱等采用砖或者砌块砌筑，横向承重的梁、楼板、屋面板等采用钢筋混凝土建造的结构。

资源链接

图 2.2.8　砖混结构建筑

知识拓展

砖混结构是混合结构的一种，是采用砖墙来承重，钢筋混凝土梁、柱、板等构件构成的混合结构体系，适合开间进深较小、房间面积小、多层或低层的建筑。砖混结构的承重墙体不能改动，而框架结构的墙体大部分可以改动。总体来说，砖混结构使用寿命和抗震等级要低些。如今，砖混结构已被框架结构和钢筋混凝土结构所替代。

2.2.3.5 钢筋混凝土结构

关键词：钢筋　混凝土

知识点描述

钢筋混凝土结构是指由钢筋和混凝土两种材料结合成整体共同受力的工程结构，包括框架结构、框架-剪力墙结构、剪力墙结构、筒体结构等。

资源链接

（a）框架结构

图 2.2.9（一）　钢筋混凝土结构

资源链接

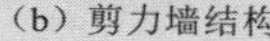

（b）剪力墙结构

（c）筒体结构

图 2.2.9（二） 钢筋混凝土结构

知识拓展

钢筋混凝土结构具有整体性好、抗震性能良好、耐火性好、可模性好、比钢结构节约钢材等优点，但也存在施工工序多、周期长、自重大、容易开裂等缺点。与钢结构相比，钢筋混凝土结构的造价低，是目前应用最广泛的结构形式。钢筋混凝土结构在土木工程中的应用范围极广，各种工程结构都可采用钢筋混凝土建造。钢筋混凝土结构在原子能工程、海洋工程和机械制造业的一些特殊场合，如反应堆压力容器、海洋平台、巨型运油船、大吨位水压机机架等，均得到十分有效的应用，解决了钢结构难以解决的技术问题。

2.2.3.6　钢结构

关键词：型钢　钢柱　钢板　钢架

知识点描述

钢结构是指以型钢等钢材作为建筑承重骨架的建筑，是主要的建筑结构类型之一。其结构主要由型钢和钢板等制成的钢梁、钢柱、钢桁架等构件组成。

资源链接

（a）中原福塔

（b）国家体育场

图 2.2.10　钢结构建筑

知识拓展

钢结构具有强度高、质量轻，抗震性能好、布局灵活、便于制作和安装、施工速度快等特点，适宜超高层和大跨度建筑采用。随着我国高层、大跨度建筑的发展，采用钢结构的趋势正在增长，轻钢结构在多层建筑中的应用也日渐增多。

2.2.3.7 钢－混凝土组合结构

关键词：型钢　混凝土　组合结构

知识点描述

钢–混凝土组合结构是钢部件和混凝土或钢筋混凝土部件组合成为整体而共同工作的一种结构，兼具钢结构和钢筋混凝土结构的一些特性。

资源链接

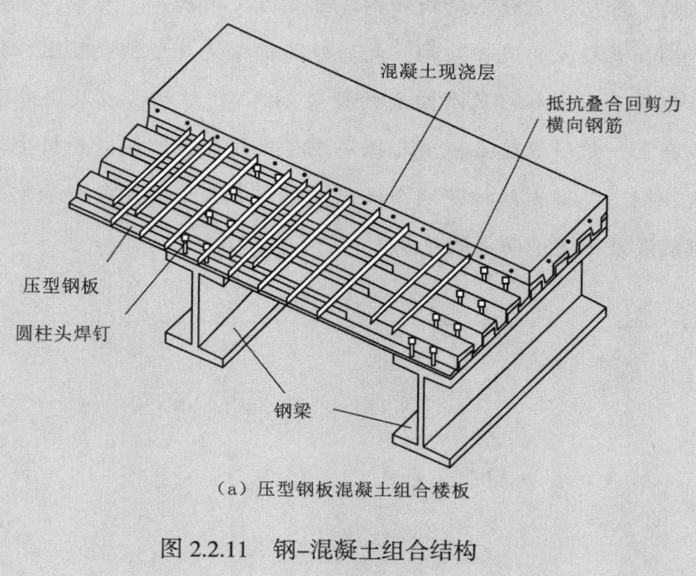

（a）压型钢板混凝土组合楼板

图 2.2.11　钢–混凝土组合结构

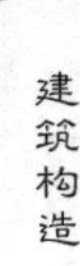

资源链接

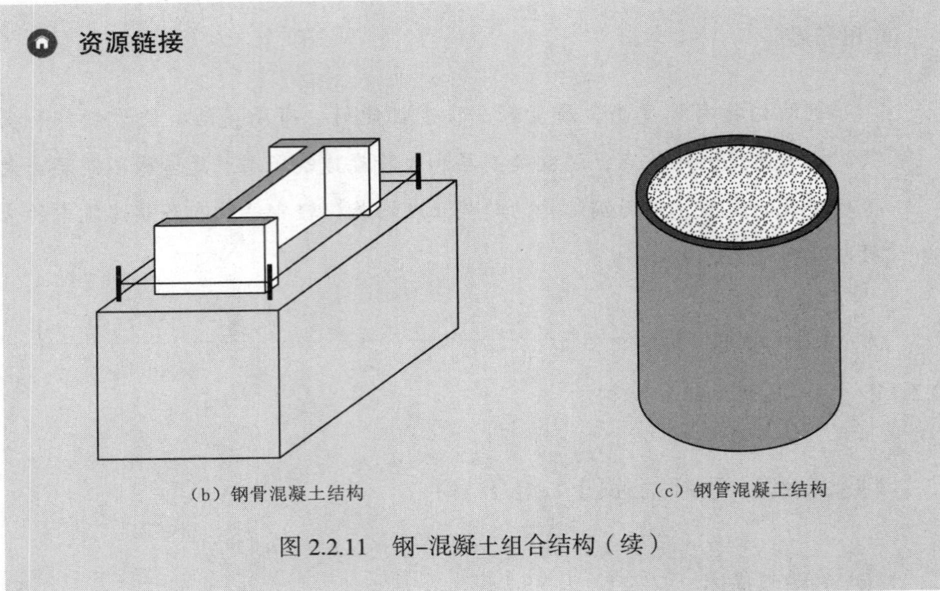

图 2.2.11 钢–混凝土组合结构（续）

知识拓展

钢–混凝土组合结构是继木结构、砌体结构、钢筋混凝土结构和钢结构之后发展兴起的第五大类结构。国内外常用的钢–混凝土组合结构主要包括压型钢板混凝土组合楼板、钢–混凝土组合梁、型钢混凝土结构、钢管混凝土结构、外包钢混凝土结构和钢纤维混凝土结构等。其中，型钢混凝土结构是型钢和混凝土的混合结构，包括外围钢框架或型钢混凝土、钢管混凝土框架与钢筋混凝土核心筒所组成的框架–核心筒结构，以及由外围钢框筒或型钢混凝土、钢管混凝土框筒与钢筋混凝土核心筒所组成的筒中筒结构。钢混结构和钢筋混凝土结构是两个概念，钢筋混凝土结构是指承重的主要构件使用钢筋混凝土建造而成的结构。

2.2.4 按施工方法分类

关键词：现浇　现砌　预制　装配

知识点描述

施工方法是指建筑房屋所采用的方法，它不仅是建设工程施工中的操作和管理规程，同时也是施工组织设计的重要内容，还是工程质量和进度管理的重要环节。

资源链接

图 2.2.12　现浇钢筋混凝土建筑

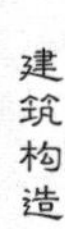

资源链接

图 2.2.13　预制装配式建筑

知识拓展

根据施工方法的不同，可以将建筑分为以下几类：

（1）现浇、现砌式建筑。主要构件均在施工现场砌筑（如砖墙等）或浇筑（如钢混构件等）。

（2）预制、装配式建筑。主要构件在加工厂预制，施工现场进行装配。

（3）部分现浇现砌、部分装配式建筑。部分构件在现场进行浇筑或砌筑（大多为竖向构件），部分构件采用预制吊装（大多为水平构件）。

2.2.5　按规模和数量分类

关键词：大型性建筑　大量性建筑

知识点描述

大型性建筑主要是指建造数量少、单体面积大、个性强的建筑，如机场候机楼、大型商场、旅馆等。

大量性建筑主要是指建造数量多、相似性大的建筑，如住宅、中小学校、商店、加油站等。

资源链接

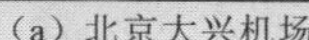

（a）北京大兴机场

（b）大型商场

图 2.2.14　大型性建筑

（a）住宅小区

（b）高校建筑群

图 2.2.15　大量性建筑

2.2.6　按耐火等级分类

关键词：燃烧性能　耐火极限

知识点描述

在建筑设计中，应对建筑的防火安全给予足够的重视，满足相关规范要求。在选择结构材料和构造做法上，应根据其性质分别对待。现行《建筑设计防火规范（2018 年版）》（GB 50016—2014）对民用建筑的耐火等级进行了划分，不同耐火等级对组成房屋各构件的耐火极限和燃烧性能有明确的要求。现行《建筑材料及制品燃烧性能分级》（GB 8624—2012）规定建筑材料及制品的燃烧性能等级分为四级，即 A 级、B_1 级、B_2 级、B_3 级，对应着不燃、难燃、可燃、易燃等四个不同的性能。耐火等级取决于房屋的主要构件的耐火极限和燃烧性能，是衡量建筑物耐火程度的标准。耐火极限是指在标准耐火试验条件下，建筑构件、配件或结构从受到火的作用时起，至失去支持能力或完整性被破坏或失去隔火作用时止所用的时间，用小时表示。其中，失去支持能力是指构件自身解体或垮塌。

资源链接

表 2.2.3　建筑材料及制品的燃烧性能等级

燃烧性能等级	名　称
A	不燃材料（制品）
B_1	难燃材料（制品）
B_2	可燃材料（制品）
B_3	易燃材料（制品）

表 2.2.4　不同耐火等级建筑相应构件的燃烧性能和耐火极限　单位：h

构件名称		耐火等级			
		一级	二级	三级	四级
墙	防火墙	不燃性 3.00	不燃性 3.00	不燃性 3.00	不燃性 3.00
	承重墙	不燃性 3.00	不燃性 2.50	不燃性 2.00	难燃性 0.50
	非承重墙	不燃性 1.00	不燃性 1.00	不燃性 0.50	可燃性
	楼梯间和前室的墙 电梯井的墙 住宅单元间的墙和分户墙	不燃性 2.00	不燃性 2.00	不燃性 1.50	难燃性 0.50

续表

构件名称		耐火等级			
		一级	二级	三级	四级
墙	疏散走道两侧的隔墙	不燃性 1.00	不燃性 1.00	不燃性 0.50	难燃性 0.25
	房间隔墙	不燃性 0.75	不燃性 0.50	难燃性 0.50	难燃性 0.25
柱		不燃性 3.00	不燃性 2.50	不燃性 2.00	难燃性 0.50
梁		不燃性 2.00	不燃性 1.50	不燃性 1.00	难燃性 0.50
楼板		不燃性 1.50	不燃性 1.00	不燃性 0.50	可燃性
屋顶承重构件		不燃性 1.50	不燃性 1.00	可燃性 0.50	可燃性
疏散楼梯		不燃性 1.50	不燃性 1.00	不燃性 0.50	可燃性
吊顶顶棚（包括吊顶格栅）		不燃性 0.25	难燃性 0.25	难燃性 0.15	可燃性

知识拓展

不燃性的材料有天然石材、人工石材、金属材料构件等。可燃性材料有木材等。这些材料做成的构件具有对应的不燃或可燃性能。难燃性的建筑构件是用难燃性材料制作，或在可燃材料外加不燃性材料的保护层，例如沥青混凝土构件、木板条抹灰的构件等。对于梁、楼板等受弯承重构件而言，挠曲速率发生突变是失去支持能力的象征；完整性被破坏是指楼板、隔墙等具有分隔作用的构件，在试验中出现穿透裂缝或较大的孔隙；失去隔火作用是指具有分隔作用的构件在试验中背火面测温点测得平均温升到达 14℃（不包括背火面的起始温度），或背火面测温点中任意一点的温升到达 18℃，或不考虑起始温度的情况下背火面任一测点的温度到达 22℃。建筑构件出现了上述现象之一，就认为其达到了耐火极限。在建筑中，相同材料的构件根据其作用和位置的不同，其要求的耐火极限也不相同。我国《建筑设计防火规

知识拓展

范》（GB 50016—2014）规定，民用建筑的耐火等级可分为一级、二级、三级、四级。除规范另有规定外，不同耐火等级建筑相应构件的燃烧性能和耐火极限不应低于《建筑设计防火规范》中表 5.1.2 的规定。

2.2.7 按设计使用年限分类

关键词：临时性建筑　次要建筑　构筑物　纪念性建筑物　特别重要建筑物

知识点描述

设计使用年限是设计规定的一个时期，在这一规定的时期内，只需要进行正常的维护而无须大修就能按预期目的使用，完成预定的功能，即房屋建筑在正常设计、正常施工、正常使用和维护下所应达到的使用年限。

资源链接

表 2.2.5　不同设计使用年限等级建筑

分类	设计使用年限	适用范围
一类建筑	5 年	适用于临时性建筑
二类建筑	25 年	适用于易于替换结构构件的次要建筑
三类建筑	50 年	适用于普通建筑和构筑物
四类建筑	100 年	适用于纪念性和特别重要的建筑物

2.3 技术概念认知

建筑构造技术中的建筑模数和模数协调是设计和建造过程中至关重要的概念。

建筑模数是建筑中的基本量度单位，通过基本模数的倍数导出其他模数，形成一个有机的数列系统。而模数协调则是通过空间网格、定位轴线、标志尺寸和构造尺寸等手段，确保建筑各个部分之间的尺寸和位置关系协调统一，以达到美学和功能性的统一。

2.3.1 建筑模数

关键词： 基本模数　导出模数　模数数列

知识点描述

建筑设计中，为了实现工业化大规模生产，使不同材料、不同形式和不同制造方法的建筑构配件、组合件具有一定的通用性和互换性，统一选定、协调建筑尺度的增值单位。模数是指选定的尺寸单位，作为尺度协调中的增值单位，也是建筑设计、建筑施工建筑材料与制品、建筑设备、建筑组合件等各部门进行尺度协调的基础，其目的是使构配件安装吻合，并有互换性。我国建筑设计和施工中，必须遵循《建筑模数协调标准》（GB/T 50002—2013）的规定。基本模数是模数协调中选用的基本尺寸单位，其数值为 100mm，符号为 M，即 1M=100mm。整个建筑物及其一部分或建筑组合构件的模数化尺寸应为基本模数的倍数。由于建筑中需要用模数协调的各部位尺度相差较大，仅仅靠基本模数不能满足尺度的协调要求，因此在基本模数的基础上又发展了相互之间存在内在联系的导出模数，包括扩大模数和分模数。模数数列是以基本模数、扩大模数、分模数为基础扩展成的一系列尺寸。模数数列在各类型建筑的应用中，其尺寸的统一与协调应减少尺寸的范围，但应使尺寸的叠加和分割有较大的灵活性。

拓展
技术概念认知

资源链接

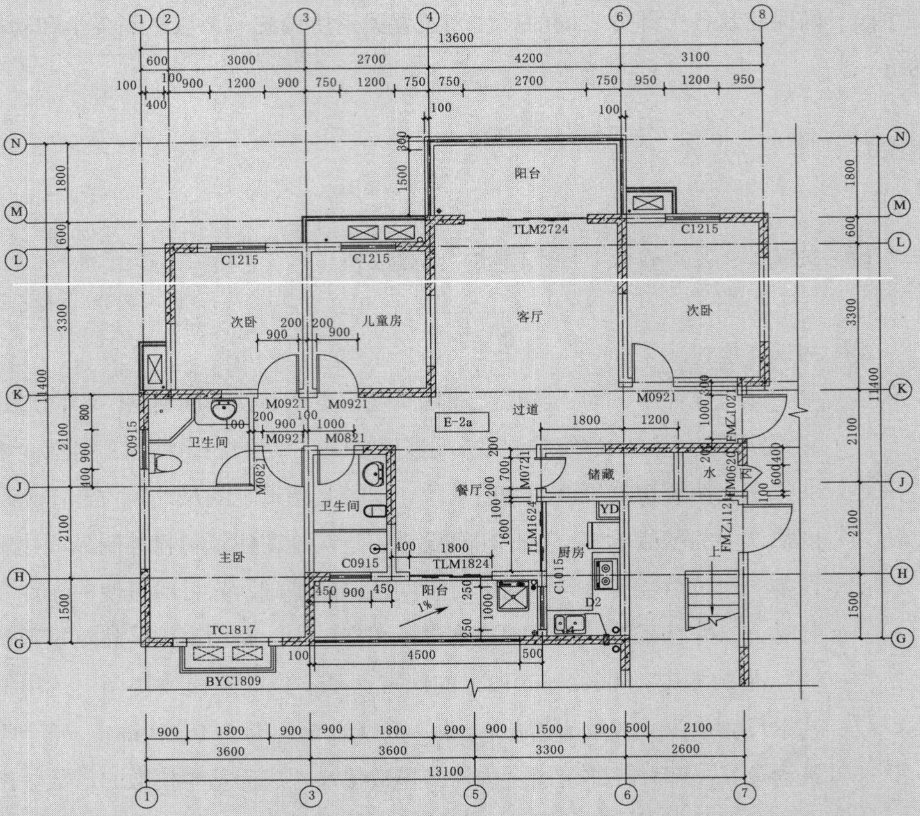

图 2.3.1　某住宅建筑平面图（单位：mm）

知识拓展

模数是指根据建筑材料确定的适于建造的尺寸单位，作为建造过程中尺度协调的基本单位。它是适用于建筑尺度的放大的尺寸单位，便于建筑构件之间的协调，使构配件安装吻合，具有较大的通用性和互换性，以降低成本，提高效率和质量。建筑生产中的模数协调如同生活中的度量衡单位的统一，建筑中的周尺、斗口、柱径砖模等，如同建筑界的公制——米，是一种标准化的通用单位。由于建筑空间的目的是人的使用，所以模数的基本依

知识拓展

据是人体尺度，是以人为核心的对世界的认知和重构，即“人是万物的尺度”，人的正面通行高度1800mm、宽度600mm和侧行宽度300mm的公约数300mm（3M，即三模）常成为建筑设计模数基础和法规标准的基准。

扩大模数是基本模数的整数倍数。水平扩大模数基数为2M、3M、6M、9M、12M等，其相应的尺寸分别是200mm、300mm、600mm、900mm、1200mm等，主要适用于建筑物的开间或柱距进深或跨度、构配件尺寸和门窗洞口尺寸。竖向扩大模数基数为3M、6M，其相应的尺寸分别是300mm、600mm，主要适用于建筑物的高度、层高、门窗洞口尺寸。分模数是基本模数的分数值，一般为整数分数。分模数基数为110M、15M、12M，其相应的尺寸分别是10mm、20mm、50mm，主要适用于缝隙、构造节点、构配件断面尺寸。

模数数列的适用范围如下：

（1）水平基本模数数列。主要用于门窗洞口和构配件断面尺寸。

（2）竖向基本模数数列。主要用于建筑物的层高、门窗洞口、构配件等的尺寸。

（3）水平扩大模数数列。主要用于建筑物的开间或柱距、进深或跨度、构配件尺寸和门窗洞口尺寸。

（4）竖向扩大模数数列。主要用于建筑物的高度、层高、门窗洞口尺寸。

（5）分模数数列。主要用于缝隙、构造节点、构配件断面尺寸。

2.3.2 模数协调

关键词：空间网格　定位轴线　标志尺寸　构造尺寸

知识点描述

为了使建筑在满足设计要求的前提下，尽可能减少构配件的类型，使其达到标准化、系列化、通用化，充分发挥投资效益，对大量性建筑

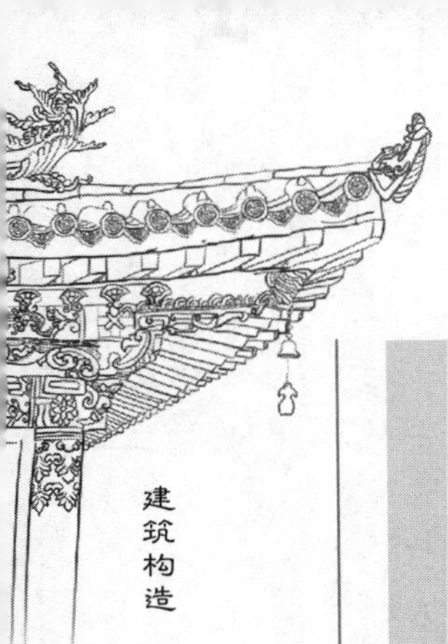

中的尺寸关系进行模数协调是必要的。把建筑看作是三向直角坐标空间网格的连续系列，当三向均为模数尺寸时，称为模数化空间网格，网格间距应等于基本模数或扩大模数。在模数化网格中，确定主要结构位置关系的线，如确定开间或柱距、进深或跨度的线，称为定位轴线。除定位轴线以外的网格线为定位线，定位线用于确定模数化构件尺寸。

标志尺寸应符合模数数列的规定，用以标注建筑定位轴线、定位线之间的距离（如开间或柱距、进深或跨度、层高等）以及建筑构配件、建筑组合件、建筑制品、设备等的界限之间的尺寸。构造尺寸是指建筑构配件、建筑组合件、建筑制品等的设计尺寸。一般情况下，标志尺寸扣除预留缝隙即为构造尺寸。实际尺寸是指建筑构配件、建筑组合件、建筑制品等生产制作后的尺寸。实际尺寸与构造尺寸间的差数应符合建筑公差的规定。

知识拓展

网格手法是建筑空间塑造、结构建构的一种方法，也是辅助建筑设计的重要手段之一。通过网格清晰而有形的媒介对建筑形体的逻辑生成有着不可忽视的作用。网格设计有着古老的历史和渊源，最早可以追溯到我国春秋末期齐国的一本官书《考工记》，其中记载了理想的王城规划模式："匠人营国，方九里，旁三门，国中九经九纬，经涂九纬，左祖右社，面朝后市，市朝一夫。"除了在城市规划的领域之外，网格也曾大量应用于我国古代的木构建筑中。在现代建筑中，网格不再仅仅作为一种构图形式，而是和建筑的环境、功能、技术、文化等诸多方面产生了关系，从而使其构成更加丰富。从现代派到晚期现代派、高技派，从结构主义到解构主义乃至后现代派、手法主义，几乎所有的设计师都用到了网格手法。"网格"是一个内涵丰富的概念，目前对网格的定义并不十分严格。网格是从基本几何形的重复中发

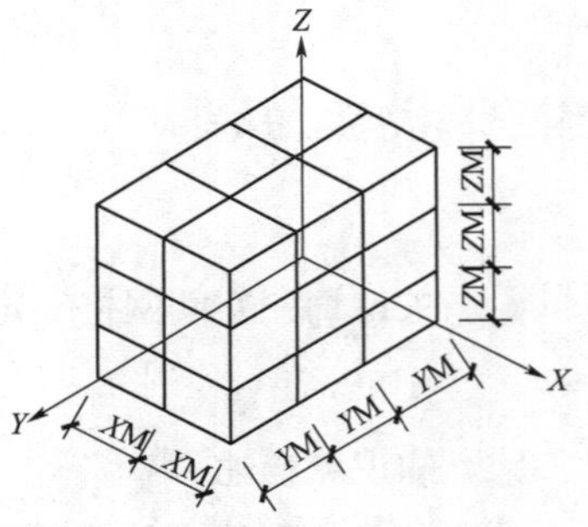

图 2.3.2　模数化空间网格

知识拓展

展出来的，或者理解为是从点、线的关系出发而形成的。两组规则的平行直线正交，其结果产生规律点与规律线的几何图案成为网格。建筑网格的类型多样，从几何形式的角度分，可以分为正方形网格、矩形网格、三角形只网格、六边形网格、圆形网格等。

定位轴线分为单轴线和双轴线，一般常用的连续模数化网格采用单轴线定位，当模数化网格需加间隔而产生中间区时，可采用双轴线定位，需根据建筑设计、施工要求和构件生产等条件综合决定。不同的建筑结构类型（如墙承重结构、框架结构等）对定位轴线有不同的特殊要求，都是为了使其尽可能达到标准化、系列化、通用化。

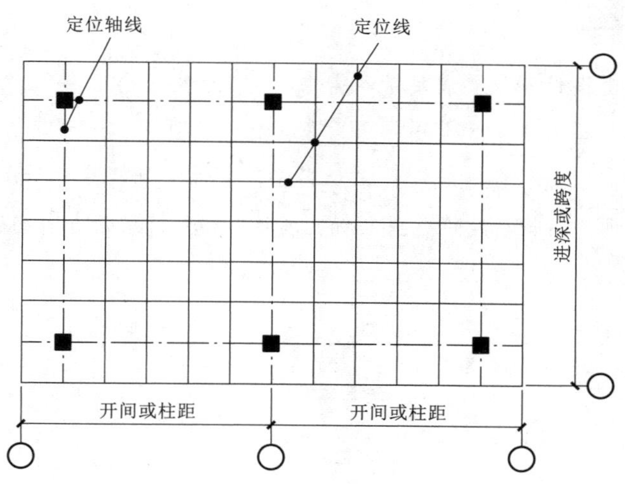

图 2.3.3　定位轴线和定位线

在建筑设计过程中，在建筑物的主要图面上往往只标注设计尺寸，构造尺寸和公差等由相应的材料和部品供应商在加工图中进一步细化标注，但由于建筑物整体的尺寸偏差在厘米级，因此公差的概念在建筑设计中并未得到重视。但是，随着工业化生产的推进，特别是利用模数体系和公差的匹配，通过建筑设计的标准化、配件生产的工厂化、施工装配的机械化等工业化生产方式，可以改变建筑产业长期以来的手工生产、现场生产和人力集中的生产特性，提高建筑物的生产效率。

知识拓展

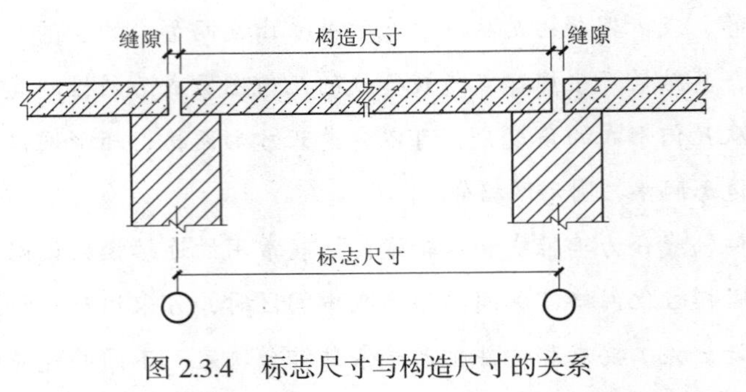

图 2.3.4　标志尺寸与构造尺寸的关系

思政小课堂

建筑构造设计不仅要满足功能需求、达到美学要求，还应注重实现环境友好。当前，在国家相关政策引导下，我国建筑行业正向着绿色、低碳、可持续的方向发展。因此，在建筑设计中我们应贯彻落实节能减排、资源循环利用等可持续发展理念，推动建筑行业向着更加环保和可持续的方向发展。

第三单元

知识点详解

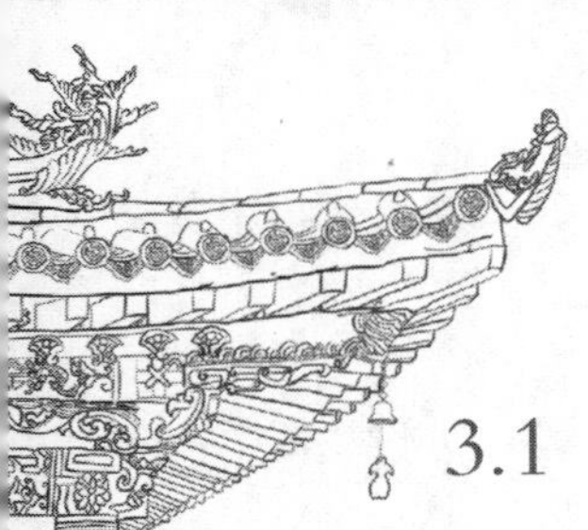

3.1 墙体

3.1.1 墙体类型

根据墙体在建筑中所处的位置或者受力情况的不同，以及墙体的材料或者构造方式的不同，墙体可以有多种分类方式。

3.1.1.1 按墙体位置及方向分类

拓展
墙体类型

关键词： 内墙　外墙　纵墙　横墙

知识点描述

墙体按所处位置可以分为外墙和内墙。外墙位于建筑的四周，又称为外围护墙。内墙位于建筑内部，主要起分隔内部空间的作用，也称为内分隔墙。外围护墙在建筑中起到室内外空间的分隔作用，满足建筑保温、隔热、隔声、防水防潮等功能要求。内分隔墙主要是满足室内空间的分隔要求，同时满足室内空间不同的采光、通风、隔声等使用功能需求。通常矩形平面的建筑墙体按布置方向可以分为纵墙和横墙。沿建筑物长轴方向布置的墙称为纵墙，沿建筑物短轴方向布置的墙称为横墙，外横墙俗称山墙。

资源链接

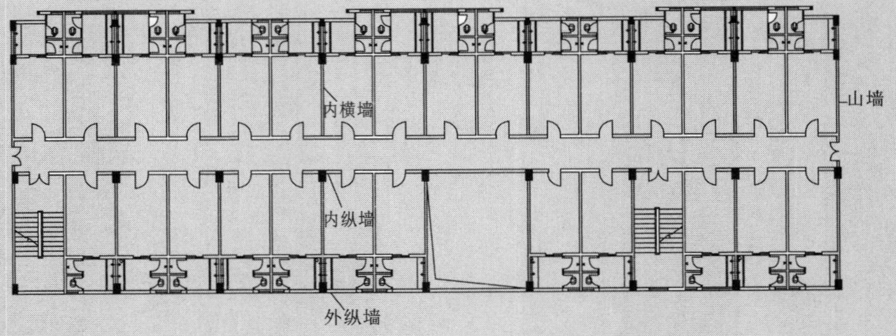

图 3.1.1　建筑平面上不同位置及方向的墙体名称

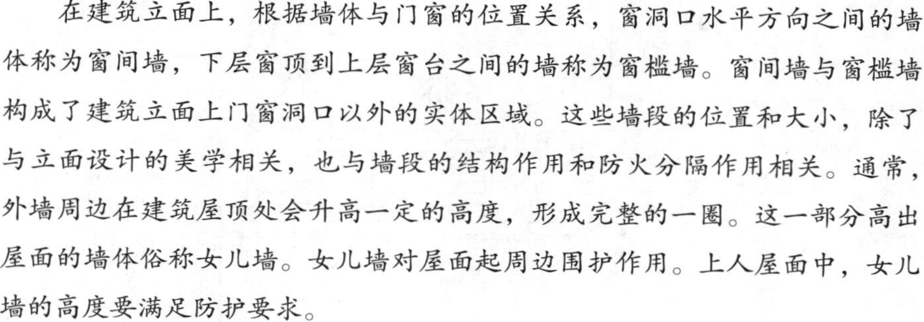

知识拓展

在建筑立面上，根据墙体与门窗的位置关系，窗洞口水平方向之间的墙体称为窗间墙，下层窗顶到上层窗台之间的墙称为窗槛墙。窗间墙与窗槛墙构成了建筑立面上门窗洞口以外的实体区域。这些墙段的位置和大小，除了与立面设计的美学相关，也与墙段的结构作用和防火分隔作用相关。通常，外墙周边在建筑屋顶处会升高一定的高度，形成完整的一圈。这一部分高出屋面的墙体俗称女儿墙。女儿墙对屋面起周边围护作用。上人屋面中，女儿墙的高度要满足防护要求。

3.1.1.2　按墙体受力情况分类

关键词：承重墙　非承重墙

知识点描述

墙按结构受力情况分为承重墙和非承重墙两种。承重墙一般在砌体结构中存在，直接承受楼板及屋顶传下来的荷载。在砌体结构中的非承重墙可以分为自承重墙和隔墙。自承重墙仅承受自身重量，并把自重传给基础。隔墙则把自重传给楼板层或附加的小梁。

资源链接

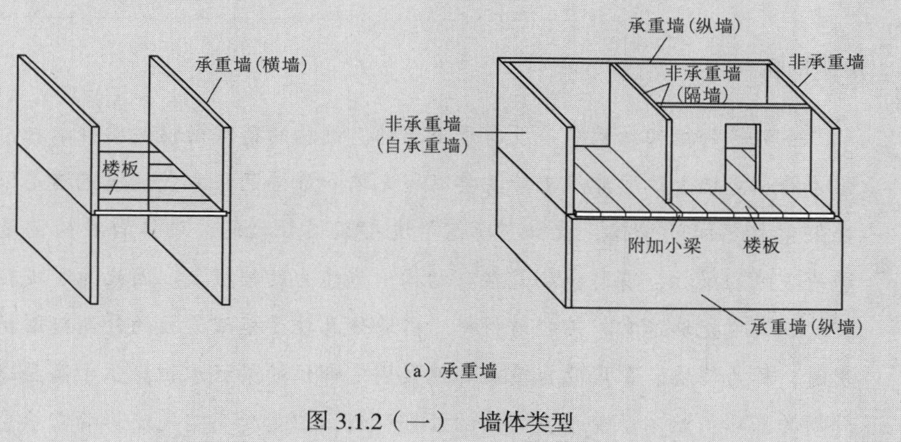

(a) 承重墙

图 3.1.2（一）　墙体类型

资源链接

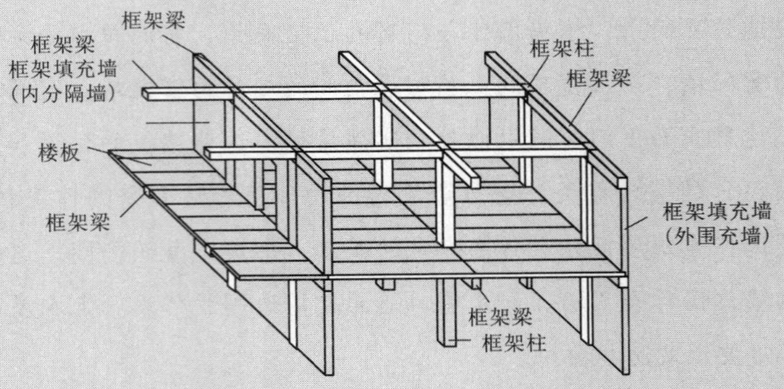

（b）填充墙

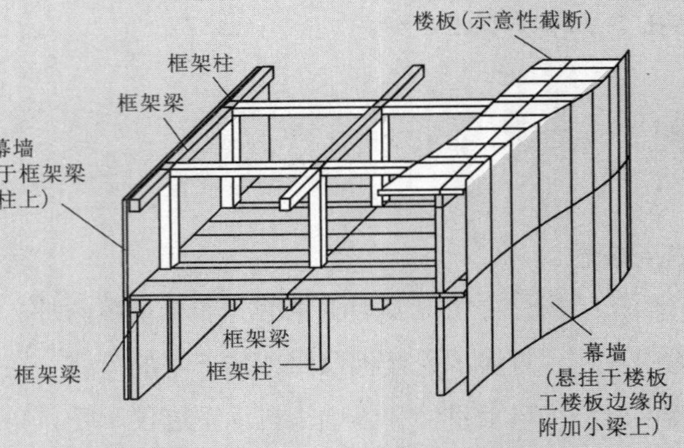

（c）幕墙

图 3.1.2（二）　墙体类型

视频
墙体受力与
墙体类型

知识拓展

在纯粹的框架结构中是没有承重墙的，结构的荷载由框架梁柱承担，墙体为非承重墙。这些非承重墙主要有填充墙和幕墙两种方式。填充墙是位于框架梁柱之间的墙体，犹如“填塞”进框架梁柱之间，墙体自身的重量传递给下方的梁柱，有时会砌筑在有结构承载能力的楼板上。因此为了减轻自重，框架填充墙通常采用轻质材料。当墙体悬挂于框架梁柱的外侧起围护作用时，称为幕墙。幕墙的自重由其连接固定部位的梁柱承担。位于高层建筑外周的幕墙虽然不承受垂直方向的外部荷载，但是受高空气流影响需承受以风力为主的水平荷载，并通过与梁柱的连接传递给框架系统。

3.1.1.3 按墙体材料及构造方式分类

关键词：实体墙　空体墙　组合墙

知识点描述

墙体可以是单一材料构成的，如普通砖墙、实心砌块墙、钢筋混凝土墙等。墙体也可以是由多种材料组合构成。墙体按构造方式可以分为实体墙、空体墙和组合墙三种。实体墙一般由单一材料组成。空体墙一般也是由单一材料组成，既可以是由单一材料砌成内部空腔（例如空斗砖墙），也可用具有孔洞的材料建造墙（如空心砌块墙、空心板材墙等）。组合墙通常由两种以上材料组合而成，例如钢筋混凝土和加气混凝土构成的复合板材墙，其中钢筋混凝土起承重作用，加气混凝土起保温隔热作用。

资源链接

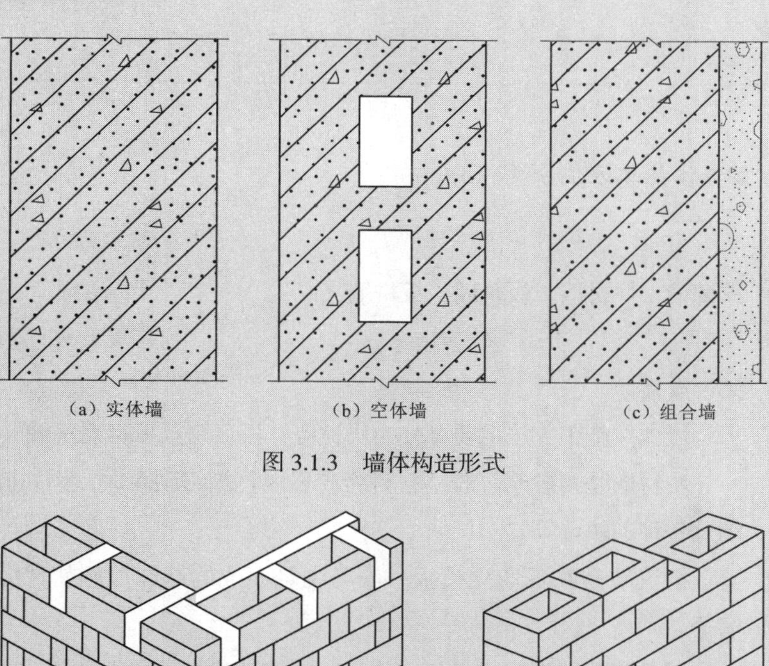

（a）实体墙　（b）空体墙　（c）组合墙

图 3.1.3　墙体构造形式

图 3.1.4　空斗砖墙　　图 3.1.5　空心砌块墙

视频
空斗砖墙形态

视频
空心砌块墙形态

知识拓展

烧结砖墙是我国应用最早的传统墙体，由于黏土砖需使用耕地的土来制作，浪费资源，耗能，目前我国已严格限制使用黏土实心砖，提倡使用节能型的烧结空心砖。烧结空心砖有两种形式：一种是在240mm×115mm×90mm的砖块中间增加了很多竖向孔洞，这些孔洞既可以减轻砖的重量，又可增强砖的保温效果；另一种符合模数的烧结空心砖规格为190mm×190mm×90mm。目前，烧结空心砖主要用于多层民用建筑和框架结构的内隔墙和外围护墙。在我国南方一些地区，烧结空心砖制作时适当加入粉煤灰和长江淤泥砂等材料，其保温效果较好。空斗墙在我国民间已使用很久，这种墙体主要用普通黏土砖砌筑。它的砌筑方式分斗砖与眠砖两种。砖竖放称为斗砖，砖平放称为眠砖。空斗墙不宜在抗震设防地区使用，过去主要用于低层住宅，现在由于实心砖材被限制生产，故应用较少。

3.1.1.4　按墙体施工方法分类

关键词：块材墙　板筑墙　板材墙

知识点描述

墙体按施工方法主要可分为块材墙、板筑墙及板材墙三种。

块材墙是用砂浆等胶结材料将砖石块材等组砌而成，例如砖墙、石墙及各种砌块墙等。

板筑墙是在现场立模板、现场浇筑而成的墙体，例如现浇混凝土墙等。

板材墙是预先制成墙板，施工时安装而成的墙，例如预制混凝土大板墙、各种轻质条板内隔墙。

资源链接

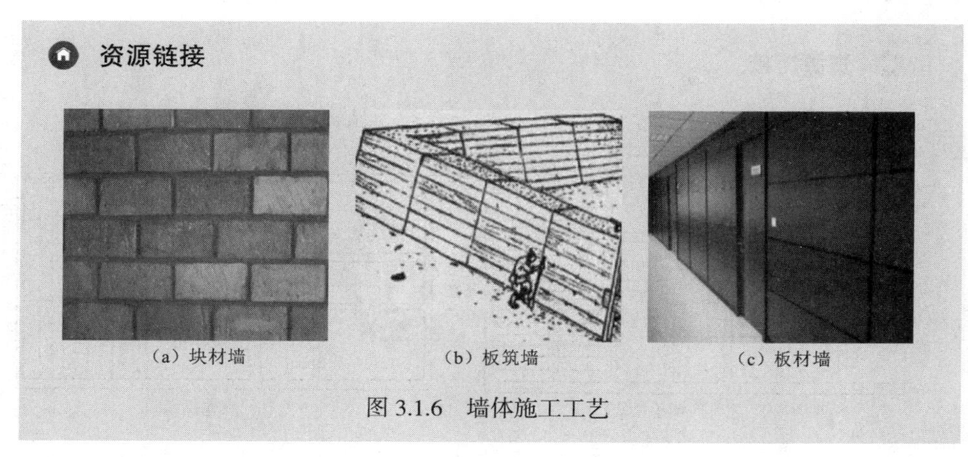

图 3.1.6　墙体施工工艺

3.1.2　墙体设计要求

墙体是建筑物的重要组成部分，它的作用是承重、围护或分隔空间。墙体构造取决于选用的结构形式以及它所处的位置。在砌体结构建筑中，墙的工程量占相当大的比重，因此合理地选择墙体材料及其构造方案，对降低房屋的造价起着重要的作用。墙体除满足结构方面的要求外，作为围护构件还应具有保温、隔热、隔声、防火、防潮等功能。

拓展
墙体设计要求

3.1.2.1　结构方面的要求

关键词：结构布置　承载力　稳定性

知识点描述

在多层砖混结构的房屋中，墙体是围护构件，也是主要的承重部件。墙体布置必须同时考虑建筑和结构两方面的要求，既要满足房间布置、空间划分等使用要求，又要选择合理的墙体承重结构布置方案，使之安全承担作用在房屋上的各种荷载，坚固耐久、经济合理。此外，墙体的承载力是指墙体承受荷载的能力。承重墙应有足够的承载力来承受楼板及屋顶荷载。地震区还应考虑地震作用下墙体承载力，而墙体的高厚比是保证墙体稳定的重要措施。墙、柱高厚比是指墙、柱的计算高度与墙体厚度的比值。高厚比越大，构件越细长，其稳定性越差。实际工程中，高厚比必须控制在允许高厚比限值以内。对允许高厚比限值，结构上有明确的规定，它是综合考虑了砂浆强度等级、材料质量、施工水平、横墙间距等诸多因素确定的。

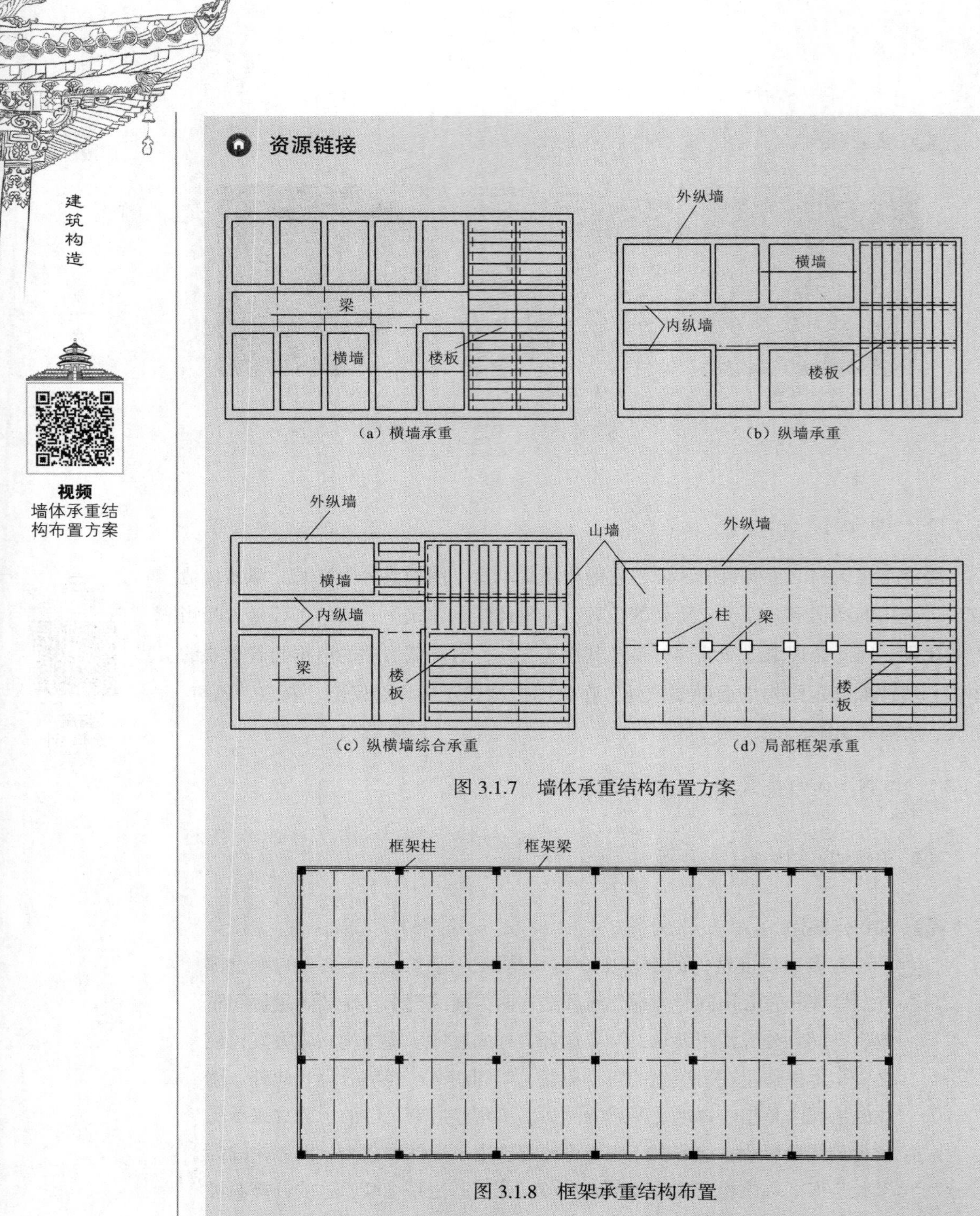

图 3.1.7　墙体承重结构布置方案

图 3.1.8　框架承重结构布置

知识拓展

结构布置指梁、板、柱等结构构件在房屋中的总体布局。砖混结构建筑的结构布置通常有横墙承重、纵墙承重、纵横墙综合承重、局部框架承重四种方式。横墙承重方式是将楼板两端搁置在横墙上，纵墙只承担自身的重量。纵墙承重方式是将纵墙作为承重墙搁置楼板，而横墙为自承重墙。两种方式相比较，前者适用于横墙较多且间距较小、位置比较固定的建筑，房屋空间刚度大，结构整体性好。后者的横墙较少，可以满足较大空间的要求，但房屋刚度较差。对于建筑外立面来说，承重墙上开设门窗洞口比在非承重墙上限制要大。将两种方式相结合，根据需要使部分横墙和部分纵墙共同作为建筑的承重墙，称为纵横墙综合承重。该方式可以满足空间组合灵活的需要，且空间刚度也较大。当建筑需要大空间时，采用内部框架承重、四周墙承重的方式，称为半框架承重，因其整体性差，目前已很少采用。纯框架结构的建筑目前在一般民用建筑中大量使用。框架结构通过框架梁承担楼板荷载并传递给柱，再向下依次传递给基础和地基。梁在框架结构中的布置方向有横向和纵向，当一个方向的梁承担楼板荷载时称为主梁，另一个方向的梁则为次梁，次梁起连系作用以加强结构的整体性。当主梁为横向时称为横向框架承重，主梁为纵向时称为纵向框架承重，两个方向都有主梁时则称为纵横向框架承重。此外，砖墙是脆性材料，抗变形能力小，如果层数过多，砖墙可能出现破坏。特别是地震区，房屋的破坏程度随层数增多而加重，因而对房屋的高度及层数有一定的限制值。

3.1.2.2 保温隔热方面要求

关键词： 保温　隔热

知识点描述

墙体作为围护结构的外墙应具有保温、隔热的性能，以满足建筑热工的要求。如寒冷地区冬季室内温度高于室外，热量易于从高温侧向低温侧传递。因此围护结构需采取保温措施，以减少室内热损失。同时还

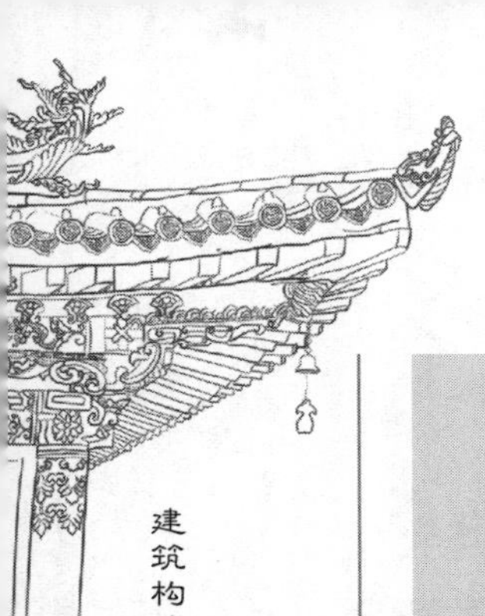

应防止在围护结构内表面和保温材料内部出现冷凝水及空气渗透现象。构造上要在冷桥部位采取局部保温措施。而炎热地区和长江中下游及其过渡地区，夏季太阳辐射强烈，室外热量通过外围护结构传入室内，使室内温度升高，产生过热现象。另外过渡地区不但夏季炎热，而且冬季也非常寒冷，加之没有配置集中的供暖设备，影响了人们的工作和生活。为了改善住宅的居住环境，提高居住的生活质量以及室内舒适度，外墙还应具有一定的隔热性能和保温措施。

资源链接

视频
砖墙或钢筋混凝土墙外保温构造做法

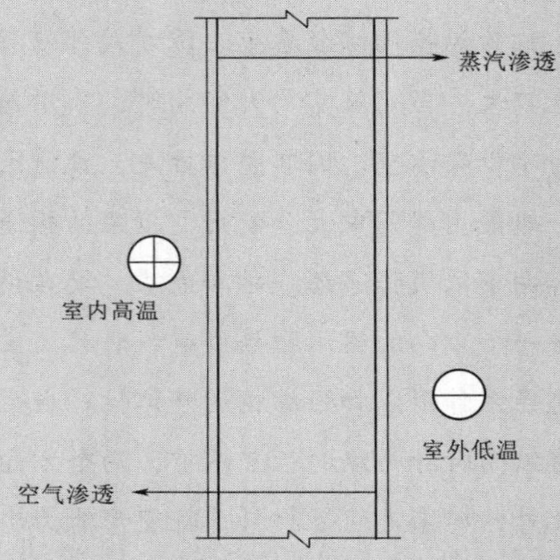

图 3.1.9　外墙冬季传热过程

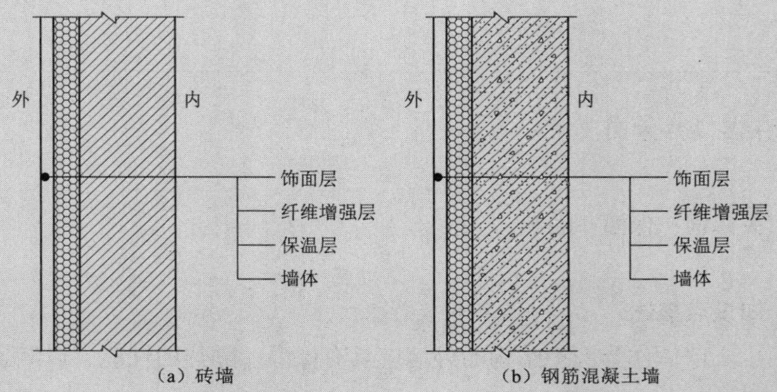

图 3.1.10　砖墙或钢筋混凝土墙外保温构造做法

资源链接

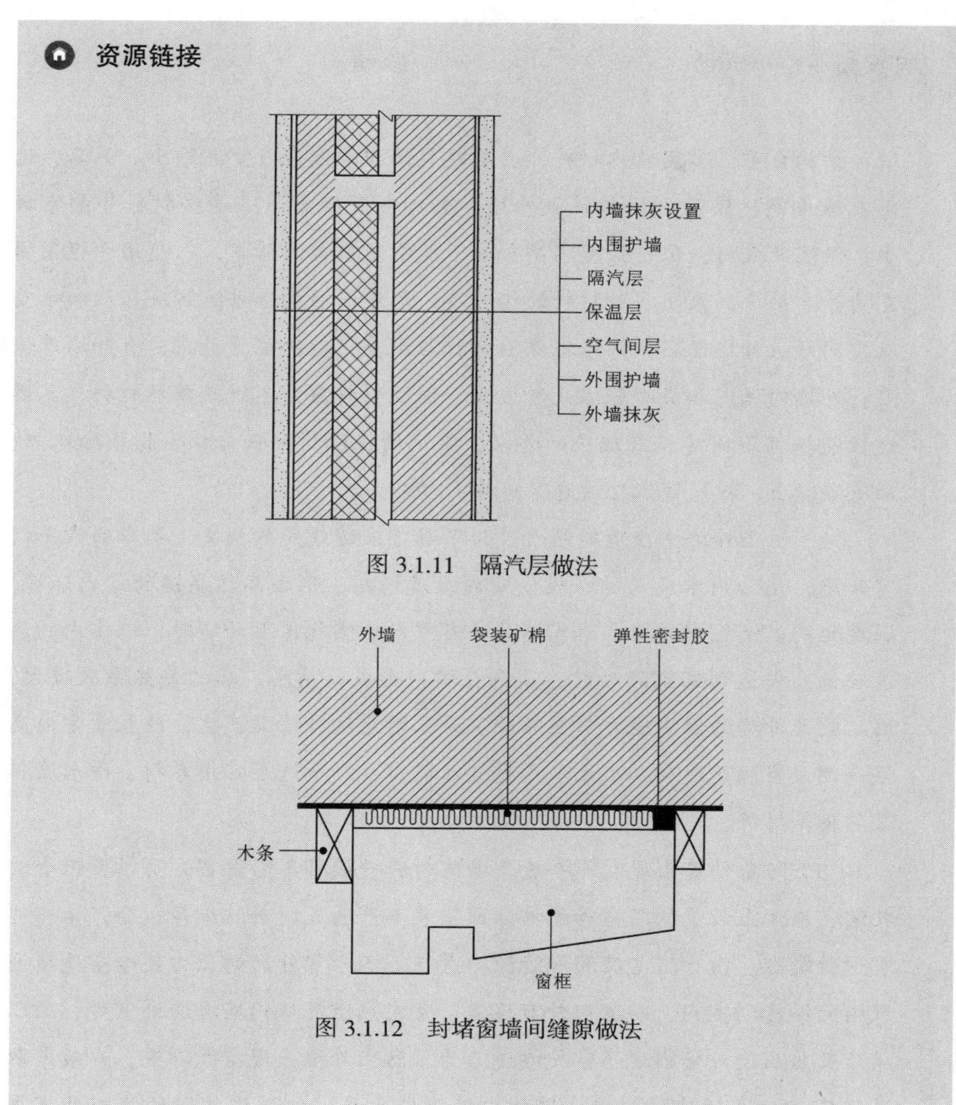

图 3.1.11 隔汽层做法

图 3.1.12 封堵窗墙间缝隙做法

知识拓展

采暖建筑的外墙应有足够的保温能力。寒冷地区冬季室内温度高于室外，热量从高温一侧向低温一侧传递。为了减少热损失，可以从以下几个方面采取措施。

（1）通过对材料的选择，提高外墙保温能力、减少热损失一般有三种做法：第一，增加外墙厚度，使传热过程延缓达到保温目的。但是墙体加厚会

知识拓展

增加结构自重，多用墙体材料，占用建筑面积，使有效空间缩小。第二，选用孔隙率高、密度小的材料做外墙，如加气混凝土等。这些材料导热系数小，保温效果好，但是强度不高，采不能承受较大的荷载，一般用于框架填充墙等。第三，采用多种材料的组合墙，形成保温构造系统解决保温和承重双重问题。外墙保温系统根据保温材料与承重材料的位置关系，有外墙外保温、外墙内保温和夹心保温几种方式，保温材料应为不燃或难燃材料，其燃烧性能根据不同建筑有相应的要求。常用的保温材料如岩棉、膨胀珍珠岩、加气混凝土、模塑聚苯乙烯泡沫塑料（EPS）等。

（2）防止外墙中出现凝结水。为了避免采暖建筑热损失，冬季通常是门窗紧闭，生活用水及人的呼吸使室内湿度增高，形成高温高湿的室内环境。温度越高，空气中含的水蒸气越多。当室内热空气传至外墙时，墙体内的温度较低，当达到露点温度时，蒸汽在墙内形成凝结水，水的导热系数较大，因此就使外墙的保温能力明显降低。为了避免这种情况产生，应在靠室内高温一侧设置隔蒸汽层，阻止水蒸气进入墙体。隔蒸汽层常用卷材、防水涂料或薄膜等材料。

（3）防止外墙出现空气渗透。墙体材料一般都不够密实，有很多微小的孔洞。墙体上设置的门窗等构件，因安装不严密或材料收缩等，会产生一些贯通性缝隙。由于这些孔洞和缝隙的存在，冬季室外风的压力使冷空气从迎风墙面渗透到室内，而室内外有温差，室内热空气从内墙渗透到室外，所以风压及热压使外墙出现了空气渗透。为了防止外墙出现空气渗透，一般采取选择密实度高的墙体材料、墙体内外加抹灰层、加强构件间的缝隙处理等措施。

（4）采用具有复合空腔构造的外墙形式，使墙体根据需要具有热工调节性能，如近年来在公共建筑中有一定运用的各种双层皮组合外墙、被动式太阳房集热墙以及利用遮阳和引导空气流通的各种开口设置，来强化外墙体系的热工调节能力。

3.1.2.3 隔声方面要求

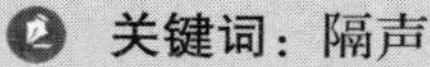

关键词：隔声

知识点描述

为了保证室内有一个良好的工作、生活环境，墙体必须具有足够的隔声能力，以避免噪声对室内环境的干扰。因此墙体在构造设计时，要用不同材料和技术手段使不同性质的建筑满足建筑隔声标准的要求。

资源链接

在城市规划中，功能区的划分、交通道路网的分布、绿化与隔离带的设置、有利地形和建筑物屏蔽的利用等均应符合防噪设计要求。住宅、学校、医院等建筑，应远离机场、铁路线、编组站、车站、港口、码头等存在显著噪声影响的设施。新建居住小区临近交通干线、铁路线时，宜将对噪声不敏感的建筑物作为建筑声屏障，排列在小区外围。交通干线、铁路线旁边，噪声敏感建筑物的声环境达不到现行国家标准《声环境质量标准》（GB 3096—2008）的规定时，可在噪声源与噪声敏感建筑物之间采取设置声屏障等隔声措施。在进行建筑设计前，应对环境及建筑物内外的噪声源做详细的调查与测定，并应对建筑物的防噪间距、朝向选择及平面布置等作综合考虑，仍不能达到室内安静要求时，应采取建筑构造上的防噪措施。安静要求较高的民用建筑，宜设置于本区域主要噪声源夏季主导风向的上风侧。

知识拓展

墙体主要隔离由空气直接传播的噪声。空气声在墙体中的传播途径有两种：一是通过墙体的缝隙和微孔传播；二是在声波作用下，墙体受到振动，声音透过墙体而传播。控制噪声，对墙体一般采取以下措施：

（1）加强墙体的密缝处理。如对墙体与门窗、通风管道等的缝隙进行密缝处理。

（2）增加墙体密实性及厚度，避免噪声穿透墙体及墙体振动。砖墙的隔

知识拓展

声能力较好，240mm 厚砖墙的隔声量为 49dB。当然一味地增加墙厚来提高隔声效果，是不经济也不合理的。

（3）采用有空气间层或多孔性材料的夹层墙。空气间层或玻璃棉等多孔材料具有减振和吸声作用，可以提高墙体的隔声能力。

（4）在建筑总平面布局中，将隔声要求不高的建筑靠近城市干道布置，对后排建筑可以起隔声作用。枝叶茂密、四季常青的绿化带也可起到降低噪声的作用。

3.1.3 块材墙

3.1.3.1 块材墙墙体材料

关键词：块材墙　砖　砌块　胶结材料

知识点描述

块材墙是用砌筑砂浆等胶结材料将砖石块材等组砌而成的墙体，如砖墙、石墙及各种砌块墙等，也可以简称为砌体。目前框架结构中大量采用的框架填充墙，也是一种非承重块材墙，既作为外围护墙，也作为内隔墙使用。一般情况下，块材墙具有一定的保温、隔热、隔声性能和承载能力，生产制造及施工操作简单，不需要大型的施工设备，但是现场湿作业较多、施工速度慢、劳动强度较大。

拓展
块材墙

资源链接

视频
块材墙的墙体材料

（a）实心砖

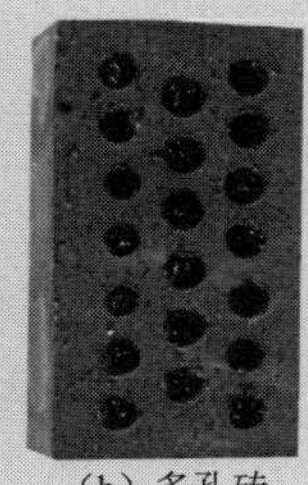

（b）多孔砖

（c）加气块

图 3.1.13　块材墙的墙体材料

知识拓展

1. 砖

砖的种类很多，从材料上看，有黏土砖、灰砂砖、页岩砖、煤矸石砖、水泥砖以及各种工业废料砖，如炉渣砖等。从外观上看，有实心砖、空心砖和多孔砖。从其制作工艺看，有烧结和蒸压养护成型等方式，目前常用的有烧结普通砖、蒸压粉煤灰砖、蒸压灰砂砖、烧结空心砖和烧结多孔砖。

砖的强度等级按其抗压强度平均值分为MU30、MU25、MU20、MU15、MU10等（MU30即抗压强度平均值大于或等于30.0N/mm^2）。

烧结普通砖指各种烧结的实心砖，其制作的主要原材料可以是黏土、粉煤灰、煤矸石和页岩等，按功能有普通砖和装饰砖之分。黏土砖具有较高的强度和热工、防火、抗冻性能。但由于黏土砖耗用农田，随着墙体材料改革的进程，曾经在大量性民用建筑中发挥重要作用的实心黏土砖已逐步退出历史舞台。

蒸压粉煤灰砖是以粉煤灰、石灰、石膏和细骨料为原料，压制成型后经高压蒸汽养护制成的实心砖。其强度高，性能稳定，但用于基础或易受冻融及干湿交替作用的部位时对强度等级要求较高。蒸压灰砂砖是以石灰和砂子为主要原料，成型后经蒸压养护而成，是一种比烧结砖质量大的承重砖，隔声能力和蓄热能力较好，有空心砖也有实心砖。这两种蒸压砖的实心砖都是替代实心黏土砖的产品之一，但都不得用于长期受热（200℃以上）、有流水冲刷、受急冷急热和有酸碱介质侵蚀的建筑部位。

烧结空心砖和烧结多孔砖都是以黏土、页岩、煤矸石等为主要原料经焙烧而成。前者孔洞率大于或等于35%，后者孔洞率在15%~30%之间。这两种砖都主要适用于非承重墙体，但不应用于地面以下或防潮层以下的砌体。

常用的实心砖规格（长×宽×厚）为240mm×115mm×53mm，加上砌筑时所需的灰缝尺寸，正好形成4∶2∶1的尺度关系，便于浇筑时相互搭接和组合。空心砖和多孔砖的尺寸在这一基础上有不同的变化，规格较多。

2. 砌块

砌块是利用混凝土、工业废料（炉渣、粉煤灰等）等制成的人造块材，外形尺寸比砖大，具有设备简单、砌筑速度快的优点，符合建筑工业化发展中墙体改革的基本要求。

知识拓展

砌块按尺寸和质量的大小不同分为小型砌块、中型砌块和大型砌块。砌块系列中主规格的高度大于115mm而小于380mm的称作小型砌块，高度为380~980mm的称为中型砌块，高度大于980mm的称为大型砌块。使用中以中小型砌块居多。

砌块按外观形状可以分为实心砌块和空心砌块。空心砌块有单排方孔、单排圆孔和多排扁孔三种形式，其中多排扁孔对保温较有利。按砌块在组砌中的位置与作用，可以分为主砌块和各种辅助砌块。

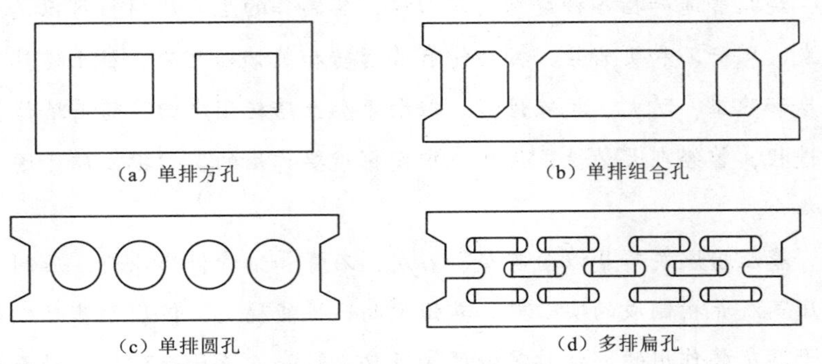

图 3.1.14　空心砌块的常见形式

根据材料的不同，常用的砌块有普通混凝土与装饰混凝土小型空心砌块、轻骨料混凝土小型空心砌块、粉煤灰小型空心砌块、蒸压加气混凝土砌块和石膏砌块。砌块大多具有质轻、孔隙率大、隔热性能好等优点，但吸水性强。吸水率较大的砌块不能用于长期浸水、经常受干湿交替或冻融循环的建筑部位。故有防水、防潮要求时应在墙下先砌3~5皮吸水率小的砖。

3. 胶结材料

块材需经胶结材料砌筑成墙体，使它传力均匀。同时胶结材料还起着嵌缝作用，能提高墙体的保温、隔热和隔声能力。块材墙的胶结材料主要是砌筑砂浆。砌筑砂浆要求有一定的强度，以保证墙体的承载能力，施工时还要求有适当的稠度和保水性，方便施工。

砌筑砂浆通常使用的有水泥砂浆、石灰砂浆和混合砂浆三种。比较砂浆性能的主要是强度、和易性、防潮性几个方面。水泥砂浆强度高、防潮性能好，主要用于受力和防潮要求高的墙体中；石灰砂浆强度和防潮性均差，但

知识拓展

和易性好，用于强度要求低的墙体；混合砂浆由水泥、石灰、砂拌和而成，有一定的强度，和易性也好，使用比较广泛。

一些块材表面较光滑，如蒸压粉煤灰砖、蒸压灰砂砖、蒸压加气混凝土砌块等，砌筑时需要加强与砂浆的黏结力，要求采用经过配方处理的专用砌筑砂浆，或采取提高块材和砂浆间黏结力的相应措施。

砌筑砂浆等级划分为七级 :M5、M7.5、M10、M15、M20、M25、M30。在同段砌体中，砂浆和块材的强度有一定的对应关系，以保证砌体的整体强度。

3.1.3.2　块材墙组砌方式

关键词：砖墙　砌块墙　组砌　丁砖　顺砖

知识点描述

组砌是指块材在砌体中的排列。组砌的关键是错缝搭接，使上下层块材垂直交错，保证墙体的整体性。如果墙体表面或内部的垂直缝处于一条线上，即形成通缝。在荷载作用下，通缝会使墙体的强度和稳定性显著降低。

资源链接

（a）砖墙组砌

（b）砌块墙组砌

图 3.1.15　块材墙组砌筑

视频
砖墙组砌示意

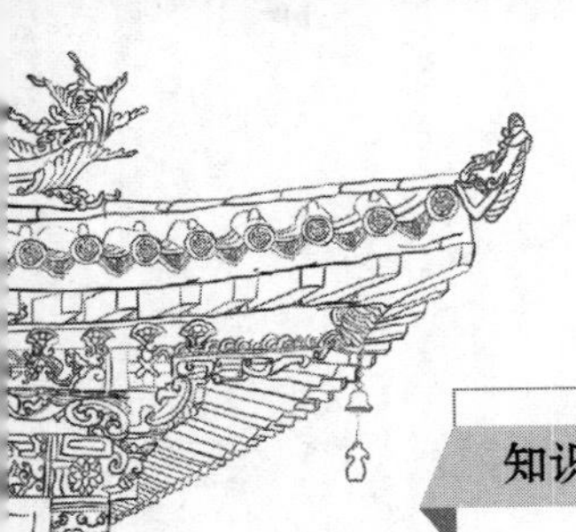

知识拓展

1. 砖墙的组砌

在砖墙的组砌中，把砖的长度方向垂直于墙面砌筑的砖叫丁砖，把砖的长度方向平行于墙面砌筑的砖叫顺砖。上下两皮砖之间的水平缝称横缝，左右两块砖之间的垂直缝称竖缝。标准缝宽为10mm，可以在8~12mm间进行调节。要求丁砖和顺砖交替砌筑，灰浆饱满、横平竖直。丁砖和顺砖可以层层交错，也可以根据需要隔一定高度或在同一层内交错，由此带来墙体的图案变化和砌体内错缝程度不同。当墙面不抹灰做清水墙面时，应考虑块材排列方式不同带来的墙面图案效果。

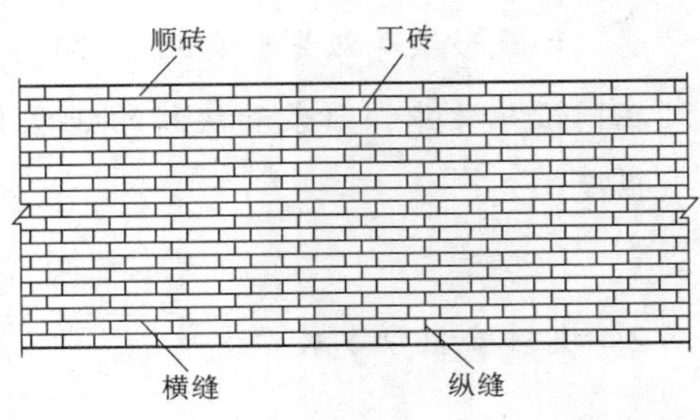

图 3.1.16　砖墙组砌示意

2. 砌块墙组砌

砌块在组砌中与砖墙不同的是，由于砌块规格较多、尺寸较大，为保证错缝以及砌体的整体性，应事先做排列设计，并在砌筑过程中采取加固措施。排列设计就是把不同规格的砌块在墙体中的安放位置用平面图和立面图加以表示。砌块排列设计应满足以下要求：上下皮应错缝搭接；墙体交接处和转角处应使砌块彼此搭接；优先采用大规格砌块，并使主砌块的总数量在70%以上；为减少砌块规格，允许使用极少量的砖来镶砌填缝，采用混凝土空心砌块时，上下皮砌块应孔对孔、肋对肋，以保证有足够的接触面。

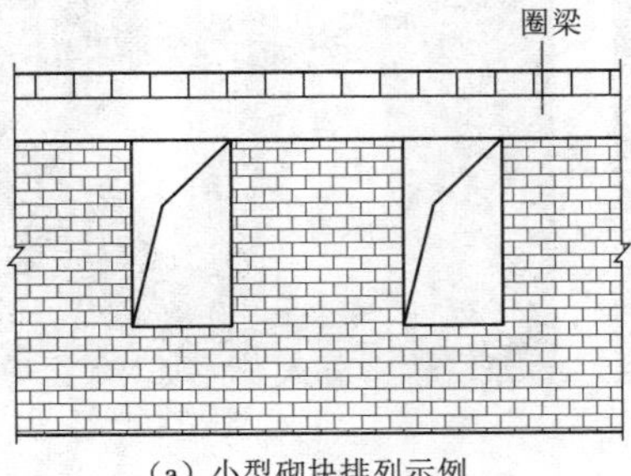

（a）小型砌块排列示例

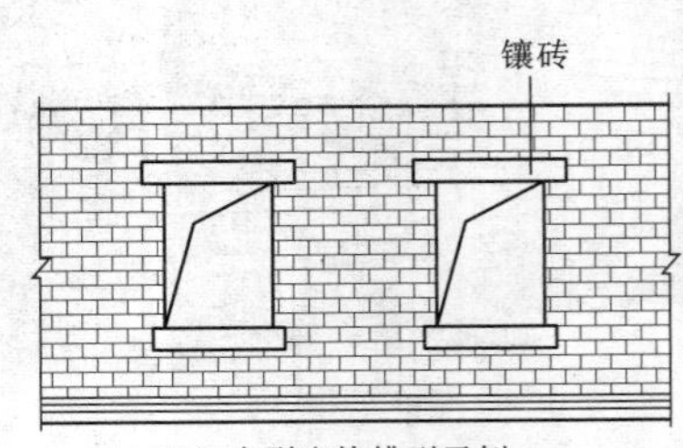

（b）中型砌块排列示例

图 3.1.17　砌块排列示意

知识拓展

当砌块墙组砌时出现通缝或错缝距离不足150mm时，应在水平缝通缝处加钢筋网片，使之拉结成整体。砌块规格很多，外形尺寸往往不像砖那样规整，因此砌块组砌时，缝型比较多，有平缝、凹槽缝和高低缝。平缝制作简单，多用于水平缝。凹槽缝灌浆方便，多用于垂直缝。缝宽视砌块尺寸而定，小型砌块为10~15 mm，中型砌块为15~20mm。砂浆强度等级不低于M5。

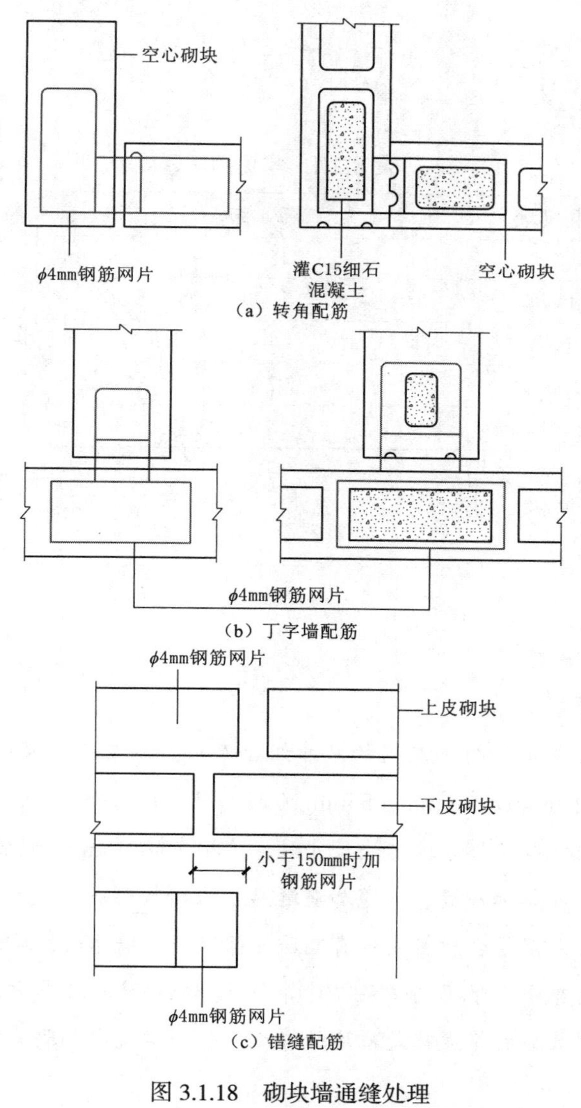

图 3.1.18　砌块墙通缝处理

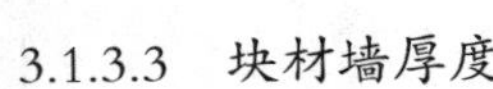

3.1.3.3 块材墙厚度

关键词：块材墙　墙厚　洞口尺寸

知识点描述

墙体尺度指墙段长度、高度和厚度等几个方向的尺寸要求。要确定墙体的尺度，除应满足结构和功能要求外，还必须符合块材自身的规格尺寸。

资源链接

表 3.1.1　常见砖墙厚度

常见砖墙	名　称	厚度 / mm
1/2 砖墙	12 墙	115
3/4 砖墙	18 墙	178
1 砖墙	24 墙	240
3/2 砖墙	37 墙	365
2 砖墙	49 墙	490

知识拓展

1. 墙厚

墙厚主要由块材和灰缝的尺寸组合而成。以常用的实心砖规格（长 × 宽 × 厚）240mm × 115mm × 53mm 为例，用砖的三个方向的尺寸作为墙厚的基数，当错缝或墙厚超过砖块尺寸时，均按灰缝 10mm 进行计算。从尺寸上不难看出，砖厚加灰缝、砖宽加灰缝后，与砖长形成 1：2：4 的比例，组合很灵活。当采用复合材料或带有空腔的保温隔热墙体时，墙厚尺寸在块材尺寸基数的基础上，根据构造层次计算即可。砌块墙在墙厚方向一般没有搭砌的需求，因此墙的厚度就是砌块的厚度。作为建筑内部隔墙时，砌块厚度一般为 90~120mm。

知识拓展

2. 洞口尺寸

洞口主要是指门窗洞口，其尺寸应按模数协调统一标准制定，这样可以减少门窗规格，有利于工厂化生产，提高工业化程度。一般情况下，1000mm 以内的洞口尺度采用基本模数 100mm 的倍数，如 600mm、700mm、800mm、900mm、1000mm；大于 1000mm 的洞口尺度采用扩大模数 300mm 的倍数，如 1200mm、1500mm、1800mm 等。

3.1.4 骨架墙构造

3.1.4.1 骨架墙类型

关键词：骨架墙 骨架 面层 金属骨架 木骨架 外围护墙 内分隔墙

知识点描述

骨架墙是指由骨架和面层构成的墙体。

资源链接

图 3.1.19 玻璃幕墙

图 3.1.20 轻骨架内隔墙

拓展
骨架墙

知识拓展

常用的骨架有金属骨架和木骨架。骨架墙可以用于建筑的外围护墙和内分隔墙。最常用的外围护骨架墙是轻质幕墙，如玻璃幕墙和金属幕墙，由金属骨架和玻璃或金属面层构成丰富的外立面。用于建筑内分隔的骨架墙，除了采用金属骨架，有时也采用木骨架。

3.1.4.2　轻骨架内隔墙构造

关键词：轻骨架　内隔墙　构造

知识点描述

轻骨架隔墙由于是先立墙筋（骨架）后再做面层，因而又称为立筋式隔墙。

资源链接

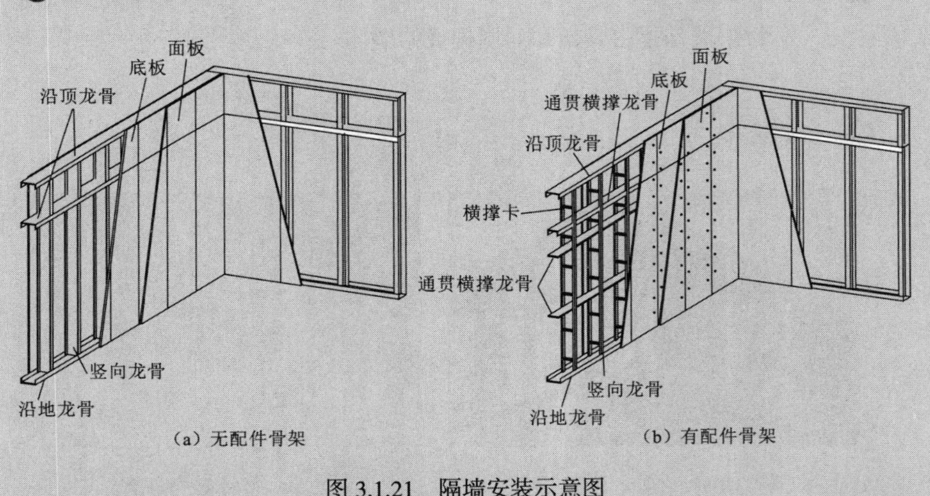

图 3.1.21　隔墙安装示意图

知识拓展

1. 骨架

近年来，为节约木材和钢材，出现了不少采用工业废料和地方材料及轻金属制成的骨架，如石棉水泥骨架、浇注石膏骨架、水泥刨花骨架、轻钢和铝合金骨架等。

木骨架由上槛、下槛、墙筋、斜撑及横档组成，上下槛及墙筋断面尺寸为（45~50）mm×（70~100）mm，斜撑与横档断面相同或略小些，墙筋间距常用 400mm，横档间距可与墙筋相同，也可适当放大。

轻钢骨架是由各种形式的薄壁型钢制成，其主要优点是强度高、刚度大、自重轻、整体性好、易于加工和大批量生产，还可根据需要拆卸和组装。常用的薄壁型钢有 0.8~1mm 厚的槽钢和工字钢。薄壁轻钢骨架轻隔墙的安装过程是，先用螺钉将上槛和下槛（也称导向龙骨）固定在楼板上，上下槛固定后安装钢龙骨（墙筋）。钢龙骨间距为 400~600mm，龙骨上留有走线孔。

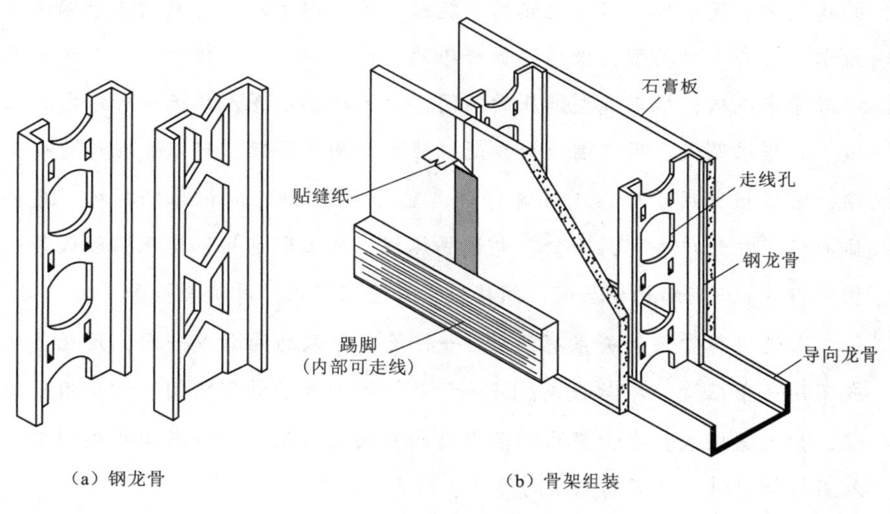

（a）钢龙骨　　（b）骨架组装

图 3.1.22　薄壁轻钢骨架

2. 面层

轻骨架隔墙的面层一般为人造板材面层，常用的有木质板材、石膏板、硅酸钙板、水泥纤维板等几类。

知识拓展

木质板材有胶合板和纤维板，多用于木骨架。胶合板是用木材经旋切、胶合等多种工序制成。木质板材常用的规格为2440mm×1220mm，常用厚度有3mm、5mm、6mm、9mm、12mm、15mm、16mm、18mm、25mm等。

石膏板有纸面石膏板和纤维石膏板。纸面石膏板是以建筑石膏为主要原料，加其他辅料构成芯材，外表面粘贴有护面纸的建筑板材。根据辅料构成和护面纸性能的不同，纸面石膏板满足不同的耐水和防火要求。纸面石膏板不应用于温度高于45℃的持续高温环境。纤维石膏板是以熟石膏为主要原料，以纸纤维或木纤维为增强材料制成的板材，具备防火、防潮、抗冲击等优点。

硅酸钙板全称为纤维增强硅酸钙板，是以钙质材料、硅质材料和纤维材料为主要原料，经制浆、成坯与蒸压养护等工序制成的板材，具有轻质、高强、防火、防潮、防蛀、防霉、可加工性好等优点。

纤维水泥板，又称纤维增强水泥板，是以纤维和水泥为主要原材料生产的建筑用水泥平板，以其优越的性能被广泛应用于建筑行业的各个领域。纤维水泥板有多种类型，根据添加纤维的不同，分为温石棉纤维水泥板和无石棉纤维水泥板；根据成型加压的不同，分为纤维水泥无压板和纤维水泥压力板。纤维水泥板应用范围十分广泛，薄板可用于吊顶，可以穿孔作为吸声吊顶；常规板可用于墙体或装饰材料，室内（卫生间）隔板幕墙衬板，复合墙体面板，户外广告牌，冶金、电炉隔热板，电工配电柜，变压器隔板等；厚板可当作loft钢结构楼层板、阁楼板、外墙保温板、外墙挂板等。

人造板与骨架的关系有两种：一种是在骨架的两面或一面，用压条压缝或不用压条压缝，即贴面式；另一种是将板材置于骨架中间，四周用压条压住，称为镶板式。在骨架两侧采用贴面式固定板材时，可在两层板材中间填入石棉等材料，可提高隔墙的隔声、防火等性能。

3.1.5 板材墙构造

3.1.5.1 板材墙类型

关键词：板材墙　板材外墙　板材内墙

知识点描述

板材墙是指墙体由面积较大的板材构成，且不依赖骨架，直接装配而成的墙体。

资源链接

图 3.1.23　板材外墙

图 3.1.24　板材内墙

拓展
板材墙

知识拓展

板材墙的板材往往是条板形状，便于运输和安装，如各种轻质条板、蒸压加气混凝土板和各种复合板材等。外墙的板材可以固定在框架结构的立柱和横梁处，内墙的板材除了可以固定在框架结构的上述结构构件上，还可以直接固定在不同结构类型的楼板之间。板材有重质板材和轻质板材。建筑内部固定在楼板之间的内隔墙需要采用轻质板材，单板高度相当于房间净高，板材的上下两端与结构构件固定。装配式工业化建筑的外墙常采用单一或复合材料的板材，通过各种连接件与建筑外围的结构构件连接。

3.1.5.2 轻质条板隔墙

关键词： 轻质条板隔墙 玻纤增强水泥条板 钢丝增强水泥条板 增强石膏空心条板 轻骨料混凝土条板

知识点描述

轻质条板隔墙是一种新型节能墙体材料，是一种外形像空心楼板的墙材，其左右两侧有公、母榫槽，安装时只需将板材立起，公、母榫槽涂上少量嵌缝砂浆后对接拼装起来即可。

资源链接

图 3.1.25 轻质条板隔墙

知识拓展

常用的轻质条板有玻纤增强水泥条板、钢丝增强水泥条板、增强石膏空心条板、轻骨料混凝土条板。条板的长度通常为2200~4000mm，常用2400~3000mm；宽度常用600mm，一般按100m递增；厚度最小为60mm，一般按10mm递增，常用60mm、90mm、120mm。其中，空心条板孔洞的最小外壁厚度不宜小于15mm，且两边壁厚应一致，孔间肋厚不宜小于20mm。

增强石膏空心条板不能用在长期处于潮湿环境或接触水的房间，如卫生间、厨房等。轻骨料混凝土条板用在卫生间或厨房时，墙面须做防水处理。

知识拓展

条板墙体厚度应满足建筑防火、隔声、隔热等功能要求。单层条板墙体用作分户墙时其厚度不宜小于 120mm；用作户内分隔墙时，其厚度不小于 90mm。由条板组成的双层条板墙体用于分户墙或隔声要求较高的隔墙时，单块条板的厚度不宜小于 60mm。

条板在安装时，与结构连接的上端用黏结材料黏结或用固定卡件连接，下端用细石混凝土填实或用一对对口木楔将板底楔紧。在抗震设防烈度 6~8 度的地区，条板上端应加 L 形或 U 形钢板卡与结构预埋件焊接固定，或用弹性胶连接填实对隔声要求较高的墙体，在条板之间以及条板与梁、板、墙、柱相结合的部位应设置泡沫密封胶、橡胶垫等材料的密封隔声层。确定条板长度时，应考虑留出技术处理缝隙，一般为 20mm，当有防水、防潮要求在墙体下部设垫层时，可按实际需要增加。

3.1.5.3 蒸压加气混凝土板隔墙

关键词：蒸压加气混凝土板　隔墙

知识点描述

蒸压加气混凝土板由水泥、石灰、砂、矿渣等加发泡剂（铝粉）经原料处理、配料浇注、切割、蒸压养护工序制成。

资源链接

图 3.1.26　蒸压加气混凝土板

知识拓展

蒸压加气混凝土板与同种材料的砌块相比，板的块型较大，生产时需要根据其用途配置不同的经防锈处理的钢筋网片。这种板材可用于外墙、内墙和屋面，其自重较轻，可锯、可刨、可钉，施工简单，防火性能较好。由于板内的气孔是闭合的，能有效抵抗雨水的渗透。蒸压加气混凝土板不宜用于具有高温、高湿或有化学有害空气介质的建筑中。用于内墙板的板材宽度通常为500mm、600mm，厚度为75mm、100mm、120mm等，高度按设计要求进行切割。安装时，板材之间用水玻璃砂浆或107胶砂浆黏结，与结构的连接与轻质条板相同。

3.1.5.4　复合板材隔墙

关键词：复合板材　隔墙

知识点描述

复合板材隔墙的墙体材料是由几种材料制成的多层板材，即复合板材。

资源链接

图 3.1.27　复合板材

知识拓展

复合板材的面层有石棉水泥板、石膏板、铝板、树脂板、硬质纤维板、压型钢板等。夹芯材料可用矿棉、木质纤维、泡沫塑料和蜂窝状材料等。复合板材充分利用材料的性能，大多具有强度高，耐火性、防水性、隔声性能好的优点，且安装、拆卸方便，有利于建筑工业化。金属面夹芯板也是常用的复合板材，其上下两层为金属薄板，芯材为具有一定刚度的保温材料，如岩棉、硬质泡沫塑料等，在专用的自动化生产线上复合而成具有承载能力的结构板材，俗称为“三明治”板。

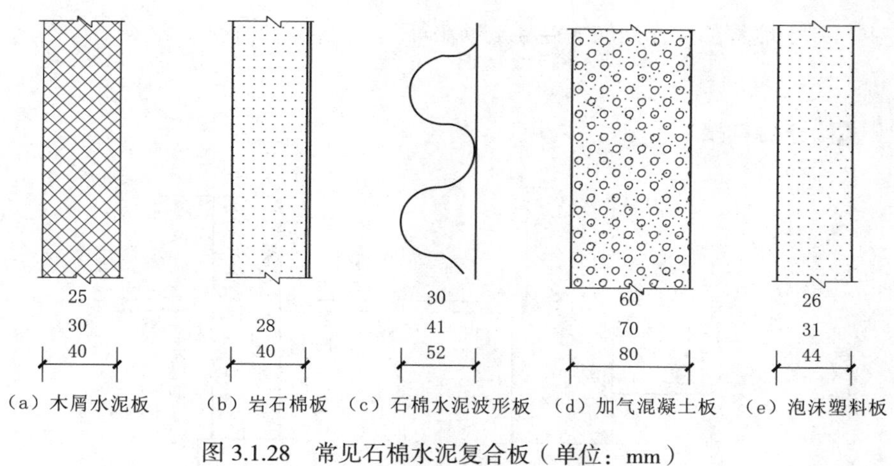

（a）木屑水泥板 （b）岩石棉板 （c）石棉水泥波形板 （d）加气混凝土板 （e）泡沫塑料板

图 3.1.28 常见石棉水泥复合板（单位：mm）

根据面材和芯材的不同，板的长度一般在 12000mm 以内，宽度为 900mm、1000mm，厚度在 30~250mm 之间。金属面夹芯板是一种多功能的建筑材料，具有高强、保温、隔热、隔声、装饰性能好等优点，既可用于内隔墙，还可用于外墙板、屋面板、吊顶板等。但泡沫塑料夹芯的金属复合板不能用于防火要求高的建筑。

3.1.6 墙身细部构造

为了保证墙体的耐久性和墙体与其他构件的连接，应在相应的位置进行构造处理。墙身的细部构造包括墙脚、门窗洞口、墙身加固和变形缝等。

3.1.6.1 墙脚构造

关键词： 墙脚 勒脚 墙身防潮 散水 明沟

知识点描述

墙脚是指室内地面以下、基础以上的这段墙体。内外墙都有墙脚，外墙的墙脚又称勒脚。由于砌体本身存在很多微孔以及墙脚所处的位置，常有地表水和土壤中的水渗入致使墙身受潮、饰面层脱落、影响室内卫生环境。因此，必须做好墙脚防潮、增强勒脚的坚固及耐久性、排除房屋四周地面水。吸水率较大、对干湿交替作用敏感的砖砌块不能用于墙脚部位，如加气混凝土砌块等。

资源链接

拓展
墙身细部构造

视频
墙脚位置

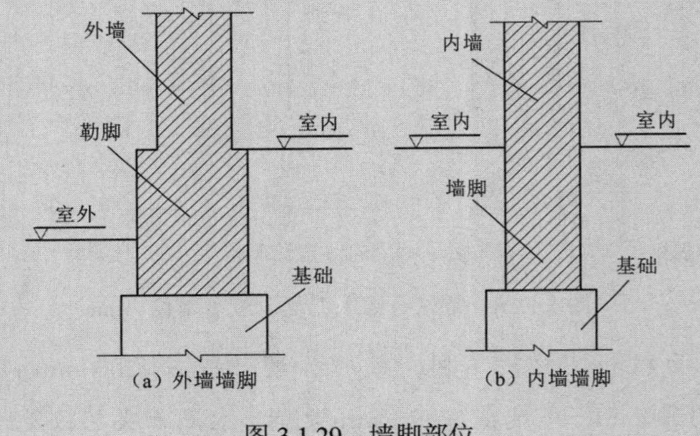

图 3.1.29 墙脚部位

知识拓展

1. 墙身防潮

墙身防潮的方法是在墙脚铺设防潮层，防止土壤和地面水渗入砖墙体。当室内地面垫层为混凝土等密实材料时，防潮层的位置应设在垫层范围内，低于室内地坪 60mm 处，同时还应至少高于室外地面 150mm，防止雨水溅湿

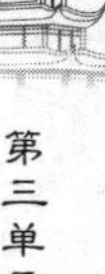

知识拓展

墙面。当室内地面垫层为透水材料时（如炉渣、碎石等），水平防潮层的位置应平齐或高于室内地面 60mm 处。当内墙两侧地面出现高差时，应设垂直防潮层。

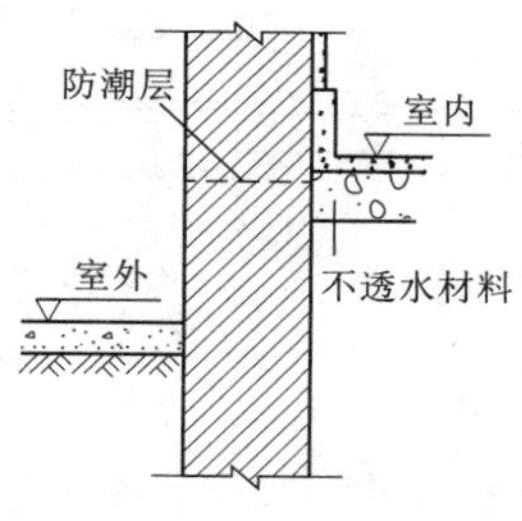

（a）地面垫层为密实材料

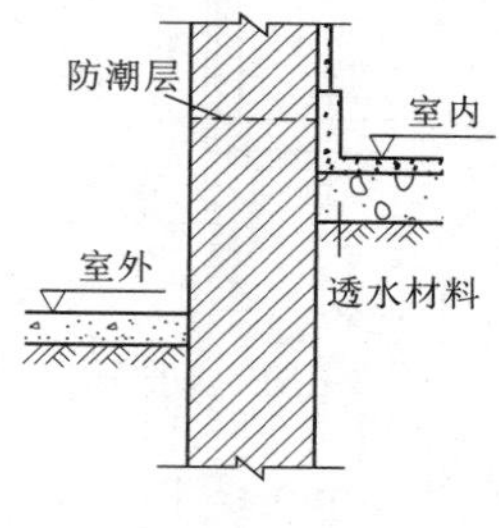

（b）地面垫层为透水材料

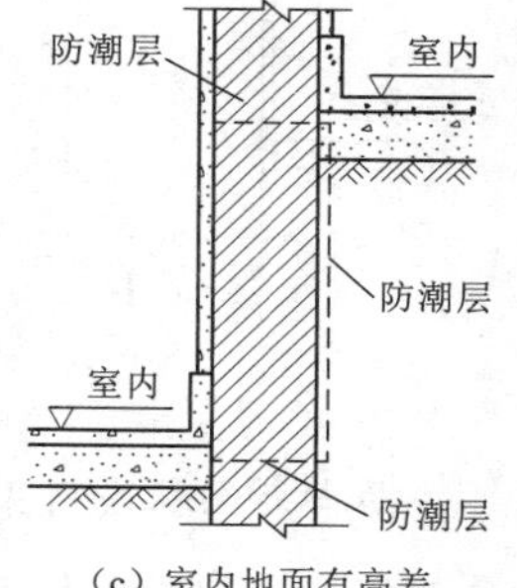

（c）室内地面有高差

图 3.1.30 墙身防潮层的位置

视频
墙身防潮层的位置

墙身防潮层的构造做法常用的有以下三种：

（1）防水砂浆防潮层。采用 1∶2 水泥砂浆加 3%~5% 防水剂，厚度为 20~25mm，或用防水砂浆砌三皮砖作防潮层。此种做法构造简单，但砂浆开裂或不饱满时影响防潮效果。

（2）细石混凝土防潮层。采用 60mm 厚的细石混凝土带，内配三根直径 6mm 的钢筋，其防潮性能好。

（3）油毡防潮层，先抹 20mm 厚水泥砂浆找平层，上铺一毡二油。此种做法防水效果好，但有油毡隔离，削弱砖墙的整体性。如果墙脚采用不透水的材料（如条石或混凝土等），或设有钢筋混凝土地圈梁时，可不设防潮层。

2. 勒脚构造

勒脚是外墙的墙脚，它和内墙脚一样，受到土壤中水分的侵蚀，应做相同的防潮层。同时，它还受地表水、机械力等的影响，所以要求勒脚更加坚固耐久和防潮。勒脚常采用条石、混凝土等坚固耐久的材料。另外，勒脚的做法、高矮、色彩等应结合建筑造型，选用耐久性高的材料或防水性能好的外墙饰面。一般采用抹灰、贴面、石砌三种构造做法。

视频
勒脚构造做法

知识拓展

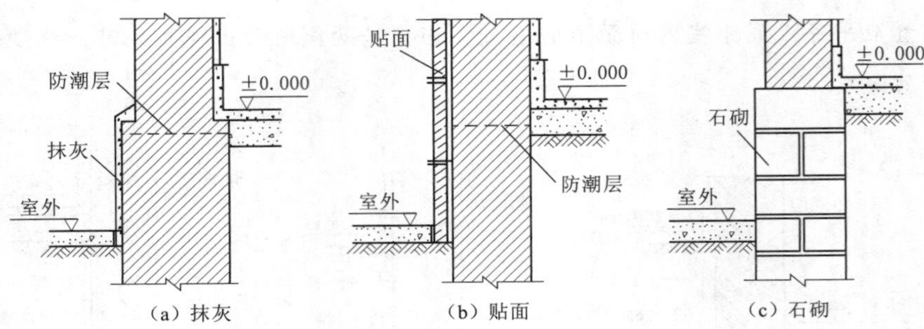

图 3.1.31　勒脚构造做法

勒脚表面抹灰可采用 8~15mm 厚 1∶3 水泥砂浆打底，12mm 厚 1∶2 水泥白石子浆水刷石或斩假石抹面。此法多用于一般建筑。勒脚贴面可用天然石材或人工石材贴面，如花岗石、水磨石板等。

（a）抹灰勒脚

（b）石材贴面勒脚

（c）条石勒脚

图 3.1.32　常见勒脚

3. 外墙周围的排水处理

房屋四周可采取散水或明沟排除雨水，当屋面为有组织排水时一般设暗沟。屋面为无组织排水时一般设明沟。散水的做法通常是素土夯实，上铺三合土、混凝土等材料，厚度 60~70mm。散水应设不小于 3% 的排水坡。散水宽度一般为 0.6~1.0m。散水与外墙交接处应设分格缝，分格缝用弹性材料嵌缝，防止外墙下沉时将散水拉裂。

知识拓展

图 3.1.33 外墙周围散水

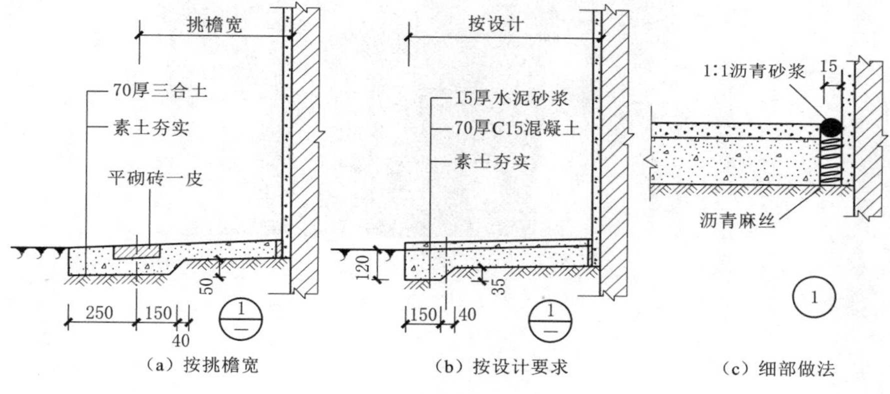

图 3.1.34 散水构造（单位：mm）

常用的明沟构造可用砖砌、石砌、混凝土现浇，沟底应做纵坡，坡度为0.5%~1%，坡向寄井。明沟中心应正对屋檐滴水位置，外墙与明沟之间应做散水。

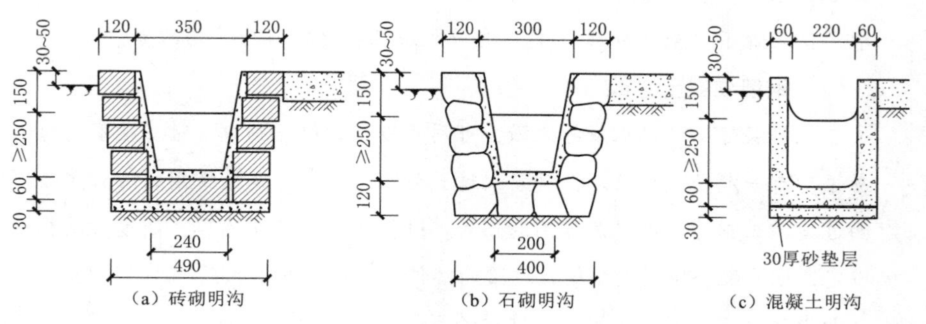

图 3.1.35 明沟构造（单位：mm）

视频
散水构造

视频
明沟构造

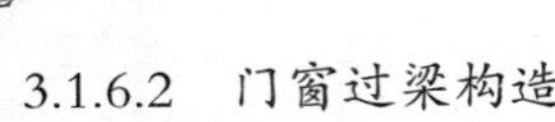

3.1.6.2 门窗过梁构造

关键词：门窗　洞口　过梁

知识点描述

过梁是承重构件，用来支承门窗洞口上墙体的荷载。承重墙上的过梁还要支承楼板荷载。

资源链接

图 3.1.36　过梁

知识拓展

根据材料和构造方式不同，常用的过梁有钢筋混凝土过梁和砖拱过梁。出于抗震安全的考虑，我国《建筑抗震设计标准》（GB/T 50011—2010）要求门窗洞处不再采用砖拱过梁，这一做法在历史建筑中存留较多。

1. 钢筋混凝土过梁

钢筋混凝土过梁承载能力强，可用于较宽的门窗洞口，对房屋不均匀下沉或振动有一定的适应性。预制装配过梁施工速度快，是最常用的一种。矩形截面过梁施工制作方便，是常用的形式。过梁宽度一般同墙厚，高度按结构计算确定，但应配合块材的规格，过梁两端伸进墙内的支承长度不小于 240mm。在立面中往往有不同形式的窗，过梁的形式应配合处理。如有窗套的窗，过梁截面则为 L 形出挑。又如带窗楣，可按设计要求出挑，一般可挑 300 ~ 500mm。

知识拓展

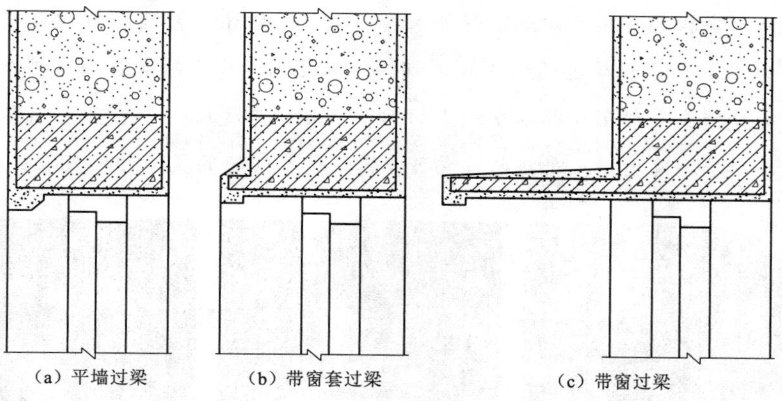

图 3.1.37 钢筋混凝土过梁构造

钢筋混凝土的导热系数大于墙体块材的导热系数，在寒冷地区常采用L形过梁，使外露部分的面积减小，或把过梁全部包起来。

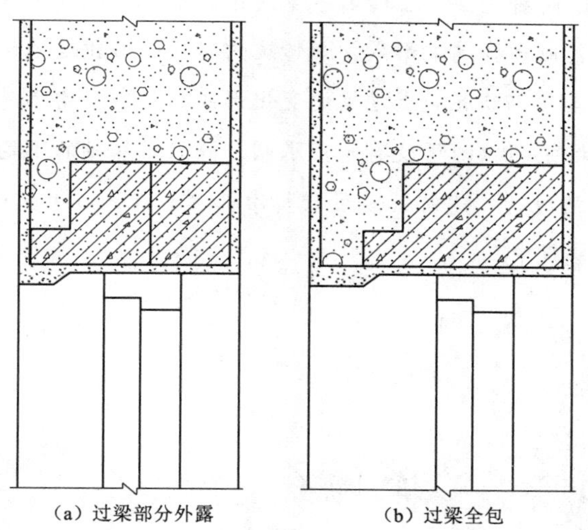

图 3.1.38 寒冷地区钢筋混凝土过梁构造

2. 平拱砖过梁

砖过梁有各种历史样式。根据现行《建筑抗震设计标准》(GB/T 50011—2010) 的规定，砖过梁已不再使用。这里只是对历史样式进行一定的了解。平拱砖过梁是将砖侧砌而成，灰缝上宽下窄使侧砖向两边倾斜，相互

知识拓展

挤压形成拱的作用，两端下部伸入墙内 20 ~ 30mm，中部的起拱高度约为跨度的 1/50。平拱砖过梁的优点是钢筋、水泥用量少，缺点是力学性能差、施工速度慢，一般用于非承重墙上的门窗，洞口宽度应小于 1.2m。有集中荷载或半砖墙不宜使用，平拱砖过梁可以满足清水砖墙的统一外观效果。

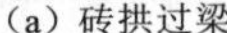
（a）砖拱过梁

（b）石拱过梁

（c）钢筋混凝土过梁

图 3.1.39　其他形式的过梁

除了上述两种过梁，在砖石承重的建筑中有时也会根据建筑风格和装饰的需要采用其他一些过梁形式，如传统的砖拱或石拱过梁，以及结合细部设计而制作的各种钢筋混凝土过梁的变化形式。其中，由于砖拱过梁和石拱过梁对于建筑过梁洞口的跨度有一定限制，并且对基础的不均匀沉降适应性较差，不能满足现行《建筑抗震设计标准》（GB/T 50011—2010）的要求，现多见于历史建筑中。

3.1.6.3　窗台构造

关键词：窗台　窗下槛　挑窗台

知识点描述

窗台的作用是排除沿窗面流下的雨水，防止其渗入墙身且沿窗缝渗入室内，同时避免雨水污染外墙面。为便于排水一般设置为挑窗台。处于内墙或阳台等处的窗，不受雨水冲刷，可不必设挑窗台。

资源链接

图 3.1.40　窗台

知识拓展

挑窗台可以用砖砌，也可以用混凝土窗台构件。砖砌挑窗台根据设计要求可分为 60mm 厚平砌挑砖窗台及 120mm 厚侧砌挑砖窗台。悬挑窗台向外出挑 60mm，窗台长边可超过窗宽 120mm 压入墙段内。窗台表面可做抹灰或贴面处理。侧砌窗台可做水泥砂浆勾缝的清水窗台。窗台表面应做一定排水坡度，并应注意抹灰与窗下槛的交接处理，防止雨水向室内渗入。挑窗台下做滴水槽或斜抹水泥砂浆，引导雨水垂直下落不致影响窗下墙面。建筑采用涂料外饰面时，尤其是自洁性不好的涂料外饰面，为了更好地保护墙面，窗台表面或者靠外墙安装的外窗下沿，可以设置带滴水的金属披水板，迅速排走窗台面的积水，避免积水与积灰混合后对墙面的污染。

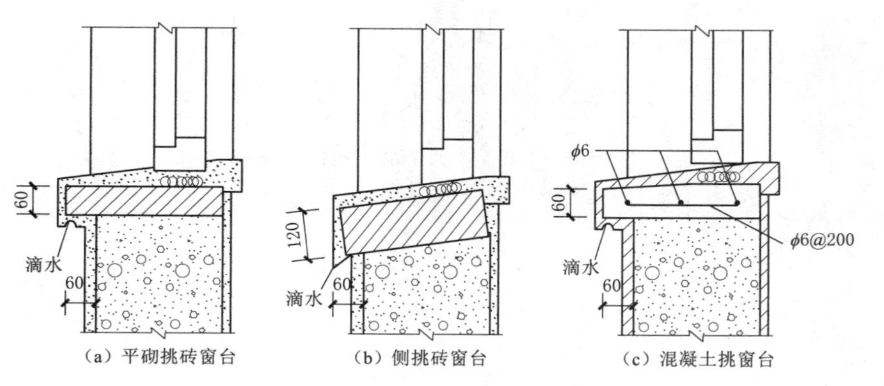

图 3.1.41　窗台构造（单位：mm）

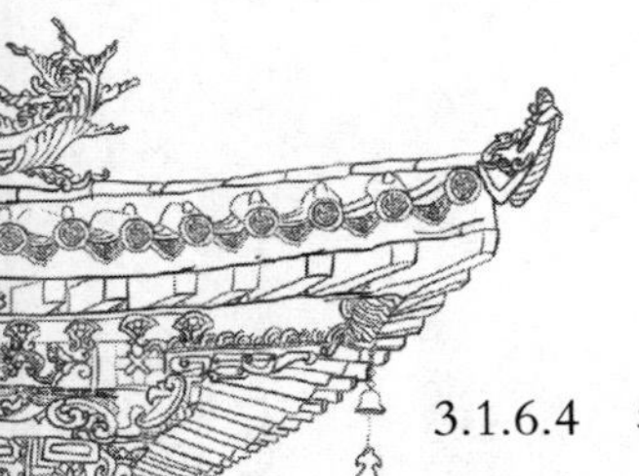

3.1.6.4 块材墙拉结

关键词： 块材墙 整体性 抗倒塌能力 半砖隔墙

知识点描述

块材墙是分散的块料砌筑而成，需要加强砌体自身的整体性。

资源链接

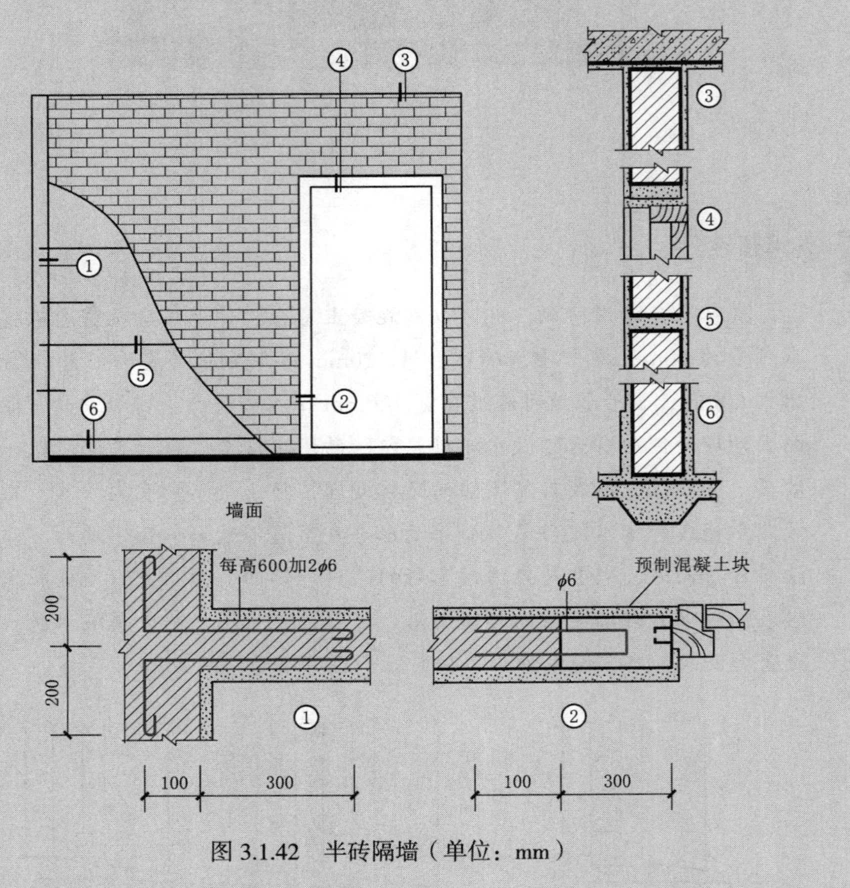

图 3.1.42 半砖隔墙（单位：mm）

知识拓展

根据现行《建筑抗震设计标准》（GB/T 50011—2010）的规定，砖墙构造柱与墙连接处应砌成马牙槎，沿墙高每隔 500mm 设 2 根直径 6mm 水平钢筋和直径 4mm 分布短筋平面内点焊组成的拉结网片或直径 4mm 点焊钢筋网片，每边伸入墙内不宜小于 1000mm。抗震设防烈度为 6 度、7 度时的房屋底部 1/3 楼层，抗震设防烈度为 8 度时的房屋底部 1/2 楼层，抗震设防烈度为 9 度时全部楼层，应沿墙体水平通长设置拉结钢筋网片。下部楼层构造柱间的拉结筋贯通，是为了提高多层砖砌体的抗倒塌能力。块材墙砌筑建筑内部的隔墙时，需要填充于结构梁板之间，其顶部与楼板相接处用立砖斜砌，填塞墙与楼板间的空隙。常用的砖砌隔墙采用半砖隔墙，可以减少一半的墙厚和自重。半砖隔墙坚固耐久，有一定的隔声能力，但自重大，湿作业多，施工麻烦。半砖隔墙上有门时，要预埋铁件或将带有木楔的混凝土预制块砌入隔墙中以固定门框。砌块墙也需采取加强稳定性措施，其方法与砖墙类似。

框架体系的围护和分隔墙体均为非承重墙，称为框架填充墙。填充墙是用砖或轻质混凝土块材砌筑在结构框架梁柱之间的墙体，既可用于外墙，也可用于内墙，施工顺序为框架完工后填充墙体。填充墙的自重传递给框架支承。为了减轻自重，通常采用空心砖或轻质砌块，墙体的厚度视块材尺寸而定，用于有较高隔声和热工性能要求的外围护墙等时不宜过薄，一般为 200mm。

块材填充墙也需要进行拉结。钢筋混凝土框架建筑内，应沿框架柱全高每隔 500 ~ 600mm 设 2 根直径 6mm 拉结钢筋，并深入墙内。拉筋伸入墙内的长度，抗震设防烈度为 6 度、7 度时宜沿墙全长贯通，抗震设防烈度为 8 度、9 度时应全长贯通。抗震设防烈度为 8 度和 9 度时，长度大于 5m 的填充墙，墙顶应与楼板或梁拉结，独立墙段的端部及大门洞边宜设钢筋混凝土构造柱。门框的固定方式与半砖隔墙相同。

3.1.6.5 门垛和壁柱构造

关键词：门垛　壁柱

知识点描述

门垛是指墙体上开设门洞一般应设的方石。在墙体端部开启与之垂直的门洞时，必须设置门垛，以保证墙身稳定和门框的安装。

壁柱，又称砖垛、墙垛。壁柱与墙体连在一起，共同支承屋架或大梁，同时增加墙体的强度和稳定性。

资源链接

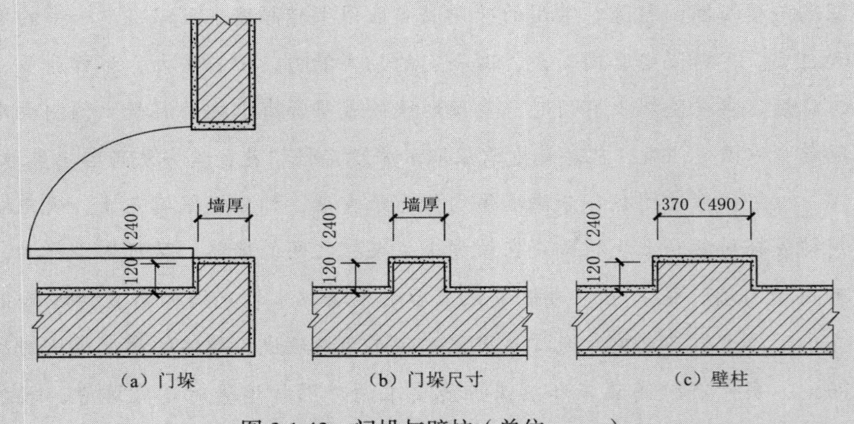

图 3.1.43　门垛与壁柱（单位：mm）

知识拓展

在墙体上开设门洞一般应设门垛，特别是在墙体转折处或丁字墙处，用以保证墙身稳定和门框安装。门垛宽度同墙厚，长度与块材尺寸规格相对应。如砖墙的门垛长度一般为 120mm 或 240mm。门垛不宜过长，以免影响室内使用。

当墙体受到集中荷载或墙体过长时 (如 240mm 厚、长度超过 6m) 应增设壁柱 (又称为扶壁柱)、使之和墙体共同承担荷载并稳定墙身。壁柱的尺寸应符合块材规格。如砖墙壁柱通常突出墙面 120mm 或 240mm、宽 370mm 或 490mm。

3.1.6.6 圈梁构造

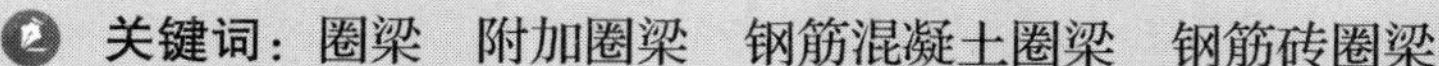
关键词：圈梁　附加圈梁　钢筋混凝土圈梁　钢筋砖圈梁

知识点描述

圈梁是在房屋的檐口、窗顶、楼层、吊车梁顶或基础顶面标高处，沿砌体墙水平方向设置的封闭状、按构造配筋的混凝土梁式构件。圈梁是连续围合的梁，所以称为环梁。

资源链接

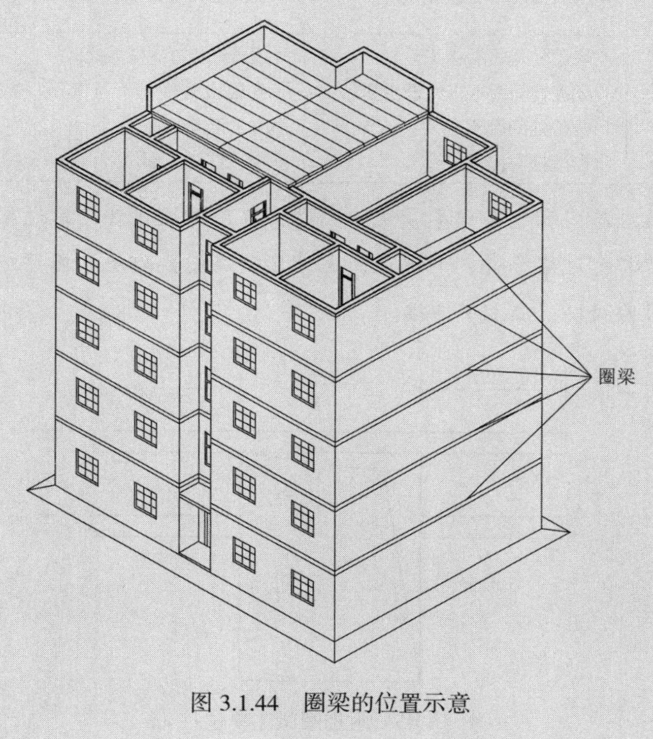

图 3.1.44　圈梁的位置示意

知识拓展

圈梁的作用是增加房屋的整体刚度和稳定性，减轻地基不均匀沉降对房屋的破坏，抵抗地震力的影响。圈梁设在房屋四周外墙及部分内墙中，处于

知识拓展

同一水平高度，其上表面与楼板底面平，像箍一样把墙箍住。根据《建筑抗震设计标准》(GB/T 50011—2010）的规定，多层砖混结构房屋应设置圈梁，砌块墙应按楼层每层墙加设圈梁。

表 3.1.2　多层砖砌体房屋现浇钢筋混凝土圈梁设置要求

墙的类型	设防烈度		
	6度、7度	8度	9度
外墙和内纵墙	屋盖处及每层楼盖处	屋盖处及每层楼盖处	屋盖处及每层楼盖处
内横墙	屋盖处及每层楼盖处； 屋盖处间距不应大于 4.5m； 楼盖处间距不应大于 7.2m 构造柱对应部位	屋盖处及每层楼盖处； 各层所有横墙，且间距不应大于 4.5m； 构造柱对应部位	屋盖处及每层楼盖处； 各层所有横墙

圈梁应与门窗过梁宜尽量统一考虑，可用圈梁代替门窗过梁。砌块墙中圈梁通常与窗过梁合并，可现浇，也可预制成圈梁砌块。圈梁应闭合，若遇标高不同的洞口，应上下搭接。

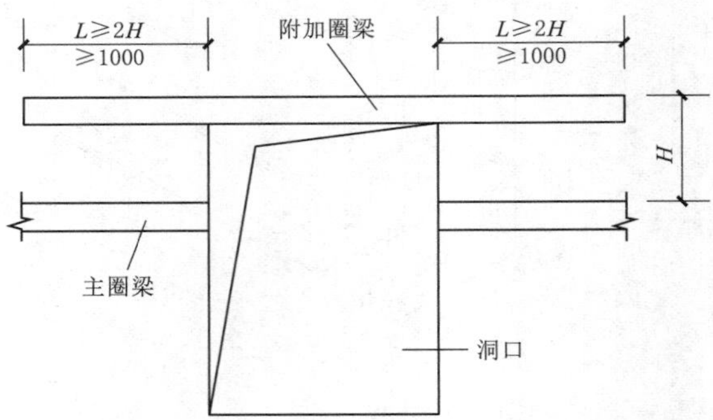

图 3.1.45　附加圈梁（单位：mm）

圈梁有钢筋混凝土圈梁和钢筋砖圈梁两种。钢筋混凝土圈梁整体刚度好，应用广泛，分整体式和装配整体式两种施工方法。圈梁宽度同墙厚，高度与块材尺寸相对应，如砖墙中一般为 180mm、240mm。钢筋砖圈梁用 M5 砂浆砌筑，高度不小于五皮砖，在圈梁中设置 4 根直径 6mm 的通长钢筋，分上下两层布置。

3.1.6.7　构造柱

关键词：构造柱　芯柱

知识点描述

构造柱是指为了增强建筑物的整体性和稳定性，多层砖混结构建筑的墙体中还应设置钢筋混凝土构造柱，并与各层圈梁相连接，形成能够抗弯抗剪的空间框架，它是防止房屋倒塌的一种有效措施。

资源链接

视频
构造柱做法

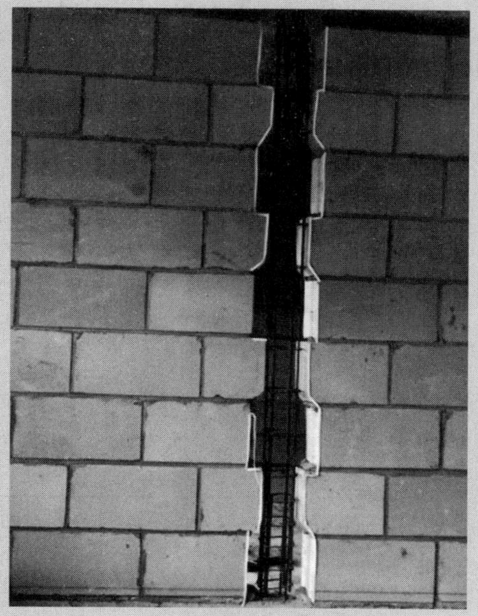

图 3.1.46　构造柱

知识拓展

抗震设防地区，为了增加建筑物的整体刚度和稳定性，在使用块材的墙承重房屋的墙体中，还需设置钢筋混凝土构造柱，使之与各层圈梁连接，形成空间骨架，加强墙体抗弯、抗剪能力，使墙体在破坏过程中具有一定的韧性，减缓墙体的破坏现象产生。

知识拓展

多层砖房构造柱的设置部位是：外墙四角、错层部位横墙与外纵墙交接处、较大洞口两侧、大房间内外墙交接处。除此之外，根据房屋的层数和地震烈度不同，构造柱的具体设置要求见表 3.1.3。多层砌体房屋当采用单外廊或横墙较少时，或者砌块的抗剪性能不足时，需要在相同层数和烈度条件下提高设置要求。

表 3.1.3　多层砖砌体房屋构造柱设置要求

<table>
<tr><th colspan="4">设防烈度</th><th colspan="2" rowspan="3">设 置 的 部 位</th></tr>
<tr><th>6 度</th><th>7 度</th><th>8 度</th><th>9 度</th></tr>
<tr><th colspan="4">房屋层数</th></tr>
<tr><td>4 ~ 5</td><td>3 ~ 4</td><td>2 ~ 3</td><td>—</td><td rowspan="3">楼、电梯间四角，楼梯斜梯段上下端对应的墙体处外墙四角和对应转角；
错层部位横墙与外纵墙交接处；
大房间内外墙交接处；
较大洞口两侧</td><td>隔 12m 或单元横墙与外纵墙交接处；
楼梯间对应的另一侧内横墙与外纵墙交接</td></tr>
<tr><td>6</td><td>5</td><td>4</td><td>2</td><td>隔开间横墙（轴线）与外墙交接处；
山墙与内纵墙交接处；</td></tr>
<tr><td>7</td><td>≥ 6</td><td>≥ 5</td><td>≥ 3</td><td>内墙（轴线）与外墙交接处；
内墙局部较小墙垛处；
内纵墙与横墙（轴线）交接处</td></tr>
</table>

注　较大洞口，内墙指不小于 2.1m 的洞口，外墙在内外墙交接处已设置构造柱时，应允许适当放宽，但洞侧墙体应加强。

构造柱的截面尺寸应与墙体厚度一致。砖墙构造柱的最小截面尺寸为 240mm × 180mm，竖向钢筋一般用 4 根直径 12mm 的钢筋，箍筋间距不大于 250mm，并在柱上下端适当加密。随着房屋抗震设防烈度的加大和房屋层数的增加，房屋四角的构造柱可适当加大截面及配筋。施工时必须先砌墙后浇筑钢筋混凝土柱，并应沿墙高每隔 500mm 设 2 根直径 6mm 的拉接钢筋，每边伸入墙内不宜小于 1000mm。构造柱可不单独设置基础，但应伸入室外地面标高以下 500mm，或锚入浅于 500mm 的基础梁内。

知识拓展

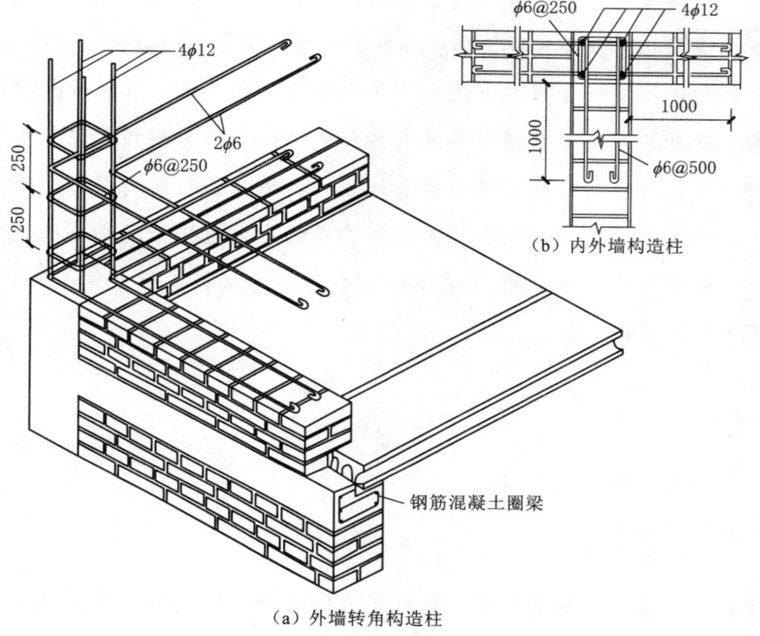

图 3.1.47　构造柱做法（单位：mm）

墙承重的多层砌块房屋主要是利用小砌块砌筑，在砌块中通过墙芯柱来实现砖制体构造柱的结构加强作用。当采用混凝土空心砌块时，应在房屋四大角，外墙转角、楼梯间四角设芯柱。芯柱用 C15 细石混凝土填入砌块孔中，并在孔中插入通长钢筋。小砌块房屋中也可以用钢筋混凝土构造柱替代芯柱。

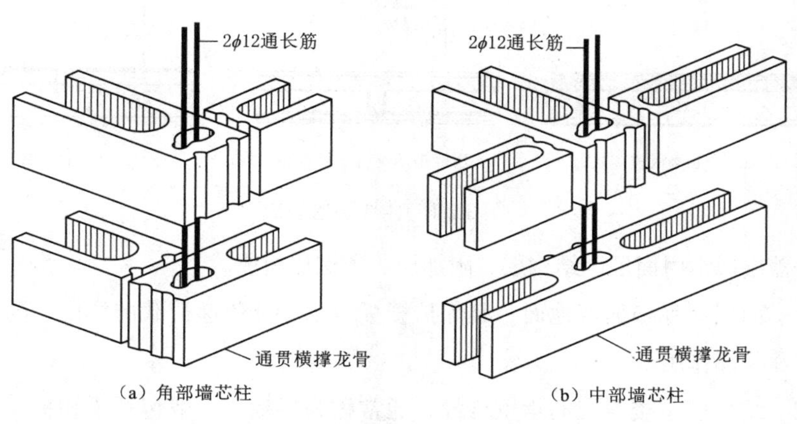

图 3.1.48　砌块墙墙芯柱构造（单位：mm）

思政小课堂

面对当前和未来我国建筑行业可持续发展的趋势，我们应当深入思考墙体构造所承载的社会责任和可持续发展的重要性。墙体作为建筑的重要组成部分，其设计和施工不仅仅是技术问题，更关乎环境保护、社会发展和人们生活质量的提高。随着国家不断加快节能减排和绿色建筑发展的步伐，墙体设计应当考虑材料的环保性、建筑的节能效果等因素，促进建筑行业向着更加环保和可持续的方向发展；墙体类型的选择和墙体构造的设计应当紧密结合国家的发展方向和社会需求；墙体的细部构造设计应当符合国家相关标准规范和政策要求，保证建筑的质量和安全。

3.2 楼地层

3.2.1 楼地层概述

楼地层，即楼盖层和地坪层，是水平方向分隔房屋空间的承重构件。楼盖层界定上下楼层空间，地坪层则分隔大地与底层空间。因位置与受力不同，二者的结构层有所不同，但它们均供人活动，故面层一致。楼盖层以楼板为结构层，楼板将所承受的上部荷载及自重传递给墙或梁柱，并由墙或梁柱传给基础。楼盖层有隔声等功能要求。地坪层以垫层为结构层，垫层将所承受的荷载及自重均匀地传给夯实的地基。

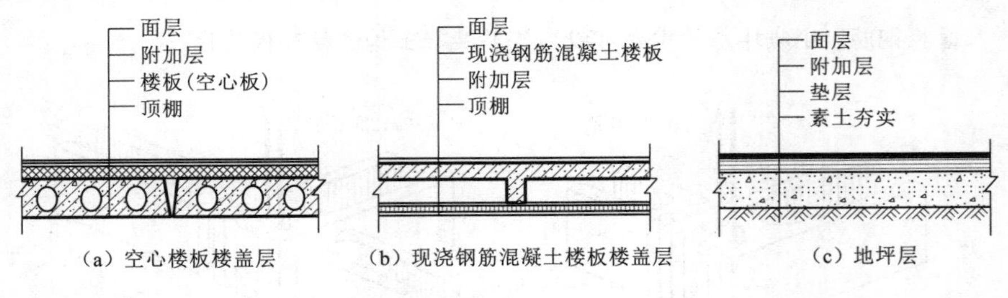

图 3.2.1 楼地层的组成

楼盖层通常由面层、结构层、附加层、顶棚层组成。

（1）面层又称楼面或地面，起保护楼板、承受并传递荷载的作用，同时对室内有清洁及装饰作用。

（2）结构层是楼盖层的承重构件，通常称为楼板，一般包括梁和板。主要功能是承受楼盖层上的全部静、活荷载，并将这些荷载传给墙或柱，同时对墙身起水平

拓展
楼地层概述

支撑的作用，增强房屋的刚度和整体性。

（3）附加层可以设置在面层和结构层之间，也可以设在结构层和顶棚层之间，位置视具体需要而定。附加层常有隔声层、保温层、隔热层、防水层等类型。

（4）顶棚层是楼盖层下部的饰面层次。根据构造不同，有直接式顶棚和悬吊式顶棚，顶棚应满足管道敷设的要求。

3.2.2 楼板

关键词：楼盖层　楼盖结构　钢筋混凝土楼板　木楼板　压型钢板组合楼板

知识点描述

根据使用的材料，楼板分为木楼板、钢筋混凝土楼板、压型钢板组合楼板等。

楼盖层设计需考虑建筑的使用、结构、施工以及经济性等多方面的要求，具体包括以下方面：

拓展
楼板

1. 承载力和刚度

足够的承载力要求楼板能够承受使用荷载和自重。使用荷载由房间的使用性质确定；自重指楼盖层材料的自身重量；足够的刚度指楼板的变形控制在允许的范围内，以保障建筑的安全与正常使用。

2. 隔声、防火、热工等性能

（1）隔声。楼板层应具有一定的隔声能力，以防止噪声通过楼板传到上下相邻的房间，影响使用。不同使用性质的房间对隔声的要求不同，应满足各类建筑房间的允许噪声级和撞击声隔声量。

（2）防火。楼板作为分隔竖向空间的承重构件，应根据建筑物的等级、对防火的要求进行设计，现行的《建筑防火通用规范》（GB 55037—2022）对于各类建筑楼板的耐火极限作了明确规定。

（3）热工。对于有特定温、湿度要求的房间，楼盖层需设置保温层，使楼面的温度与室内温度一致，减少通过楼板的冷热损失。

3. 防潮、防水能力

对易受潮或水侵蚀的房间，如厨房、卫生间、浴室、实验室等，楼板层应进行防潮、防水处理，保证相邻空间的使用和建筑物的耐久性。

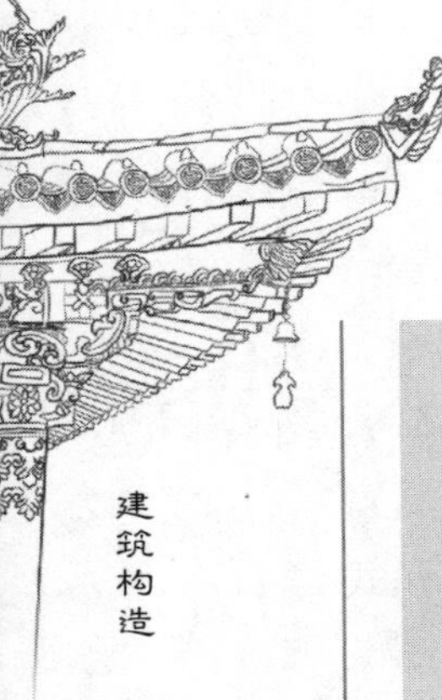

4. 经济性

一般情况下，多层房屋楼盖的造价占房屋土建造价的 20% ~ 30%。楼盖设计应考虑成本效益，考虑建筑物的质量标准、使用要求及施工技术条件，选择经济合理的结构形式和构造方案，减少材料消耗和自重，提高建设效率。

资源链接

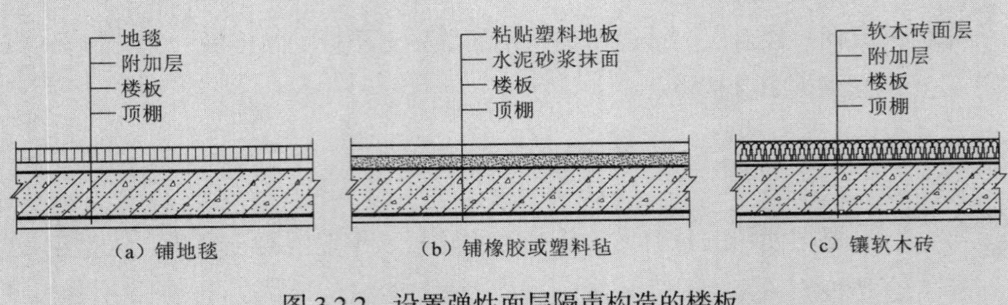

图 3.2.2　设置弹性面层隔声构造的楼板

知识拓展

噪声的传播途径主要包括空气传声和固体传声两种。为隔绝空气传声（如说话声），可采取使楼板密实、无裂缝等构造措施。固体传声，如脚步声、家具移动或振动引起的噪声，通过固体（楼盖层）传递的影响更为显著。由于声音在固体中传递时声能衰减很少，所以固体传声较空气传声的影响更大。因此，楼盖层隔声主要针对固体传声，主要有以下方法：

（1）铺设弹性面层，如铺设地毯、橡胶地毡、软木板等弹性较好的材料，以减弱撞击楼板时振动所产生的声能。这种方法比较简单，隔声效果较好，具有良好的装饰性，因此被广泛应用。

（2）面层下设置弹性垫层，形成“浮筑式楼板”。这种结构通过使面层与结构层脱离，实现隔声目的。弹性垫层可以是块状、条状、片状，如橡胶垫、软木片、玻璃棉板等。浮筑式楼盖层造价增加不多且效果较好，但施工较为复杂，因而应用相对较少。

知识拓展

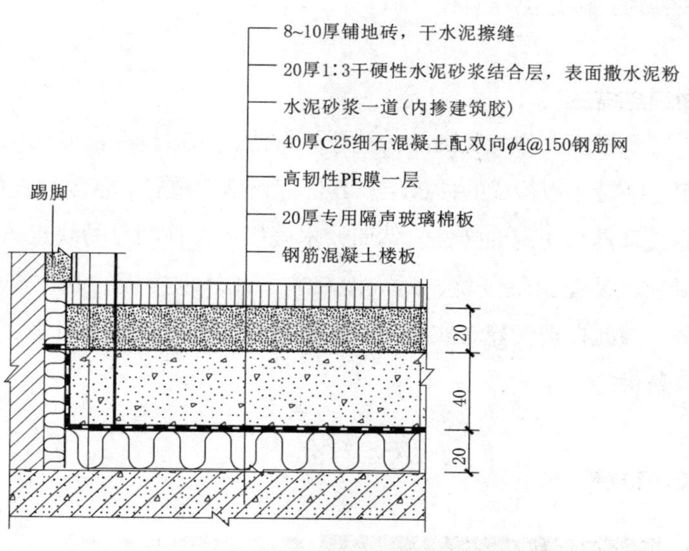

图 3.2.3　浮筑式楼板隔声构造（单位：mm）

（3）楼板下设置吊顶棚，使撞击楼板产生的振动不能直接传入下层空间。吊顶与楼板采用弹性挂钩连接，利用楼板与顶棚之间的空气层使声能减弱。对隔声要求高的房间，还可在顶棚上铺设吸声材料，或顶棚直接使用吸声板面层，加强隔声效果。

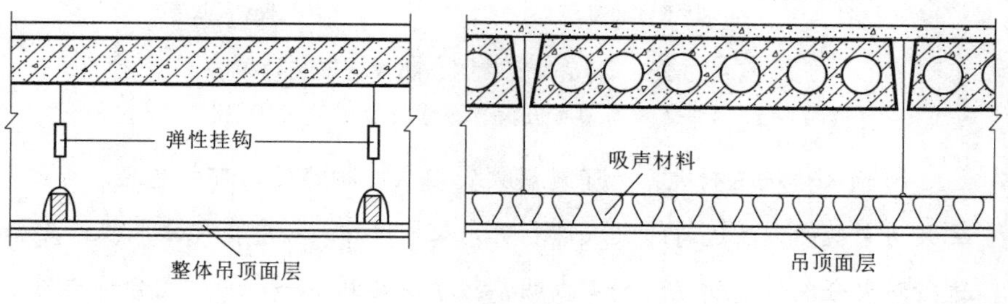

图 3.2.4　吊顶棚隔声构造

3.2.2.1 木楼板

关键词：楼盖层　楼板　木

知识点描述

木楼板，作为我国的传统建筑做法，是通过在由墙或梁支承的木格栅上铺钉木板构成的楼板层。其优点包括自重轻、保温性能好、使用舒适，且具有一定的弹性。然而，木楼板也存在明显的缺点，如易燃、易腐蚀、易受虫蛀侵扰、耐久性较差，此外木楼板的制作需耗用大量木材，因此在现代建筑实践中，木楼板已基本被其他更耐用、更环保的材料替代。

资源链接

(a) 木龙骨安装图

(b) 防火板安装效果图

图 3.2.5　木龙骨安装图、防火板安装效果图
（图片来源：郑蝉蝉等《防火板包覆木楼板的防火分隔试验研究》）

由于木楼板不耐火，为了延缓火灾在木结构建筑内部的蔓延，可以采用安装防火板的方法进行防火设计。研究人员用防火板包覆部分木楼板及木梁，进行防火分隔试验研究，研究表明，防火板起到了一定的防火分隔作用。

3.2.2.2 钢筋混凝土楼板

关键词：楼盖层　楼板　现浇式钢筋混凝土楼板
装配式钢筋混凝土楼板　装配整体式钢筋混凝土楼板

知识点描述

钢筋混凝土楼板，以其强度高、防火性能好、耐久、工业化生产便利、形式多样等优点，成为我国应用最广泛的楼板。

按照施工方法的不同，钢筋混凝土楼板可分为现浇式、装配式和装配整体式三种。现浇钢筋混凝土楼板整体性好，刚度大，利于抗震，梁板布置灵活，能适应各种不规则形状和预留孔洞等特殊要求，但模板材料消耗大。装配式钢筋混凝土楼板则节省模板，提高生产率和施工速度，但整体性稍显不足，房屋的刚度不及现浇式的房屋。装配整体式楼板既能节省模板，又增强楼板整体性，并加快施工进度。

资源链接

视频
现浇式钢筋混凝土楼板

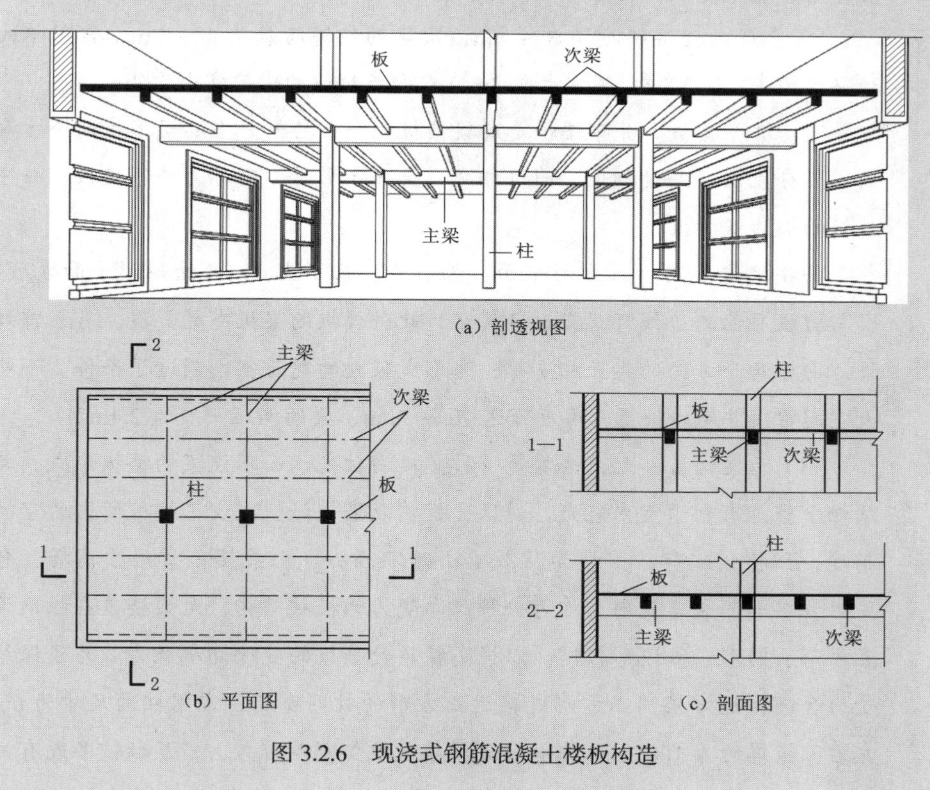

图 3.2.6　现浇式钢筋混凝土楼板构造

知识拓展

1. 现浇式钢筋混凝土楼板

（1）现浇肋梁楼板。现浇肋梁楼板由板、次梁、主梁现浇而成。荷载按照板→次梁→主梁→墙或柱向下传递。根据板的受力状况不同，有单向板肋梁楼板、双向板肋梁楼板。单向板的平面长边与短边之比不小于3，可认为这种板受力后仅向短边传递。双向板的平面长边与短边之比不大于2，受力后向两个方向传递。布置时应遵循以下原则：

1）柱、梁、墙等承重构件，应规律地布置，宜做到上下对齐，以利于结构传力直接，受力合理。

2）板上不宜布置较大的集中荷载，自重较大的隔墙和设备宜布置在梁上，梁应避免支承在门窗洞口上。

3）主梁的经济跨度为5～8m，次梁的经济跨度为4～7m，常用单向板跨度为1.7～2.7m，不宜大于4m，双向板短边的跨度宜小于4m。

（2）井字楼板。井字楼板是肋梁楼板的一种特例。当肋梁楼板两个方向的梁不分主次、高度相等、同位相交、呈井字形时，则称为井字楼板。井字楼板的板为双向板。

井字楼板宜用于正方形平面，长短边之比不大于1.5的矩形平面也可。梁与楼板平面的边线可正交也可斜交。此种楼板的梁板布置美观，有装饰效果，由于两个方向的梁互相支撑，为形成较大的建筑空间创造了条件。一些大空间常用井字楼板，其跨度可达20～30m，梁的间距一般为2.4m。

（3）无梁楼盖。无梁楼盖是一种直接由柱支承而不设梁的楼板形式，其顶棚平整，有利于室内采光、通风，视觉效果较好，减少了楼板所占的空间高度，但楼板较厚，当楼面荷载较小时不经济。无梁楼盖常用于商场、仓库、多层车库等建筑内。作为一种双向受力的板柱结构，无梁楼盖在柱顶设置方形、圆形、多边形柱帽，以提高柱顶处平板的受冲切承载力。为了保结受力合理，通常采用正方形或接近正方形的柱网布局，常用柱网尺寸为6m左右，板厚约为160～200mm。无梁楼盖抗侧刚度较差，当层数较多或有抗震要求时，宜设置剪力墙，形成板柱—剪力墙结构，以提升抗侧刚度。

2. 装配式钢筋混凝土楼板

装配式钢筋混凝土楼板是把楼板分成若干构件，在工厂或预制场预先制作

知识拓展

好，在施工现场进行安装。预制板的长度应与房屋的开间或进深一致，长度一般为 300mm 的倍数。板的宽度根据制作、吊装和运输条件以及有利于板的排列组合确定，一般为 100mm 的倍数。板的截面尺寸、材料和配筋须经过结构计算确定。

常用的预制钢筋混凝土板，根据其截面形式可分为实心平板、槽形板和空心板三种类型。

（1）实心平板。实心平板跨度一般为 2400mm 以内，板的厚度通常为板跨的 1/30，60 ~ 80mm。平板板面上下平整，制作简单，但自重较大，隔声效果差，常用作走道、卫生间、阳台、雨篷、管沟盖板等处。

（2）槽形板。槽形板由肋和板构成，板宽通常为 500 ~ 1200mm。跨长为 3 ~ 6m 的非预应力槽形板，板肋高为 120 ~ 240mm，板的厚度仅为 30mm。槽形板减轻了板的自重，具有省材料、便于在板上开洞等优点，但隔声效果差。当槽形板正放（肋朝下）时，板底不平整，常用作厨房、卫生间、库房等楼板。当对楼板有保温、隔声要求时，可采用槽形板倒放（肋向上），在板上进行构造处理，使其平整，槽内可填轻质保温、隔声材料。

（3）空心板。空心板是槽形板的特殊形式，在力学性能和隔声性能上进行了优化。空心板的板面上下平整，预制板抽孔做成空心板，空心板的孔洞有圆形、椭圆形、矩形、方形等。矩形孔较为经济，但抽孔困难；圆形孔的板因其优良的刚度和制作便利而广泛使用。空心板的优点是节省材料、隔声隔热性能较好，缺点是板面不能任意穿孔。根据板的宽度，孔数有单孔、双孔、三孔、多孔。大型预应力空心板，跨度可达 6 ~ 7.2m，板宽 1200 ~ 1500mm，板厚多为 180 ~ 240mm；中型空心板常见宽度为 600 ~ 1200mm，厚度为 90 ~ 120mm。

知识拓展

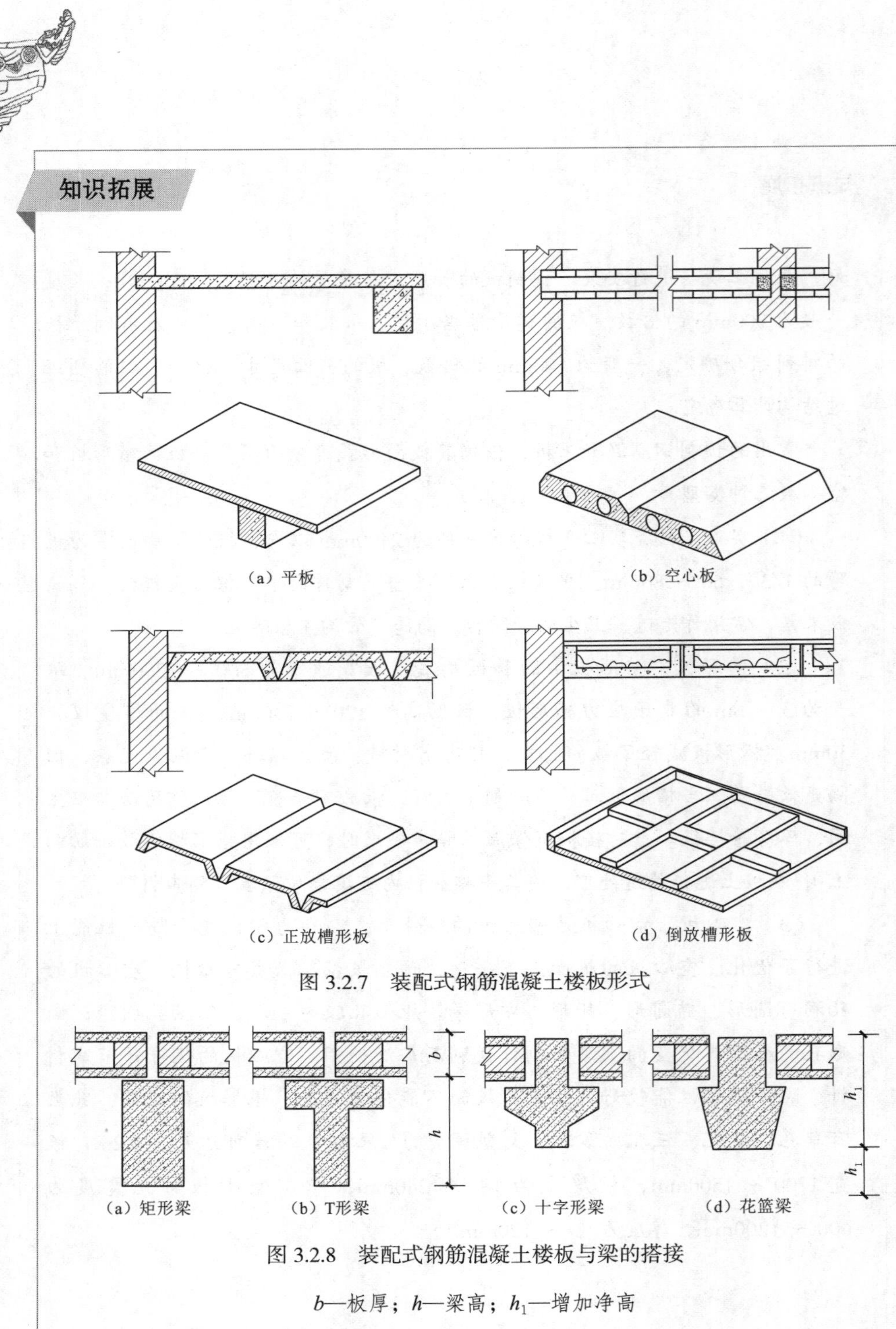

（a）平板　（b）空心板

（c）正放槽形板　（d）倒放槽形板

图 3.2.7　装配式钢筋混凝土楼板形式

（a）矩形梁　（b）T形梁　（c）十字形梁　（d）花篮梁

图 3.2.8　装配式钢筋混凝土楼板与梁的搭接

b—板厚；h—梁高；h_1—增加净高

3. 装配整体式钢筋混凝土楼板

（1）密肋填充块楼板。密肋填充块楼板指现浇（或预制）密肋小梁间安放预制空心砌块并现浇面板而制成的楼板结构。密肋填充块楼板由密肋楼板和填充块叠合而成，密肋小梁有现浇和预制两种，常用陶土空心砖或矿渣

知识拓展

混凝土空心砖等作为密肋楼板肋间填充块，然后现浇密肋和面板。肋的间距视填充块的尺寸而定，一般为300～600mm，面板厚度一般为40～50mm。密肋填充块楼板板底平整，有较好的隔声、保温、隔热效果，且整体性好。但由于楼板结构厚度偏大，施工较为麻烦，密肋填充楼板的应用受到一定限制。

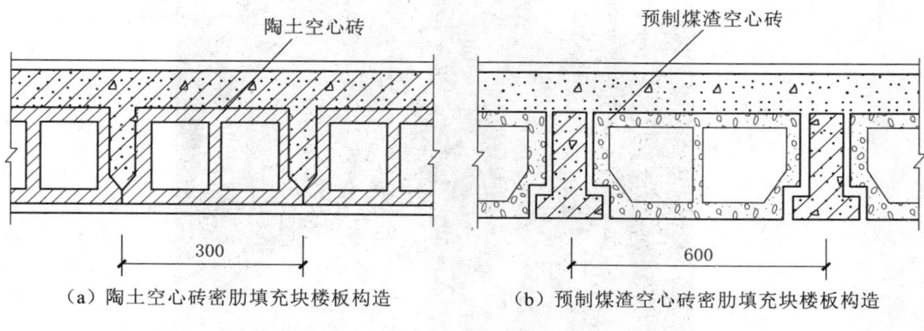

（a）陶土空心砖密肋填充块楼板构造　（b）预制煤渣空心砖密肋填充块楼板构造

图3.2.9　密肋填充块楼板构造（单位：mm）

（2）叠合式楼板。现浇式钢筋混凝土楼板的整体性好，但施工速度慢，耗费模板；装配式钢筋混凝土楼板施工速度快，省模板但整体性差；叠合式楼板，即装配整体式楼板，通过预制薄板与现浇混凝土面层叠合而成，则既省模板，整体性又好。叠合式楼板的预制钢筋混凝土薄板既是永久性模板承受施工荷载，也是整个楼板结构的组成部分。预应力混凝土薄板内配以高强钢丝作为预应力筋，同时也是楼板的跨中受力钢筋，板面现浇混凝土叠合层，只需配置少量的支座负弯矩钢筋。所有楼盖层中的管线均事先埋在叠合层内，预制薄板底面平整，作为顶棚，可直接喷浆或粘贴装饰顶棚壁纸。

为确保预制薄板与叠合层有良好连接，薄板上表面需作处理。常见的有两种：一是在上表面做刻槽处理，刻槽直径50mm、深20mm、间距150mm；另一种是在薄板上表面露出较规则的三角形状的结合钢筋。现浇叠合层的混凝土强度等级为C20，厚度一般为70～120mm。叠合楼板的总厚取决于板的跨度，一般为150～250mm，楼板厚度以薄板厚度的两倍为宜。

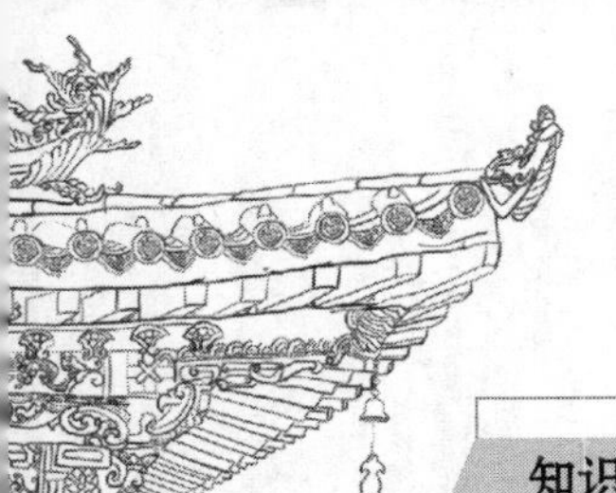

知识拓展

图 3.2.10　叠合楼板施工（现浇层浇筑完毕）

思政小课堂

2016 年，中共中央、国务院印发《关于进一步加强城市规划建设管理工作的若干意见》，提出大力推广装配式建筑，减少建筑垃圾和扬尘污染，缩短建造工期，提升工程质量；要求制定装配式建筑设计、施工和验收规范，完善部品部件标准，实现建筑部品部件工厂化生产；鼓励建筑企业装配式施工，现场装配；建设国家级装配式建筑生产基地；加大政策支持力度，力争用 10 年左右时间，使装配式建筑占新建建筑的比例达到 30%；积极稳妥推广钢结构建筑；在具备条件的地方，倡导发展现代木结构建筑。

推广装配式建筑是我国迈向绿色建筑时代的重要举措，是我们建设美丽中国、实现绿色发展的必然选择，需要我们不懈研究钻研，持续推动装配式建筑的发展，让我们的城市更加美丽宜居，满足人们对于美好生活的向往。

3.2.2.3 压型钢板组合式楼板

第三单元 知识点详解

关键词：楼盖层 楼板 压型钢板

知识点描述

压型钢板组合式楼板是一种整体性很强的楼板结构，通过钢梁和截面为凹凸形的压型钢板与现浇钢筋混凝土叠合形成。压型钢板既作为上部混凝土的模板，又起结构作用，有效增加楼板的侧向和竖向刚度。因此，它能够实现更大的结构跨度、减少梁的数量、降低楼板自重、加快施工进度，在高层建筑中得到广泛的应用。

资源链接

视频
压型钢板组合楼板构造

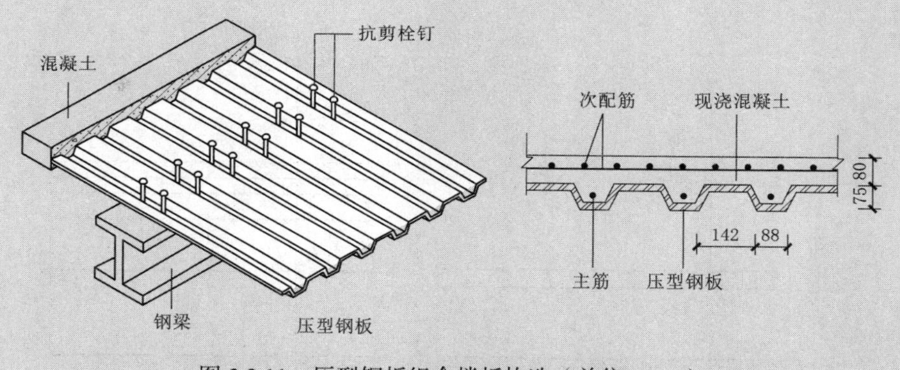

图 3.2.11 压型钢板组合楼板构造（单位：mm）

知识拓展

压型钢板组合式楼板的整体连接是由栓钉（又称抗剪螺钉）将钢筋混凝土、压型钢板和钢梁组合成整体。栓钉是组合楼板的剪力连接件，楼面的水平荷载通过它传递到梁、柱、框架，所以又称剪力螺钉。其规格、数量是按楼板与钢梁连接处的剪力大小确定的，栓钉应与钢梁牢固焊接。

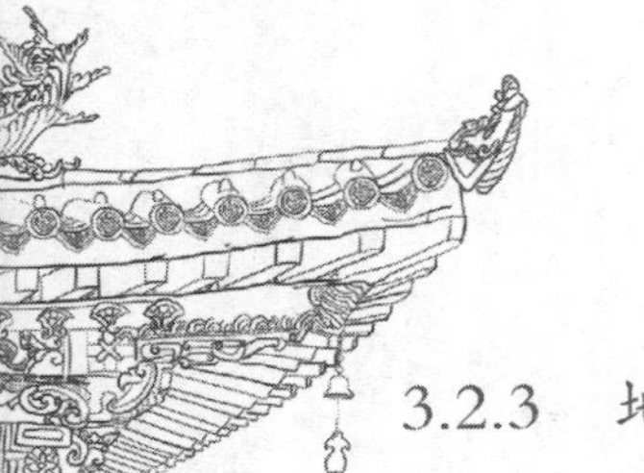

3.2.3 地坪层构造

关键词： 楼盖层　地坪层　建筑物底层　素土夯实

知识点描述

地坪层是建筑物底层与土壤相接的构件，它承受着底层地面上的荷载，并将荷载均匀地传给地基。

地坪层由面层、垫层和素土夯实构成。根据需要还可以设各种附加构造层，如找平层、结合层、防潮层、保温层、管道敷设层等。

资源链接

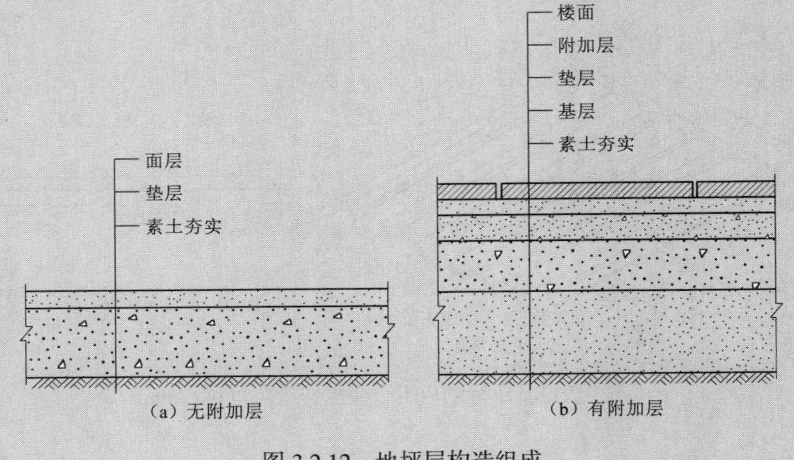

图 3.2.12　地坪层构造组成

知识拓展

在采暖期室外平均温度低于 −5℃的严寒地区，建筑物外墙在室内地坪以下的垂直墙面以及直接接触土壤的地面，需采取保温措施，以防止室内墙角部位及地面结露，并减少传热热损失。

3.2.3.1　垫层

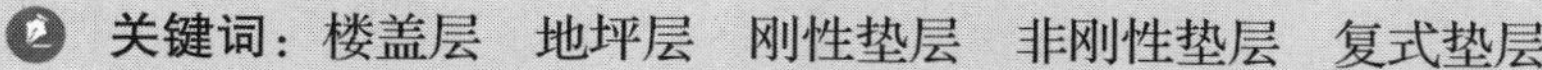

关键词：楼盖层　地坪层　刚性垫层　非刚性垫层　复式垫层

知识点描述

垫层是承受并传递荷载给地基的结构层，垫层有刚性垫层和非刚性垫层之分。

刚性垫层常用低强度等级混凝土，一般采用 C20 混凝土，其厚度为 80 ~ 100mm。非刚性垫层，一般采用各种散粒材料，如砂、碎石、炉渣、灰土等压实而成。常用 50mm 厚砂垫层、80 ~ 100mm 厚碎石灌浆、50 ~ 70mm 厚石灰炉渣、70 ~ 120mm 厚三合土（石灰、炉渣、碎石）。

刚性垫层用于薄而大的整体面层和块状面层，如水磨石地面、瓷砖地面、大理石地面等。有水及浸蚀介质作用的地面应采用刚性垫层。面积大的刚性垫层需考虑设置防止变形的分格缝。非刚性垫层常用于较厚的块状面层，如混凝土地面、水泥制品块地面等。

资源链接

图 3.2.13　垫层

知识拓展

对某些室内荷载大、地基差且有保温等特殊要求的地方，或面层装修标准较高的地面，可在地基上先做非刚性垫层，再做一层刚性垫层，即复式垫层。

底层地面垫层材料的厚度和要求，应根据地基土质特性、地下水特征、使用要求、面层类型、施工条件以及技术经济等综合因素确定。

3.2.3.2 素土夯实层

关键词：楼盖层　地坪层　地基

知识点描述

素土夯实层是承受底层地面荷载的土层，也称地基。地基的填土应选用砂土、粉土、黏性土及其他有效填料，不得使用过湿土、淤泥、腐殖土、冻土、膨胀土及有机物含量大的土。

资源链接

图 3.2.14　素土夯实层

知识拓展

素土经夯实后，才能承受垫层传下来的地面荷载。通常是分层填300mm厚的素土夯实成200mm厚，使之能均匀承受荷载。

3.2.4 楼地面构造

关键词：楼盖层 楼面 地面 面层材料

知识点描述

楼地面又称楼面或地面，作为室内空间的重要组成，起着保护楼板、承受并传递荷载的作用，兼具装饰功能。

楼地面是人们日常生活、工作、生产直接接触的地方，面层应坚固耐磨、表面平整、光洁、易清洁、不起尘。针对各类使用场景，楼地面面层需求各异：对于居住和人们长时间停留的房间，要求有较好的蓄热性和弹性；浴室和厕所要求耐潮湿、不透水；厨房和锅炉房要求防水、耐火；实验室则要求耐酸碱、耐腐蚀等。公共建筑中，人流量大的区域或残疾人、老年人、儿童活动及轮椅、小型推车行驶的地面，面层宜采用防滑、耐磨、不易起尘的块材面层和水泥类整体面层。有空气洁净等级要求的建筑地面，应平整、耐磨、不起尘、不易积聚静电，并易除尘、清洁。面层应采用不燃、难燃并宜有弹性与导热系数较低的材料。面层材料的光反射系数宜为0.15 ~ 0.35，以避免眩光。地面与墙、柱相交处宜设置小圆角。

根据房间的使用要求和经济要求，面层材料和施工方法的不同，楼地面可分为整体类地面、板块类地面、卷材地面、涂料地面等类型。

拓展
楼地面构造

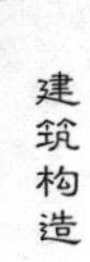

资源链接

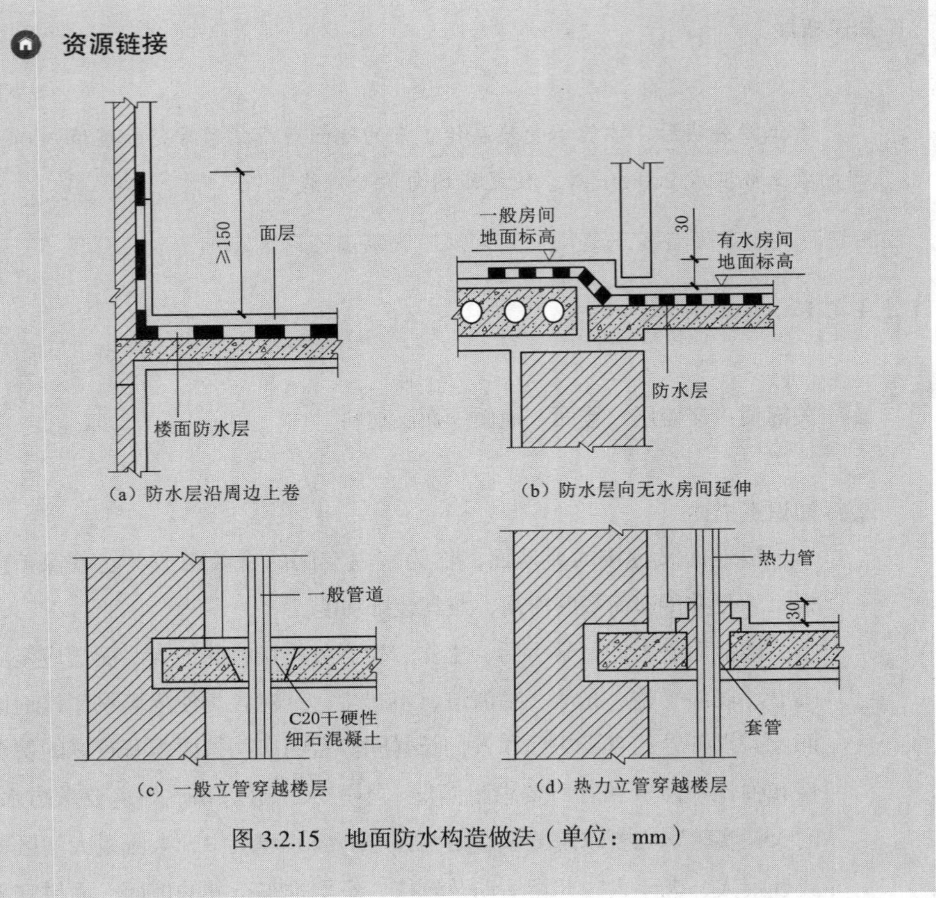

图 3.2.15　地面防水构造做法（单位：mm）

知识拓展

楼地面的设计要求：

（1）有足够的坚固性。地面在荷载作用下不易被磨损、破坏，表面能保持平整和光洁，不易起灰，便于清洁。

（2）有一定的弹性和保温性能。为了降低噪声和提高行走舒适度，地面应有一定的弹性和保温性能，应选用弹性好和导热系数小的材料。

（3）满足房间的特殊要求。对使用中有水作用的房间，地面应满足防水要求；对有火源的房间，地面应具有一定的防火能力；对有腐蚀性介质的房间，地面应具有一定的防腐蚀能力。

思政小课堂

2024年3月，国务院办公厅发布《国务院办公厅关于转发国家发展改革委、住房城乡建设部〈加快推动建筑领域节能降碳工作方案〉的通知》，要求推进绿色低碳建造；发挥政府采购引领作用，支持绿色建材推广应用；纳入政府采购、支持绿色建材、促进建筑品质提升政策实施范围的政府采购工程，应当采购符合绿色建筑和绿色建材政府采购需求标准的绿色建材；加快推进绿色建材产品认证和应用推广，鼓励各地区结合实际建立绿色建材采信应用数据库；持续开展绿色建材下乡活动；推广节能型施工设备，统筹做好施工临时设施与永久设施综合利用；规范施工现场管理，推进建筑垃圾分类处理和资源化利用。

选取和利用建筑材料时，应研究不同建筑材料对环境的影响，学会选择环保、节能、安全的建筑材料，树立绿色环保意识，确保建筑项目的绿色化、低碳化，为建设绿色建筑贡献自己的力量。

3.2.4.1　整体类地面

关键词： 楼地层　楼地面　地面材料　水泥砂浆　水泥石屑　水磨石　细石混凝土

知识点描述

整体类地面包括水泥砂浆地面、水泥石屑地面、水磨石地面、细石混凝土地面等。

资源链接

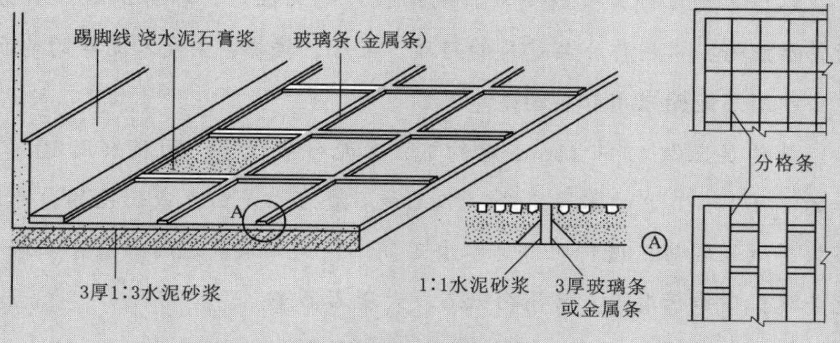

图 3.2.16　水泥砂浆地面构造做法（单位：mm）

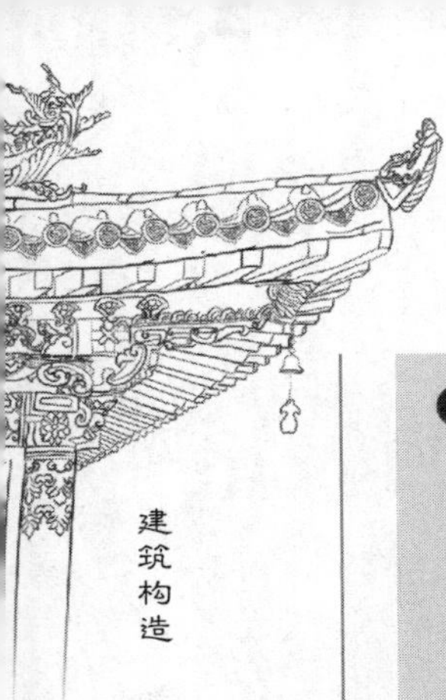

建筑构造

视频
水磨石地面
构造做法

资源链接

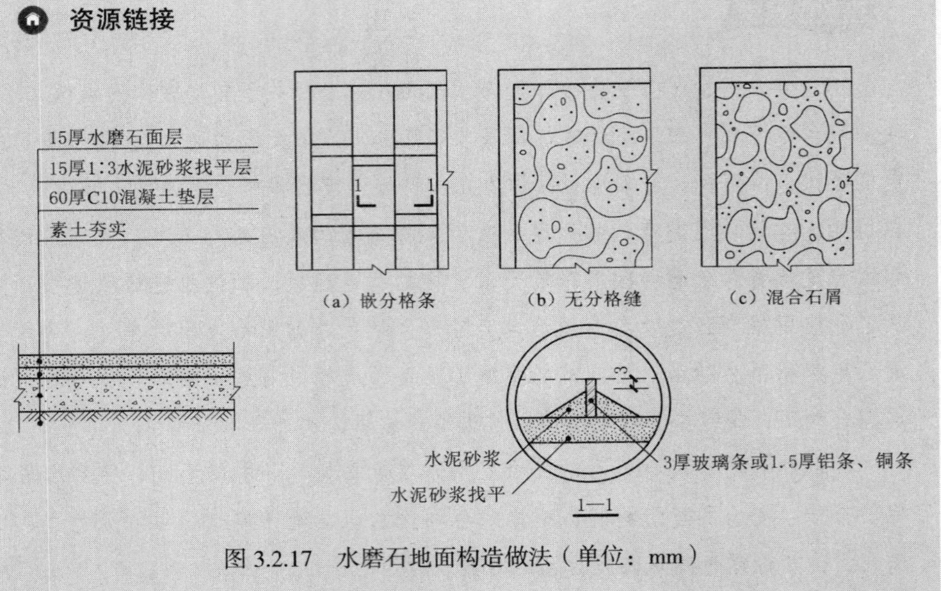

图 3.2.17　水磨石地面构造做法（单位：mm）

知识拓展

1. 水泥砂浆地面

水泥砂浆地面构造简单，坚固耐磨，造价低廉，应用广泛，但有空气湿度较大时容易返潮、起灰、无弹性、热传导高、不易清洁等缺点。水泥砂浆地面有单层做法和双层做法两种。单层做法是直接抹 15 ~ 20mm 的 1∶2 水泥砂浆；双层做法是先用 15 ~ 20mm 的 1∶3 水泥砂浆打底，再用 5 ~ 10mm 的 1∶2 水泥砂浆抹面。双层做法抹面质量高，不易开裂。

2. 水磨石地面

水磨石地面质地光洁美观，耐磨性、耐久性好，容易清洁，不易起灰，装饰性能好，常用作公共建筑的门厅、大厅、楼梯、主要房间等的地面。

水磨石地面采用分层构造。

结构层上做 10 ~ 15mm 厚的 1∶3 水泥砂浆找平，面层采用 10 ~ 15mm 厚的 1∶1.5 ～ 1∶2 的水泥石渣。水泥和石渣可以是白色或彩色的，彩色水磨石装饰效果较好，造价比普通水磨石高。因为面层要进行打磨，石渣要求颜色美观，中等耐磨度，常用白云石或大理石石渣。

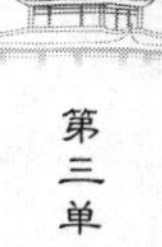

知识拓展

水磨石地面施工时，为适应地面变形可能引起的面层开裂及施工和维修方便，做好找平层后，用嵌条将地面分成若干小块。分隔可选不同颜色进行图案设计，利于美观。做法是按设计好的方格用 1∶1 水泥砂浆嵌固 10mm 高的分格条（铜条、铝条、玻璃条、塑料条），铺入拌和好的水泥石屑，压实，浇水养护 6～7 天后用磨光机磨光，再用草酸溶液清洗，最后打蜡抛光。

3.2.4.2 板块类地面

关键词：楼地层 楼地面 地面材料 缸砖 陶瓷锦砖 石材 木地板

知识点描述

板块类地面包括缸砖、陶瓷锦砖、人造石材、天然石材、木地板等地面。

资源链接

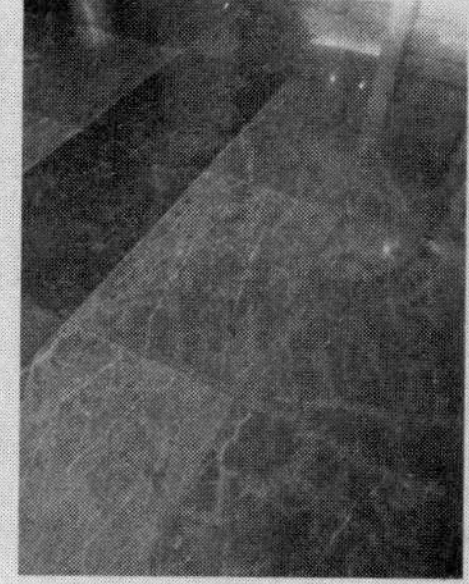

（a）陶瓷地砖地面

（b）木地面

（c）石材地面

图 3.2.18 板块类地面实例

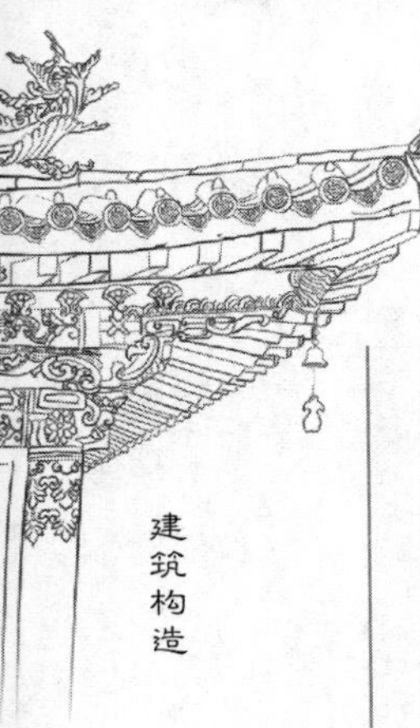

建筑构造

视频
木地面构造做法

资源链接

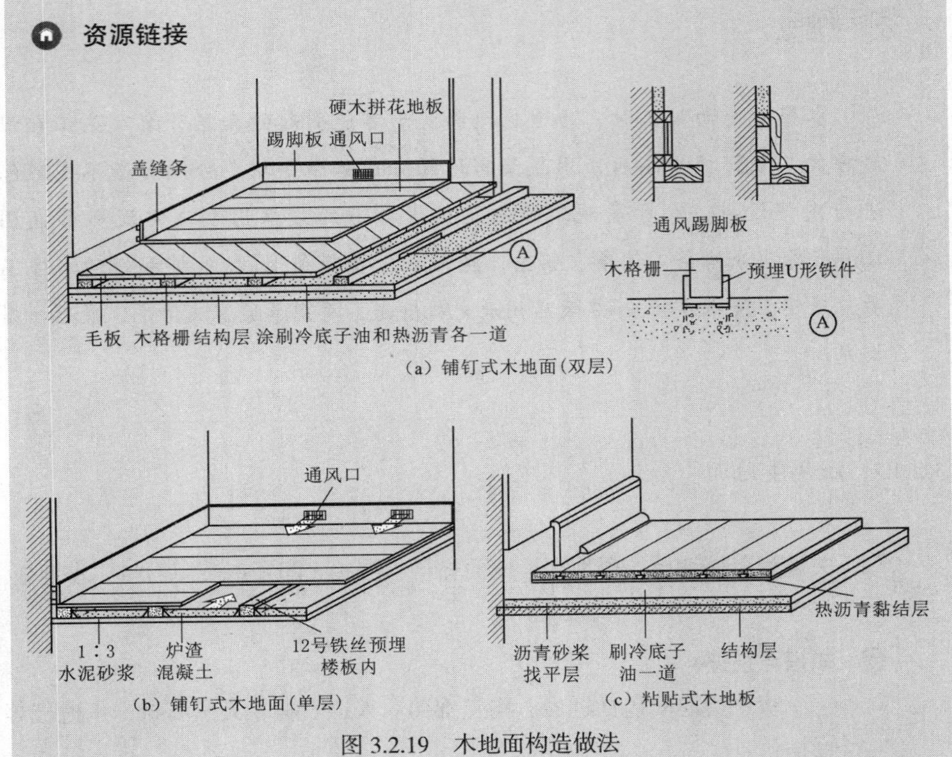

图 3.2.19　木地面构造做法

知识拓展

1. 陶瓷地砖、陶瓷锦砖地面

陶瓷地砖一般厚度为 6 ~ 10mm，有 200mm × 200mm、300mm × 300mm、400mm × 400mm、500mm × 500mm 等多种规格。一般情况下，规格越大，装饰效果越好，价格越高。陶瓷彩釉砖和瓷质无釉砖是理想的地面装修材料，规格尺寸一般较大。地砖的性能优越，色彩丰富，多用于高档地面的装修。施工方法是在找平层上用 10 ~ 15mm 的水泥砂浆粘贴，用素水泥浆擦缝。水泥砂浆结合层应采用干硬性水泥砂浆，体积比为 1∶2。地砖的缝隙宽度，采用密缝时不大于 1mm，采用勾色缝时为 5 ~ 10mm。

陶瓷锦砖是马赛克的一种，质地坚硬，色泽丰富多样，耐磨，耐水，耐腐蚀，容易清洁，用于卫生间、浴室等房间。构造做法为 15 ~ 20mm 厚 1∶3 水泥砂浆找平，再用 5mm 厚水泥砂浆粘贴拼贴在牛皮纸上的陶瓷锦砖，压平后洗去牛皮纸，再用素水泥浆擦缝。

知识拓展

2. 石材地面

石材地面包括天然石材地面和人造石材地面。

建筑装饰用的天然石材主要有大理石和花岗石两大种。大理石原指产于云南大理的白色带有黑色花纹的石灰岩，剖面可以形成一幅天然的水墨山水画，古代常选取具有成型的花纹的大理石用来制作画屏或镶嵌画。商业上，大理石指以大理岩为代表的一类装饰石材，包括碳酸盐岩和与其有关的变质岩，主要成分为碳酸盐矿物，一般质地较软。花岗石商业上指以花岗岩为代表的一类装饰石材，包括各类岩浆岩和花岗质的变质岩，一般质地较硬。

用于地面的花岗石是磨光的花岗石材，色泽美观，耐磨度优于大理石材，但造价较高。大理石的色泽和纹理美观，常用的有600mm×600mm ~ 800mm×800mm，厚度为20mm。大理石和花岗石均属高档地面装修材料，常用于装修标准较高的建筑的门厅、大厅等部位。

人造石材有人造大理石材、预制水磨石材等类型，价格低于天然石材。

石材由于尺寸较大，铺设时须预先试铺，合适后再正式粘贴。粘贴表面的平整度要求很高，做法是在混凝土楼板（或地面）上先用20 ~ 30mm厚1:3 ~ 1:4干硬性水泥砂浆找平，再用5 ~ 10mm厚1:1水泥砂浆铺贴石材，缝中灌稀水泥砂浆擦缝。

3. 木地面

木地面有普通木地板、硬木条地板、拼花木地面。木地板保温性好、弹性好、易清洁、不易起灰，常用于剧院、宾馆、健身房、家庭装修等。木地面应采取防火、防腐、防潮、防蛀等措施。按照构造方法分，有粘贴式和铺钉式两种。

（1）粘贴式木地板。粘贴式木地面是用环氧树脂胶等材料将木地板直接粘贴在找平层上。粘贴式木地面节省材料、施工方便、造价低，应用较多，但木地板受潮时会发生翘曲，施工中应保证粘贴质量。

（2）铺钉式木地板。铺钉式木地面是将木地板搁置在木格栅上，木格栅固定在基层上。固定方法可在基层上预埋钢筋，通过镀锌铁丝将钢筋与木格栅连接固定，或者在基层上预埋U形铁件嵌固木格栅。木格栅的断面一般为50mm×50mm，中距为400mm。为增强整体性，木板通常采用企口形。为了防止木板受潮，可在找平层上做防潮层，如涂刷冷底子油、热沥青或者做一毡二油防潮层等。另外，在踢脚板上留设通风孔，以加强通风。

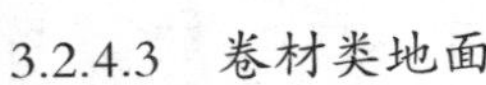

3.2.4.3 卷材类地面

关键词：楼地层　楼地面　地面材料　聚氯乙烯塑料　橡胶　地毯

知识点描述

卷材类地面包括聚氯乙烯塑料地毡、橡胶地毡、地毯等地面。

资源链接

图 3.2.20　卷材地面

知识拓展

卷材地面弹性好，消声的性能也好，适用于公共建筑和居住建筑。

聚氯乙烯塑料地毡和橡胶地毡铺贴方便，可以干铺，也可以用胶黏剂粘贴在找平层上。塑料地毡步感舒适、防滑、防水、耐磨、隔声、美观，且价格低廉。

地毯分为化纤地毯和羊毛地毯两种。羊毛地毯典雅大方、美观豪华，一般局部使用作为装饰。地面广泛使用的是化纤地毯，化纤地毯的铺设方法有活动式和固定式。地毯固定有两种方法：一种是用胶黏剂将地毯四周与房间地面粘贴；另一种是将地毯背面固定在安设在地面上的倒刺板上。

3.2.4.4 涂料类地面

关键词： 楼地层　楼地面　地面材料　高分子涂料　环氧树脂　聚氨酯树脂　不饱和聚酯树脂

知识点描述

涂料类地面指各种高分子涂料所形成的地面。涂料的主要作用是装饰和保护室内地面，使地面清洁美观，创造优雅的室内环境。地面涂料应该具有以下特点：地面涂料主要涂刷在带碱性的水泥砂浆基层上，因此要求耐碱性良好；与水泥砂浆有较好的黏结性能；良好的耐水性、耐擦洗性；良好的耐磨性；良好的抗冲击力；涂刷施工方便；价格合理。

按照涂料的主要成膜物质来分，涂料产品主要有以下几种：环氧树脂地面涂料、聚氨酯树脂地面涂料、不饱和聚酯树脂涂料、亚克力休闲场涂料等。

资源链接

图 3.2.21　涂料地面

知识拓展

1. 环氧树脂地面涂料

环氧树脂地面涂料是一种高强度、耐磨损、美观的地板，具有无接缝、质地坚实、耐药品性佳、防腐、防尘、保养方便、维护费用低廉等优点。通常将其中的无溶剂环氧树脂涂料称为“自流平涂料”，它是多材料同水混合而成的液态物质，具有一定的流展性，倒入地面后可根据地面的高低不平顺

知识拓展

势流动，对地面进行自动找平，并很快干燥，固化后的地面会形成光滑、平整、无缝的新基层。

2. 聚氨酯树脂地面涂料

该涂料属于高固体厚质涂料，具有优良的防腐蚀性能和绝缘性能，特别是有较全面的耐酸碱盐的性能，有较高的强度和弹性，对金属和非金属混凝土的基层表面有较好的黏结力。涂铺的地面光洁不滑，弹性好，耐磨、耐压、耐水，美观大方，行走舒适、不起尘、易清扫，不需要打蜡，可代替地毯使用。适用于会议室、放映厅、图书馆等人流较多的场合，工业厂房、车间和精密机房的耐磨、耐油、耐腐蚀地面，以及地下室、卫生间的防水装饰地面。

3.2.5 顶棚构造

关键词： 楼盖层　顶棚　室内装修　直接式顶棚　悬吊式顶棚

知识点描述

顶棚是楼盖层的下部，是室内装修的一部分。从构造上一般有直接式顶棚和悬吊式顶棚两种。顶棚层应满足安全性、耐久性、经济性、艺术性等要求，并能满足设置管道敷设、防水、隔声、保温等各种附加层的需求。

资源链接

图 3.2.22　故宫里的藻井、平棊

（图片来源：李路珂等《礼用之间——中国建筑、文献与图像中的顶棚》）

拓展
顶棚构造

知识拓展

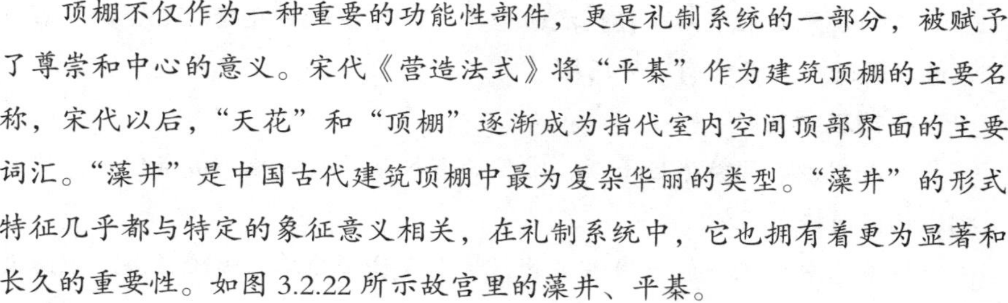

顶棚不仅作为一种重要的功能性部件，更是礼制系统的一部分，被赋予了尊崇和中心的意义。宋代《营造法式》将“平綦”作为建筑顶棚的主要名称，宋代以后，“天花”和“顶棚”逐渐成为指代室内空间顶部界面的主要词汇。“藻井”是中国古代建筑顶棚中最为复杂华丽的类型。“藻井”的形式特征几乎都与特定的象征意义相关，在礼制系统中，它也拥有着更为显著和长久的重要性。如图 3.2.22 所示故宫里的藻井、平綦。

3.2.5.1 直接式顶棚

关键词：顶棚　抹灰类顶棚　整体性吊顶

知识点描述

直接式顶棚的类型有喷刷、抹灰、贴面。

资源链接

图 3.2.23 直接式顶棚

知识拓展

1. 喷刷涂料顶棚

装饰效果要求不高或楼板底面平整时，可在板底嵌缝后喷（刷）石灰浆或涂料两道，做成喷刷涂料顶棚。

2. 抹灰顶棚

抹灰顶棚又称整体性吊顶，常见的有板条抹灰顶棚、板条钢板网抹灰顶棚、钢板网抹灰顶棚。

板条抹灰顶棚一般采用木龙骨。特点是构造简单，造价低廉，但防火性能差，另外抹灰层容易脱落，故适用于防火要求和装修要求不高的建筑。

为了改善板条抹灰的性能，使其具有更好的防火能力，同时使抹灰层与基层连接更好，在板条上加钉一层钢板网，就形成了板条钢板网抹灰顶棚，可用于更高防火要求和装修标准的建筑中。

钢板网抹灰顶棚一般采用槽钢作为主龙骨，角钢作为次龙骨。次龙骨下设直径 6mm、间距 200mm 的钢筋网。钢板网抹灰顶棚的耐久性、防火性、抗裂性很好，适用于防火要求和装修标准高的建筑中。

3. 粘贴式顶棚

可在板底直接粘贴装饰吸声板、石膏板、塑胶板等，制成粘贴式顶棚。

3.2.5.2 悬吊式顶棚

关键词： 顶棚　吊顶　吊筋　龙骨　面层

知识点描述

悬吊式顶棚简称吊顶，一般由吊筋、龙骨和面层组成。吊筋一般采用直径不小于 6mm 的圆钢制作，或者采用断面不小于 40mm × 40mm 的方木制作，依据吊顶自重及荷载、龙骨材料和形式、结构层材料等确定具体采用的材料和形式。龙骨有主龙骨和次龙骨之分，通常是主龙骨用吊筋或者吊件连接在楼板层上，次龙骨用吊筋或者吊件连接在主龙骨上，面层通过一定的方式连接于次龙骨上。龙骨有木龙骨和轻钢、铝合金等金属龙骨两种类型，其断面大小应根据龙骨材料、顶棚荷载、面层做法等来确定。面层有抹灰、植物板材、矿物板材、金属板材、格栅等类型。现代建筑物中，设备和管线较多，如灭火喷淋、供暖通风、电气照明等，往往需要借助悬吊式顶棚来解决。

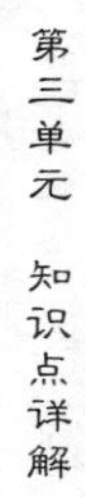

资源链接

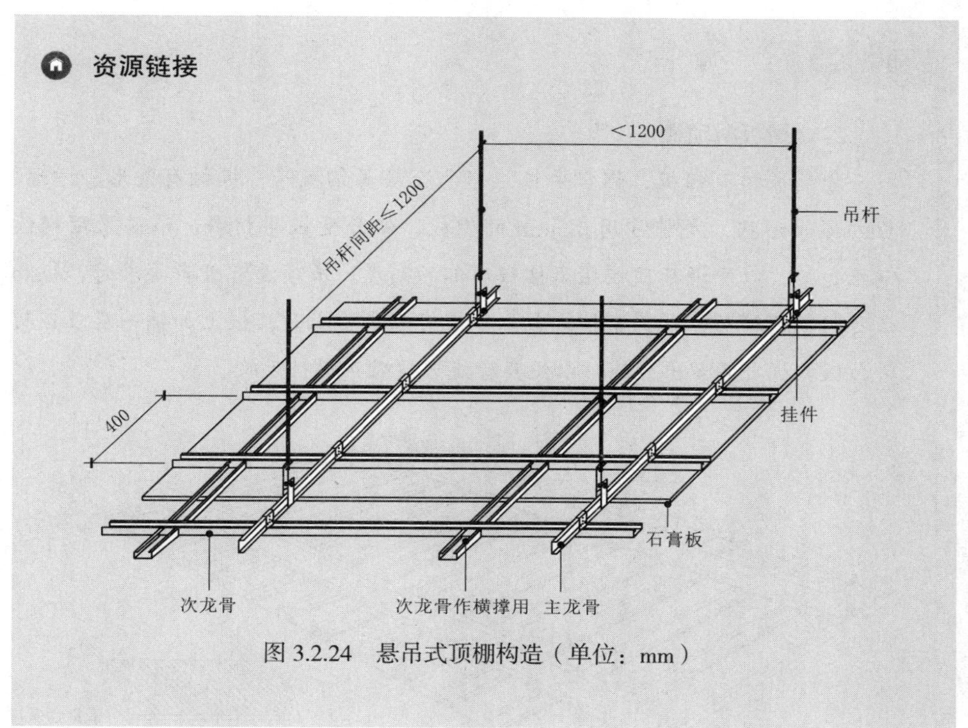

图 3.2.24 悬吊式顶棚构造（单位：mm）

视频
悬吊式顶棚构造

知识拓展

1. 矿物板材顶棚

矿物板材顶棚具有自重轻、防火性能好、不会发生吸湿变形、施工安装方便等特点，又容易与灯具等设施结合，比植物板材应用更广泛。

常用的矿物板材有纸面石膏板、无纸面石膏板、矿棉板等。矿物板材顶棚通常的做法是用吊件将龙骨与吊筋连接在一起，板材固定在次龙骨上，固定的方法有三种：①挂接方式，板材周边做成企口形，板材挂在倒 T 形或者工字形次龙骨上；②卡接方式，板材直接搁置在次龙骨翼缘上，并用弹簧卡子固定；③钉接方式，板材直接钉在次龙骨上。龙骨一般采用轻钢或者铝合金等金属龙骨。龙骨一般有龙骨外露和不露龙骨两种布置方式。

图 3.2.25 矿物板材顶棚

知识拓展

2. 金属板材顶棚

金属板材有铝板、铝合金板、彩色涂层薄钢板等。板材有条形、方形、长方形等形状，龙骨常用 0.5mm 的铝板、铝合金板等材料，吊筋采用螺纹钢丝套接，以便调节顶棚距离楼板底部的高度。吊顶没有吸声要求时，板和板之间不留缝隙，采用密铺方式。吊顶有吸声要求时，板上加铺一层吸声材料，板和板之间留出缝隙，以便声音能够被吸声材料吸收。

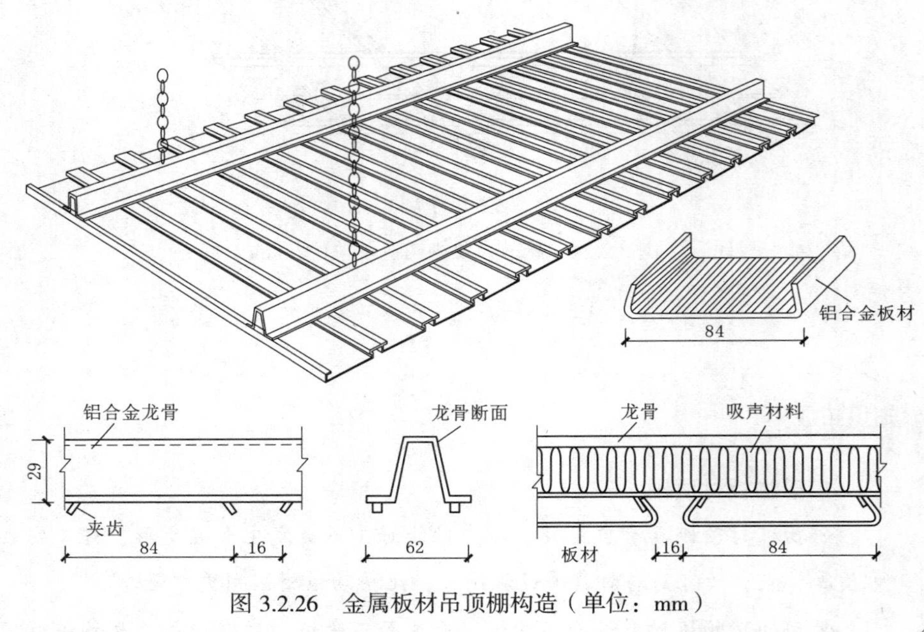

图 3.2.26　金属板材吊顶棚构造（单位：mm）

视频
金属板材顶棚

3.2.6　阳台

关键词： 楼地层　阳台　生活阳台　服务阳台　阳台设计要求

知识点描述

阳台是多层或高层建筑中不可缺少的室内外过渡空间，为人们提供外活动的场所。阳台的设置对建筑物的外部形象也起着重要的作用。

知识点描述

阳台按使用要求不同可分为生活阳台和服务阳台。根据阳台与建筑物外墙的关系，可分为挑（凸）阳台、凹阳台和半挑半凹阳台。按阳台在外墙上所处的位置不同，有中间阳台和转角阳台之分。

阳台由承重结构（梁、板）和栏杆组成。

资源链接

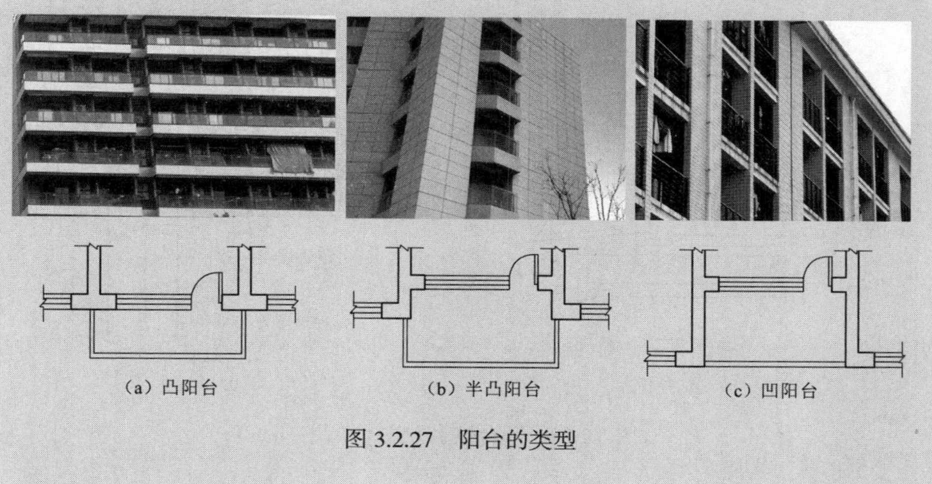

图 3.2.27　阳台的类型

拓展
阳台

知识拓展

1. 阳台的结构及构造设计

阳台的结构及构造设计应满足以下要求：

（1）安全、坚固。挑阳台及半挑半凹阳台的出挑部分的承重结构均为悬臂结构，阳台挑出长度应满足结构抗倾覆的要求，以保证结构安全。阳台栏杆、扶手构造应坚固、耐久，并能承受规范规定的水平荷载。

（2）适用、美观。阳台挑出长度根据使用要求确定，一般为 1.0 ~ 1.5m。阳台地面的装饰完成面应适度低于室内地面，以免雨水流入室内，并应做一定坡度和布置排水设施，使排水顺畅。阳台栏杆应结合地区气候特点，并满足防护安全和立面造型的需要。

知识拓展

2. 阳台的排水

阳台地面一般低于室内地面 30mm 以上。阳台排水有外排水和内排水两种。

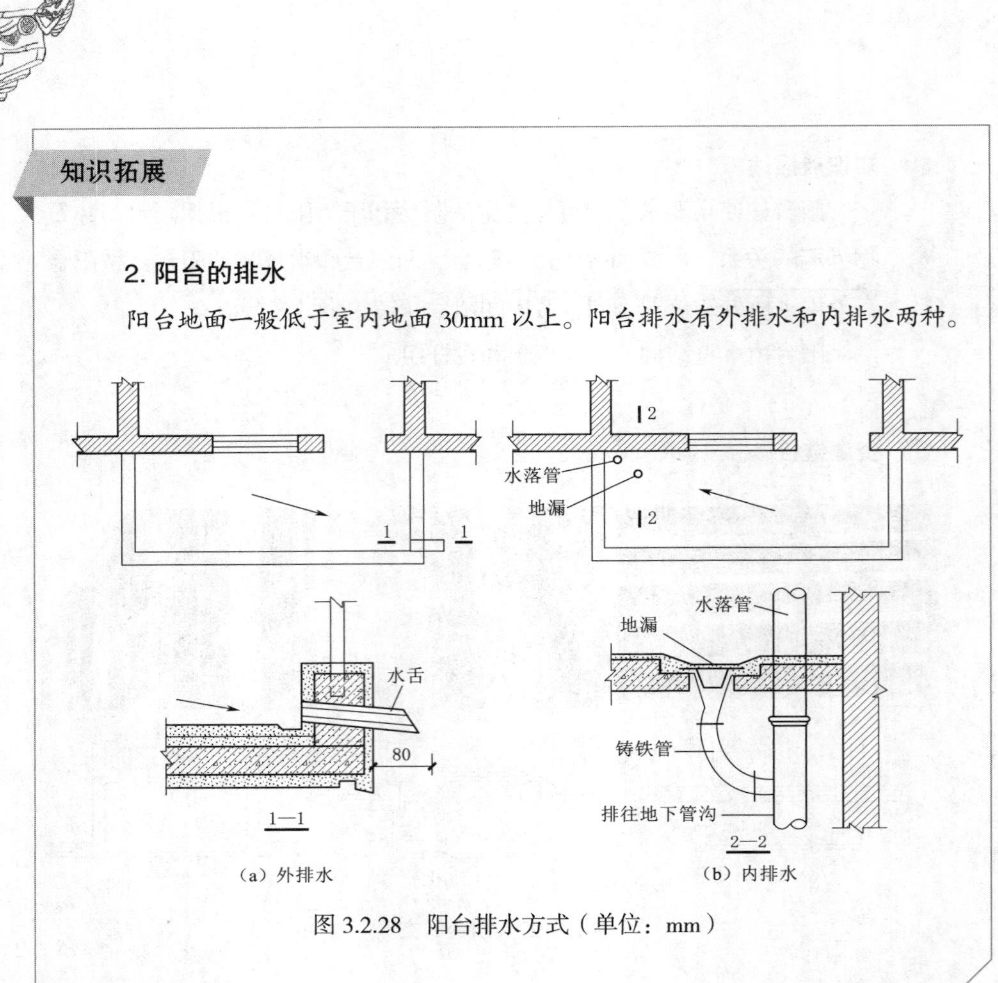

图 3.2.28　阳台排水方式（单位：mm）

3.2.6.1　阳台的结构布置

关键词：楼地层　阳台　挑梁式阳台　挑板式阳台　搁板式阳台

知识点描述

阳台的承重结构应与楼板的结构布置统一考虑。钢筋混凝土阳台可采用现浇式、装配式或现浇与装配相结合的方式。阳台的结构布置按其受力及结构形式的不同，主要有隔板式和悬挑式。悬挑式阳台又分为挑板式和挑梁式。

资源链接

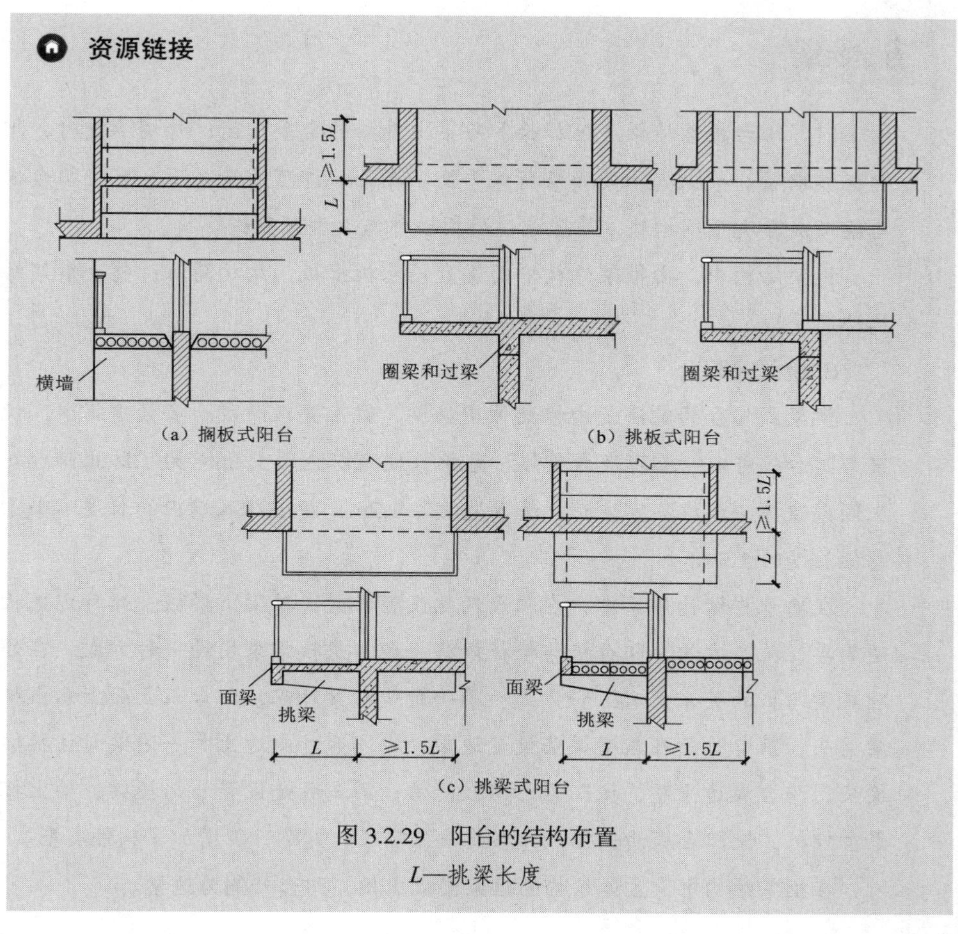

图 3.2.29 阳台的结构布置

L—挑梁长度

知识拓展

1. 搁板式阳台

搁板式一般适用于凹阳台或带两侧墙的凸阳台，是将阳台底板（现浇或预制）支承于两侧凸出的承重墙上，阳台底板形式和尺寸与楼板一致，施工方便。这种阳台的进深尺寸可以做得较大些，使用较方便。

2. 挑板式阳台

挑板式阳台是将楼板悬挑出外墙形成的阳台。这种阳台的板底平整、造型简洁，阳台板可做成半圆做、弧形等丰富的形状，但阳台的出挑长度受限制，一般不超过 1.2m。

墙承重结构体系中，悬挑阳台板有两种方式，一种是楼板悬挑阳台板，如采用装配式楼板，则会增加板的类型。另一种是墙梁悬挑阳台板，外墙不

知识拓展

承重时，阳台板靠墙梁（可加长）与梁上外墙的自重平衡；外墙承重时，阳台板靠墙梁和梁上支承的楼板荷载平衡。在条件许可的情况下，可将阳台板与梁做成整块预制构件，吊装就位后用铁件与大型预制板焊接。

框架结构中，由框架结构中的梁直接悬挑出板，结构简洁，整个框架结构协同受力。

3. 挑梁式阳台

挑梁式阳台的做法是由横墙伸出挑梁，梁上置板而成。多数建筑中，挑梁与阳台板可以一起现浇成整体，悬挑长度可以达到 1.8m。为了防止阳台发生倾覆破坏，悬挑不宜过长，最常见的为 1.2m，挑梁压入墙内的长度不小于悬挑长度的 1.5 倍。

在墙承重结构体系中，在阳台两端设置挑梁，挑梁上搭板。此种方式构造简单、施工方便，阳台板与楼板规格一致，是较常采用的一种方式。在处理挑梁与板的关系上有三种方式：第一种是挑梁外露，阳台正立面上露出挑梁梁头；第二种是在挑梁梁头设置边梁，在阳台外侧边上加一边梁封住挑梁梁头，阳台底边平整，使阳台外形较简洁；第三种是设置 L 形挑梁，梁上搁置卡口板，使阳台底面平整，外形简洁、轻巧、美观，但增加了构件类型。

在框架结构中，主体结构的框架梁板出挑，阳台外侧为边梁。

3.2.6.2 阳台栏杆

关键词：楼地层　阳台　阳台栏杆设计要求　阳台栏杆高度　栏杆类型

知识点描述

1. 阳台栏杆高度

阳台栏杆高度因建筑使用对象不同而有所区别，《民用建筑设计通则》（GB 50352—2005）和《住宅设计规范（2003 版）》（GB 50096—1999）中规定：临空高度在 24m 以下时，阳台、外廊栏杆高度不应低于 1.05m；临空高度在 24m 及以上时，栏杆不应低于 1.1m，栏杆离阳台地面 0.1m 范围内不宜留空。有儿童活动的场所，栏杆应采用不易攀登的构造，当采用垂直杆件作栏杆时，其杆件净距不应大于 0.11m。

《住宅设计规范》（GB 50096—2011）中规定，住宅阳台栏板或栏杆净高，六层及六层以下的不应低于 1.05m，七层及七层以上的不应低于 1.1m。封闭阳台栏板或栏杆净高也应满足阳台栏板或栏杆净高要求。七层及七层以上住宅和寒冷、严寒地区住宅宜采用实体栏板。

2. 阳台栏杆类型

阳台栏杆根据使用材料的不同，可分为金属栏杆、砖栏杆、钢筋混凝土栏杆等。此外，还有不同材料组成的混合栏杆。金属栏杆如采用钢材，则易锈蚀；如采用合金材料，则造价较高；砖栏杆自重大，抗震性能差，且立面显得厚重；钢筋混凝土栏杆造型丰富，可虚可实，耐久、整体性好，自重较砖栏杆轻，常做成钢筋混凝土栏板，拼装方便。

阳台栏杆按空透情况的不同，又可分为实心栏板、空花栏杆和部分空透的组合式栏杆。

选择栏杆的类型应结合立面造型的需要、使用的要求、地区气候特点、人的心理需求、材料的供应情况等多种因素决定。

资源链接

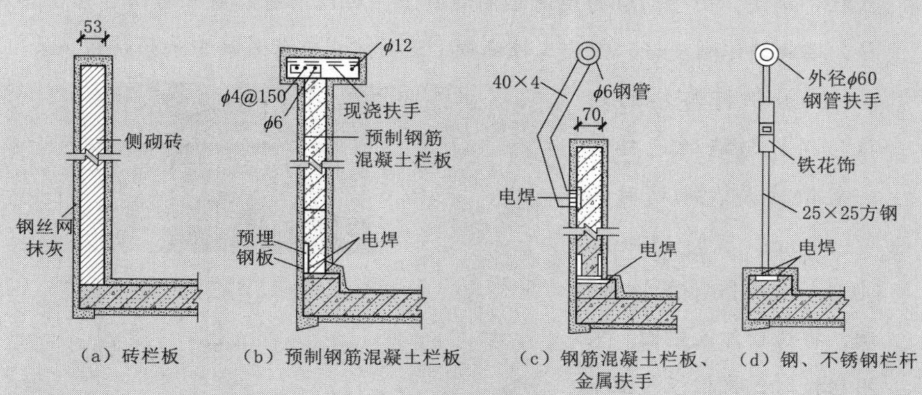

图 3.2.30　阳台栏杆、栏板构造（单位：mm）

知识拓展

1. 钢筋混凝土栏杆的做法

（1）栏杆压顶。钢筋混凝土栏杆通常设置钢筋混凝土压顶，并根据立面装修的要求进行饰面处理。预制钢筋混凝土压顶与下部的连接可采用预埋铁件焊接，也可采用榫接坐浆的方式，即在压顶底面留槽，将栏杆插入槽内，并用 M10 水泥砂浆坐浆填实，以保证连接的牢固性。还可以在栏杆上留出钢筋，现浇压顶，这种方式整体性好、坚固，但现场施工较麻烦。另外，也可采用钢筋混凝土栏板顶部加宽的处理方式，其上可放置花盆。当采用这种方式时，宜在压顶外侧采取防护措施，以防花盆坠落。

（2）栏杆与阳台板的连接。为了阳台排水的需要和防止物品由阳台板边坠落，栏杆与阳台板的连接处需采用 C20 混凝土沿阳台板边现浇挡水带。栏杆与挡水带采用预埋铁件焊接，或榫接坐浆，或插筋连接。如采用钢筋混凝土栏板，可设置预埋件直接与阳台板预埋件焊接。

（3）栏板的拼接。钢筋混凝土栏板的拼接有以下两种方式：一种是直接拼接法，即在栏板和阳台板预埋铁件焊接，构造简单，施工方便；另一种是立柱拼接法，由于立柱为现浇钢筋混凝土，柱内设有立筋并与阳台预埋件焊接，因此整体刚度好，但施工较麻烦，这种方式在长外廊中采用得较多。

（4）栏杆与墙的连接。栏杆与墙的连接的一般做法是在砌墙时预留 240mm（宽）×180mm（深）×120mm（高）的洞，将压顶伸入锚固。采用栏板时，将栏板的上下肋伸入洞内，或在栏杆上预留钢筋伸入洞内，用 C20 细石混凝土填实。

图 3.2.31　钢筋混凝土栏板

知识拓展

2. 金属及玻璃栏杆

金属栏杆常采用铝合金、不锈钢或铁花。玻璃常用厚度较大、不易碎裂或碎裂后不会脱落的玻璃，如各种有机玻璃、钢化夹胶玻璃等。金属栏杆和玻璃栏杆有多种结合造型的组合方式。

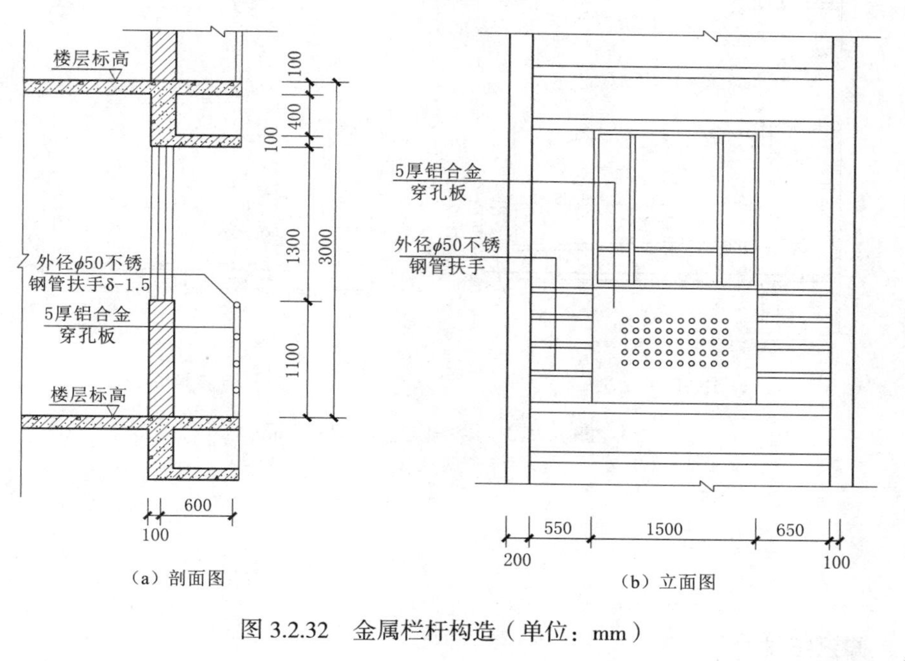

图 3.2.32 金属栏杆构造（单位：mm）

3.2.7 雨篷

关键词： 楼地层 雨篷 建筑入口 室内外过渡

知识点描述

雨篷通常设在房屋出入口的上方，为了雨天人们在出入口处短暂停留时不被雨淋，并起到保护门和丰富建筑立面造型的作用。

拓展
雨篷

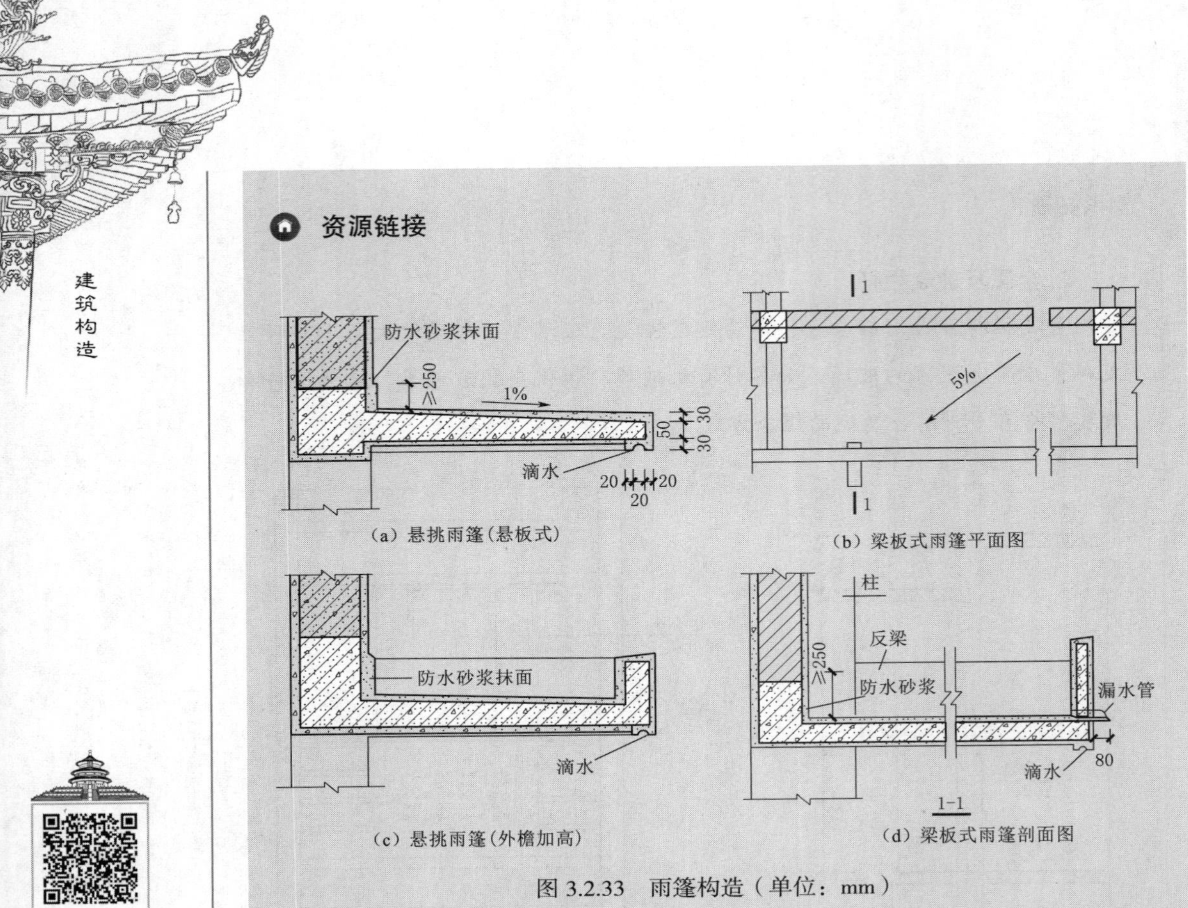

图 3.2.33 雨篷构造（单位：mm）

知识拓展

由于房屋的性质、出入口的大小和位置、地区气候特点以及立面造型的要求等因素的影响，雨篷的形式多种多样：根据材料的不同，有钢筋混凝土雨篷、钢结构玻璃采光雨篷等；根据雨篷板的支承方式的不同，有悬挑雨篷、墙或柱支承雨篷等。其中，悬挑雨篷是采用门洞过梁悬挑板的方式，悬挑板板面与过梁顶面可不在同一标高上，梁面较板面标高高，对于防止雨水浸入墙体有利。由于雨篷上荷载不大，悬挑板的厚度较薄，为了板面排水的组织和立面造型的需要，板外檐常做加高处理，采用混凝土现浇或砖砌成，板面需加高做泛水处理，并在靠墙处做泛水。

3.2.7.1　钢筋混凝土雨篷

关键词：楼地层　雨篷　钢筋混凝土雨篷　悬板式雨篷　梁板式雨篷　门廊式雨篷

知识点描述

钢筋混凝土雨篷具有结构牢固、造型厚重有力、坚固耐久、不受风雨影响等特点。它有悬板式和梁板式两种构造。

资源链接

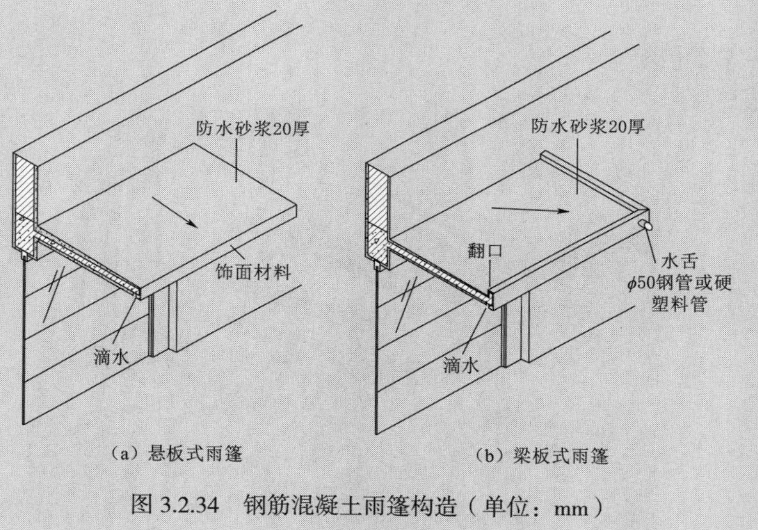

图 3.2.34　钢筋混凝土雨篷构造（单位：mm）

视频
钢筋混凝土雨篷构造

知识拓展

悬板式雨篷一般用于宽度不大的入口和次要的入口，板可以做成变截面的，表面用防水砂浆抹出 1% 的坡度，防水砂浆沿墙上卷至少 250mm，形成泛水。梁板式雨篷用于宽度比较大的入口和出挑长度比较大的入口，常采用反梁式，从柱上悬挑梁。结合建筑物的造型，设置柱来支承雨篷，形成门廊式雨篷。

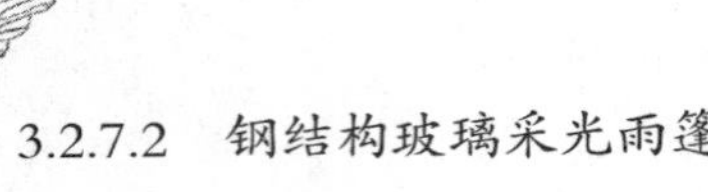

3.2.7.2 钢结构玻璃采光雨篷

关键词：钢结构　玻璃雨篷　悬挂式雨篷　点支玻璃雨篷

知识点描述

钢结构悬挂式雨篷和点支玻璃雨篷轻巧美观，通常采用金属和玻璃材料，对建筑入口的烘托和建筑立面的美化有很好的作用。用阳光板、钢化玻璃作采光雨篷是当前新的透光雨篷做法。透光材料采光雨篷具有结构轻巧、造型美观、透明新颖、富有现代感的装饰效果，也是现代建筑装饰的特点之一。

资源链接

图 3.2.35　钢结构玻璃采光雨篷

知识拓展

钢结构玻璃采光雨篷的做法是用钢结构作为支撑受力体系，在钢结构上伸出钢爪固定玻璃，该雨篷类似于四点支撑板。玻璃四角的爪件承受着风荷载和地震作用并传到后面的钢结构上，最后传到土建结构上。

3.3 屋顶

3.3.1 屋顶概述

屋顶是房屋的重要组成部分，是建筑最上部的围护结构，应满足使用功能要求，为建筑提供适宜的内部空间环境。屋顶也是建筑顶部的承重结构，需考虑材料、结构、施工条件等因素的影响。屋顶又是建筑体量的一部分，对建筑造型有很大影响，在满足基本设计要求的同时，力求创造出美观的建筑屋顶。

我国地域辽阔，南北气候相差悬殊，应该采取适当的保温隔热措施，使屋面具有良好的热工性能，给顶层房间提供更舒适的室内环境。屋面应能抵御气温变化的影响，冬季保温减少建筑物的热损失和防止结露，夏季隔热降低建筑物对太阳能辐射热的吸收，节约建筑能耗。屋顶节能需要结合当地的气候条件、建筑体型等因素来选择合理的节能措施。在严寒及寒冷地区，屋顶通过设置保温层可以阻止室内热量的散失；在炎热地区，屋顶通过设置隔热降温层可以阻止太阳的辐射热传至室内；在夏热冬冷地区，屋顶则需要两者兼顾。《建筑节能与可再生能源利用通用规范》（GB 55015—2021）对各地区公共建筑、居住建筑屋顶的传热系数均有不同要求。

图 3.3.1　从上海环球金融中心俯瞰陆家嘴的各式屋顶

3.3.2 屋顶形式

关键词：屋顶　外形　材料

知识点描述

按外形和结构形式，屋顶可分为平屋顶、坡屋顶、悬索屋顶、薄壳屋顶、拱屋顶、折板屋顶等；按使用的材料，屋顶可分为钢筋混凝土屋顶、瓦屋顶、金属板屋顶、玻璃采光顶等。

资源链接

拓展
屋顶形式

图 3.3.2　天安门
重檐歇山屋顶、金黄色琉璃瓦

图 3.3.3　天坛中的祈年殿
三重檐攒尖屋顶、蓝色琉璃瓦

资源链接

图 3.3.4 美秀美术馆

坡屋顶、玻璃采光顶

知识拓展

1. 屋面的结构要求

屋面作为建筑的承重构件，应具有足够的强度和刚度，保证在荷载作用下不产生破坏。屋面的荷载有自重及风、雨、雪、施工等荷载，上人屋面要承受人和设备等荷载。为了防止在结构荷载和变形荷载作用下引起屋面防水主体的开裂、渗水，屋面还应具有适应主体结构受力变形和温差变形的能力。

2. 屋顶的建筑艺术要求

屋顶是建筑外部形体的重要组成部分，其形式对建筑物的性格特征具有很大的影响，设计应满足建筑艺术的要求。

我国古典建筑的坡屋面造型优美，具有浓郁的民族风格。如天安门城楼采用重檐歇山屋顶和金黄色的琉璃瓦屋面，建筑灿烂辉煌。天坛中的祈年殿采用三重檐攒尖屋顶和蓝色琉璃瓦，圆形大殿高 38m。国外也有很多著名建筑，由于重视了屋面的建筑艺术处理而使建筑各具特色。日本美秀美术馆由美籍华人建筑师贝聿铭主持设计，屋顶由铝质框架及玻璃天幕建成，远处可见部分屋顶与群峰的相接，与群山取得优美的联系。

思政小课堂

我国古代建筑的屋顶不仅具有独特的审美价值，还蕴含着深厚的文化内涵。我国古代建筑屋顶的形式与风格多样，有不同的文化寓意和审美追求。从形式上看，主要有庑殿顶、歇山顶、悬山顶、硬山顶、攒尖顶、卷棚顶等形式。屋顶的瓦片通常采用琉璃瓦或青瓦，屋顶的脊部，往往装饰有脊饰，如脊兽、脊花等，增加了屋顶的美观度，寓意着吉祥、平安等美好愿望。我国古代建筑屋顶的文化内涵也非常丰富，屋顶的形式与风格往往与建筑的用途、地位以及地域文化密切相关。此外，不同地区的建筑屋顶也呈现出不同的地域特色，如江南水乡的屋顶多为粉墙黛瓦，与周围的水乡风光相得益彰；而北方的建筑屋顶则多采用厚重的琉璃瓦，以抵御严寒的气候。

我国古代建筑屋顶作为我国古代建筑的重要组成部分，体现了中华民族的传统智慧和艺术才华。通过对古代建筑屋顶的研究与欣赏，我们可以更好地了解中华民族的历史与文化，感受中华民族的传统精神与美学追求。通过学习我国古代建筑构造，了解其深远的历史背景、独特的特点以及辉煌的成就，从中感受中华民族优秀传统文化的博大精深，丰富我们的知识体系，激发我们的民族自豪感和爱国热情。

习近平总书记指出："加强文化遗产保护传承，弘扬中华优秀传统文化。"2015年12月20日，习近平总书记在中央城市工作会议上的讲话指出："城市建设，要让居民望得见山、看得见水、记得住乡愁。'记得住乡愁'，就要保护弘扬中华优秀传统文化，延续城市历史文脉，保留中华文化基因。要保护好前人留下的文化遗产，包括文物古迹，历史文化名城、名镇、名村，历史街区、历史建筑、工业遗产，以及非物质文化遗产，不能搞'拆真古迹、建假古董'那样的蠢事。既要保护古代建筑，也要保护近代建筑；既要保护单体建筑，也要保护街巷街区、城镇格局；既要保护精品建筑，也要保护具有浓厚乡土气息的民居及地方特色的民俗。"

3.3.2.1 平屋顶

关键词：屋顶 屋顶形式 排水 防水 保温 隔热 屋顶结构

知识点描述

平屋顶易于协调统一建筑与结构的关系，较为经济合理，并可供多种利用，如设屋顶花园、屋顶游泳池等，是广泛采用的一种屋顶形式。

平屋顶也应有一定的排水坡度，其排水坡度根据屋顶类型的不同有不同取值，最常用的排水坡度为 2% ~ 3%。

资源链接

图 3.3.5 上海龙美术馆上人屋面

知识拓展

龙美术馆（西岸馆）坐落于上海市徐汇区、黄浦江岸边，其选址曾经是运煤码头。设计运用了由墙体自身延展而出的“伞拱”悬挑结构，布局自由的剪力墙插入原先的地下室中，从而与原有的框架结构合而为一。“伞拱”所覆盖的地上空间、墙体和天花板都以清水混凝土表面为主，模糊了新老结构的几何分界线。上人屋面面层铺防腐木地板，可供人活动、停留、观景。

3.3.2.2　坡屋顶

关键词：屋顶　屋顶形式　排水　防水　保温　隔热　屋顶结构

知识点描述

坡屋顶是中国传统屋顶形式，现代某些公共建筑在考虑景观环境或建筑风格时也常采用坡屋顶。坡屋顶的常见形式有：单坡、双坡、硬山及悬山顶，歇山顶、庑殿顶，圆形或多角形攒尖顶等。常用坡度范围为10% ~ 60%。

资源链接

图 3.3.6　故宫里的坡屋顶

知识拓展

故宫内的宫殿、楼阁、亭、轩、廊，屋顶有着和谐统一的相似性，多是金黄色琉璃瓦，在阳光照射下金碧辉煌。它们有着不同的屋顶样式，屋顶的形式与房屋的等级、用途、布局有着密切的关系，屋顶的形式反映着建筑物的等级高低，等级从高到低排序为重檐庑殿顶、重檐歇山顶、庑殿顶、歇山顶、悬山顶、硬山顶、攒尖顶。

3.3.2.3 其他形式的屋顶

关键词：屋顶 屋顶形式 屋顶结构

知识点描述

民用建筑通常采用平屋顶或坡屋顶，有时也采用曲面或折面等其他形状特殊的屋顶，如拱屋顶、折板屋顶、薄壳屋顶、桁架屋顶、悬索屋顶、网架屋顶等。

这些屋顶的结构形式独特，其传力系统、材料性能、施工及结构技术等都有一系列的理论和规范，通过结构设计形成结构覆盖空间。建筑设计应在此基础上进行艺术处理，创造出灵活多样的适宜的建筑形式。

资源链接

3.3.7 东京代代木国立综合体育馆（悬索结构）

3.3.8 中国国家大剧院（钢结构壳体）

知识拓展

东京代代木国立综合体育馆的两座体育建筑都采用悬索和薄壳屋面，由桅杆柱支撑，呈现出贝壳状外观。游泳馆的平面如两个错置的新月形，球类馆平面如蜗牛形。体育馆建筑由日本建筑师丹下健三设计，其整体构成、内部空间以及结构形式展现了建筑师杰出的创造力和想象力，是20世纪60年代的技术进步的象征。

中国国家大剧院位于北京市中心、天安门广场西侧，是亚洲最大的剧院综合体。国家大剧院造型新颖、前卫，构思独特，是传统与现代、浪漫与现实的结合。剧院的设计理念为“湖中明珠”，表达在外部宁静笼罩下的内在活力。

3.3.3 屋面排水

关键词：排水　排水组织设计　平屋顶排水　坡屋顶排水

知识点描述

屋面排水利用水向下流的特性，使水不在屋面积滞，减轻屋面防水层的负担，减少渗漏的可能。

"以排为主，防排结合"是屋面排水设计的一条基本原则。为了迅速排除屋面雨水，需进行周密的排水设计，内容包括选择屋面排水坡度、确定排水方式、屋面排水组织设计。

资源链接

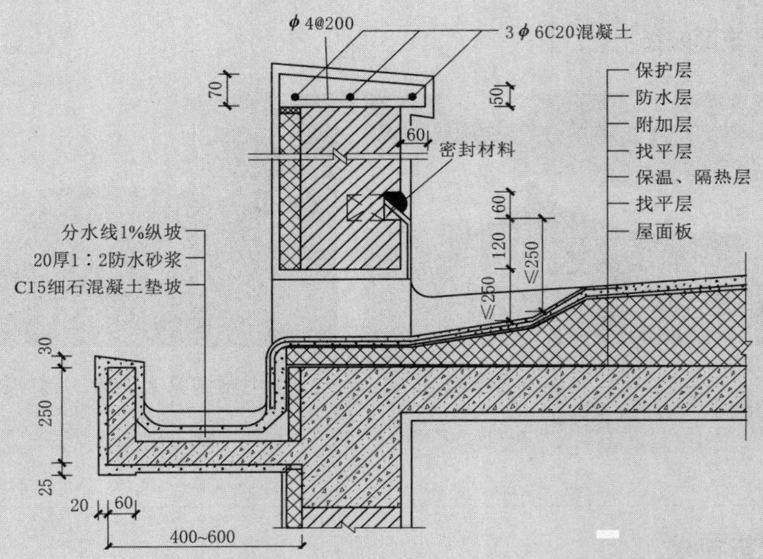

图 3.3.9　屋面排水檐沟断面（单位：mm）

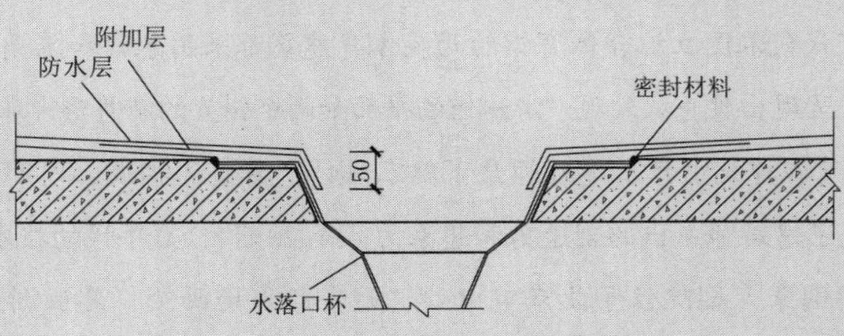

图 3.3.10　直式水落口断面（单位：mm）

拓展
屋面排水

知识拓展

排水组织设计就是根据屋面形式及使用功能要求，确定屋面的排水方式及排水坡度，明确是采用有组织排水还是无组织排水。如采用有组织排水设计时，首先要根据所在地区的气候条件、雨水流量、暴雨强度、降雨历时及排水分区，确定屋面排水走向；其次，通过计算确定屋面檐沟、天沟所需要的宽度和深度，并合理地确定水落口和水落管的规格、数量和位置；最后将它们标绘在屋顶平面图上。在进行屋面有组织排水设计时，除应符合现行国家标准《建筑给水排水设计标准》（GB 50015—2019）的有关规定外，还需注意划分区域，确定排水坡面的数目及排水坡度，确定檐沟、天沟断面尺寸及纵向坡度，以及水落管的规格及间距。

3.3.3.1 排水坡度

关键词：屋面 排水组织设计 平屋顶排水 坡屋顶排水 角度法 斜率法 百分比法 排水坡度的影响因素 防水材料 年降水量

知识点描述

1. 排水坡度的表示方法

排水坡度表示方法有角度法、斜率法和百分比法。斜率法以屋面倾斜面的垂直投影长度与水平投影长度之比来表示；百分比法以屋面倾斜面的垂直投影长度与水平投影长度之比的百分比值来表示；角度法以屋面倾斜面与水平面所成夹角的大小来表示。

2. 排水坡度的影响因素

排水坡度的大小受到防水材料尺寸、地区年降水量及建筑其他相关因素的影响。

（1）防水材料尺寸的影响。平屋面的防水材料多为各种卷材、涂膜等，防水材料的覆盖面积大，接缝少且严密，使防水层形成一个封闭的整体，排水坡度通常较小。坡屋面的防水材料多为瓦材，如小青瓦、平瓦、琉璃筒瓦等，材料尺寸小，接缝则较多，容易产生缝隙渗漏，故屋面应有较大的排水坡度，一般为1∶2～1∶3，以便将屋面积水迅速排除。

（2）年降水量的影响。降水量的大小对屋面防水的影响很大，降水量大，屋面渗漏的可能性较大，屋面坡度就应适当加大；反之，屋

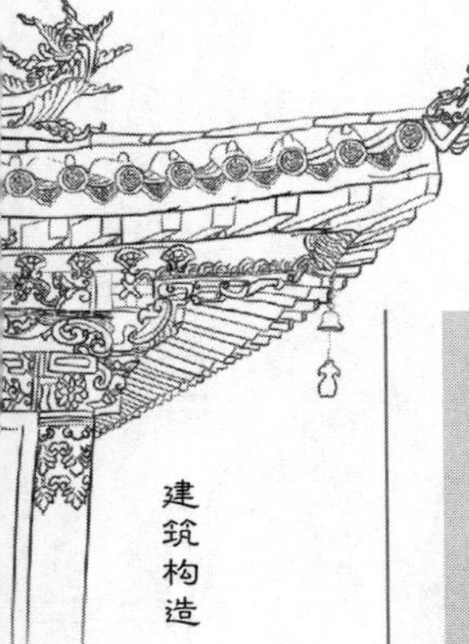

面排水坡度可小一些。

（3）其他因素影响。建筑设计的其他因素也会影响排水坡度，如上人屋面、屋面蓄水等，坡度可适当小一些；反之，则可以取较大的排水坡度。

根据《建筑与市政工程防水通用规范》（GB 55030—2022）的规定，屋面排水坡度应根据屋顶结构形式、屋面基层类别、防水构造形式、材料性能及使用环境等条件确定：并应符合下列规定：

（1）屋面排水坡度应符合表 3.3.1 的规定。

（2）当屋面采用结构找坡时，其坡度不应小于 3%。

（3）混凝土屋面檐沟、天沟的纵向坡度不应小于 1%。

资源链接

表 3.3.1 屋面排水排度

屋面类型		屋面排水坡度 / %
平屋面		≥ 2
瓦屋面	块瓦	≥ 30
	波形瓦	≥ 20
	沥青瓦	≥ 20
	金属瓦	≥ 20
金属屋面	压型金属板、金属夹芯板	≥ 5
	单层防水卷材金属屋面	≥ 2
种植屋面		≥ 2
玻璃采光顶		≥ 5

知识拓展

排水坡度的形成有结构找坡和材料找坡两种方式。

1. 结构找坡

结构找坡是屋顶结构自身的排水坡度，也叫搁置坡度。例如在上表面倾斜的屋架或屋面梁上安放屋面板，或在顶面倾斜的山墙上搁置屋面板，屋顶表面即呈倾斜坡面。结构找坡无需在屋面上另加找坡材料，构造简单，不增加荷载，但顶棚倾斜，室内空间不够规整。单坡跨度较大的混凝土结构屋面宜采用结构找坡，坡度不应小于 3%。

知识拓展

(a)颐和园中的长廊

(b)天坛中的长廊

图 3.3.11 结构找坡屋顶实例

2. 材料找坡

材料找坡是指屋面坡度由垫坡材料形成，一般用于坡向长度较小的屋面，也叫垫置坡度。材料找坡的屋面板可以水平放置，顶棚面平整，但材料找坡增加屋面荷载，材料和人工消耗较多。为了减小屋面荷载，宜采用质量轻、吸水率低和有一定强度的材料，如水泥炉渣、陶粒混凝土等，或保温层找坡，坡度宜为 2%。通常找坡层最薄处的厚度不宜小于 20mm。

3.3.3.2 排水方式

关键词：屋面排水　排水组织设计　平屋顶排水　坡屋顶排水　无组织排水　有组织排水

知识点描述

屋面排水方式分为无组织排水和有组织排水两种类型。

屋面排水方式的选择，应根据建筑物屋面形式、气候条件、使用功能、质量等级等因素确定。一般可遵循下述原则进行选择：

（1）中小型的低层建筑及檐高小于 10m 的屋面，采用无组织排水。

（2）积灰多的屋面采用无组织排水，如铸工车间、炼钢车间这类工业厂房在生产过程中散发大量粉尘积于屋面，下雨时被冲进天沟易造成管道堵塞。

（3）有腐蚀性介质的工业建筑不宜采用有组织排水，如铜冶炼车间、某些化工厂房等，生产过程中散发的大量腐蚀性介质会使铸铁水落装置等遭受侵蚀。

（4）除严寒和寒冷地区外，多层建筑屋面宜采用有组织外排水。

（5）高层建筑屋面宜采用有组织内排水，便于排水系统的安装维护和建筑外立面的美观。

（6）多跨及汇水面积较大的屋面宜采用天沟内排水，天沟找坡较长时，宜采用中间内排水和两端外排水。

（7）暴雨强度较大地区的大型屋面，宜采用虹吸式有组织排水系统。

（8）湿陷性黄土地区宜采用有组织排水，并应将雨雪水也接排至排水管网。

资源链接

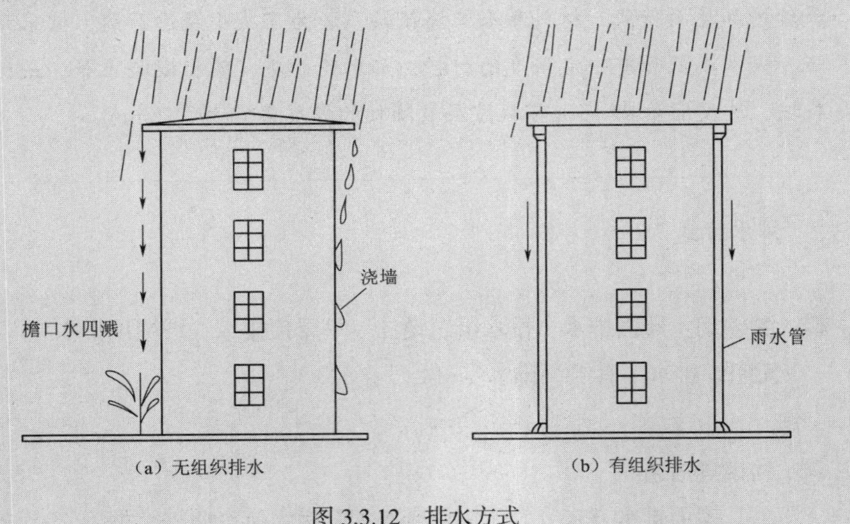

图 3.3.12　排水方式

知识拓展

1. 无组织排水

无组织排水又称自由落水，指屋面雨水直接从檐口滴落至地面的一种排水方式。自由落水构造简单，造价低廉，但自由下落的雨水会溅湿墙面。这

知识拓展

种方法适用于低层建筑或檐高小于10m的屋面，屋面汇水面积较大的多跨建筑或高层建筑都不应采用。

图 3.3.13 无组织排水

2. 有组织排水

有组织排水是指屋面雨水有组织地流经天沟、檐沟、水落口、水落管等排水装置，系统地将屋面雨水排至地面或地下管沟的一种排水方式。有组织排水的优点较多，在建筑工程中应用广泛，在有条件的情况下，宜采用雨水收集系统。在工程实践中，由于具体条件不同，有组织排水主要有内排水、外排水、内外排水相结合三种排水方案。

视频
有组织排水

（1）内排水。内排水是指屋面雨水通过天沟由设置于建筑内部的水落管排入地下雨水管网的一种排水方案，优点是维修方便，不破坏建筑立面造型，不易受冬季室外低温的影响，但其水落管在室内接头多，构造复杂，易渗漏，主要用于不易采用外排水的建筑屋面，如高层及多跨建筑等。

（2）外排水。外排水是指屋面雨水通过檐沟、水落口由设置于建筑外部的水落管直接排到室外地面上的一种排水方案。优点是构造简单，水落管不进入室内，不影响室内空间的使用和美观。外排水方案可以归纳为挑檐沟外排水、女儿墙外排水、女儿墙挑檐沟外排水、暗管外排水。

1）挑檐沟外排水。屋面雨水汇集到悬挑在墙外的檐沟内，再由水落管排下。这种方案排水通畅，设计时挑檐沟的高度可视建筑体型而定。

2）女儿墙外排水。当建筑造型不出现挑檐时，通常将外墙升起封住屋面，高于屋面的这部分外墙称为女儿墙。屋面雨水穿过女儿墙流入室外的水落管。

3）女儿墙挑檐沟外排水。这类建筑屋檐部位既有女儿墙，又有挑檐沟。蓄水屋面可采用这种形式，利用挑檐沟汇集从蓄水池中溢出的多余雨水。

知识拓展

4）暗管外排水。在一些重要的公共建筑中，常采用暗装水落管的方式，将水落管隐藏在假柱或空心墙中，减少对建筑立面美观的影响，假柱可处理成建筑立面上的竖向线条。

钢筋混凝土檐沟、天沟纵向坡度不应小于 1%，沟底水落差不得超过 200mm，即水落口距离分水线不得超过 20m。金属檐沟、天沟的纵向坡度宜为 0.5%。

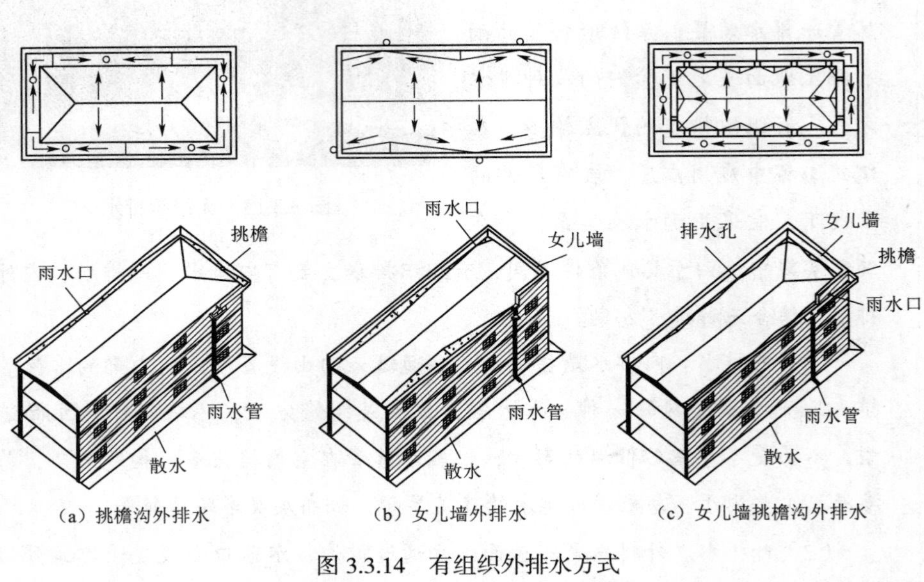

图 3.3.14　有组织外排水方式

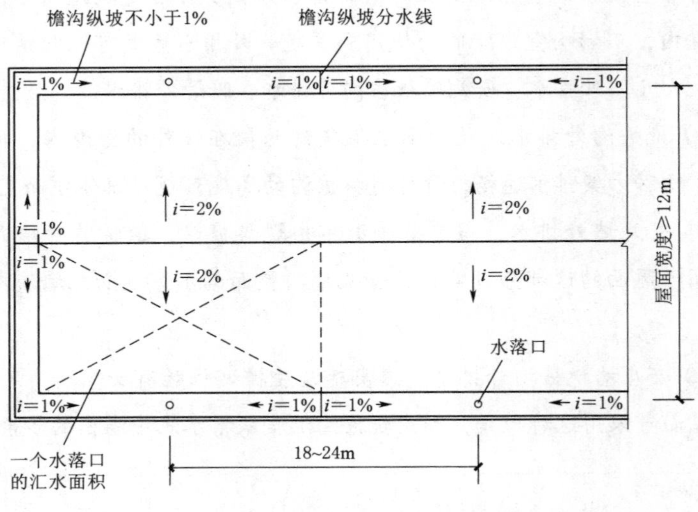

图 3.3.15　屋面排水设计平面图

3.3.4 屋面防水

关键词：屋面防水　防水材料

知识点描述

屋面应具有良好的排水功能和阻止水侵入建筑物内的作用，防水是利用防水材料的致密性、憎水性构成一道封闭的防线，隔绝水的渗透。

屋面的防水是一项综合性技术，涉及建筑和结构的形式、防水材料、屋面坡度、屋面构造处理等问题，需综合考虑。设计中应遵循“合理设防、防排结合、因地制宜、综合治理”的原则。

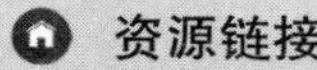

拓展
屋面防水

表 3.3.2　平屋面工程的防水做法

防水等级	防水做法	防　水　层	
		防水卷材	防水涂料
一级	不应少于 3 道	卷材防水层不应少于 1 道	
二级	不应少于 2 道	卷材防水层不应少于 1 道	
三级	不应少于 1 道	任选	

表 3.3.3　瓦屋面工程的防水做法

防水等级	防水做法	防　水　层		
		屋面瓦	防水卷材	防水涂料
一级	不应少于 3 道	为 1 道，应选	卷材防水层不应少于 1 道	
二级	不应少于 2 道	为 1 道，应选	卷材防水层不应少于 1 道	
三级	不应少于 1 道	为 1 道，应选	任选	

表 3.3.4　金属屋面工程的防水做法

防水等级	防水做法	防　水　层	
		金属板	防水卷材
一级	不应少于 2 道	为 1 道，应选	卷材防水层不应少于 1 道，厚度不应小于 1.5mm
二级	不应少于 2 道	为 1 道，应选	卷材防水层不应少于 1 道
三级	不应少于 1 道	为 1 道，应选	

知识拓展

根据《建筑与市政工程防水通用规范》(GB 55030—2022)的规定，建筑屋面工程的防水做法应符合下列规定：

(1)平屋面工程的防水做法应符合表 3.3.2 的规定。

(2)瓦屋面工程的防水做法应符合表 3.3.3 的规定。

(3)金属屋面工程的防水做法应符合表 3.3.4 的规定。全焊接金属板屋面应视为一级防水等级的防水做法。

3.3.4.1 卷材防水屋面

关键词：屋面防水　卷材防水　柔性防水屋面

知识点描述

卷材防水屋面是用防水卷材与胶黏剂结合在一起，形成连续致密的构造层，从而达到防水的目的。卷材防水屋面由于防水层具有一定的延伸性和适应变形的能力，又被称为柔性防水屋面。

卷材防水屋面适用于防水等级为Ⅰ级、Ⅱ级的屋面防水。卷材防水屋面较能适应温度、振动、不均匀沉陷因素的变化作用，能承受一定的水压，整体性好，不易渗漏。

资源链接

图 3.3.16　卷材防水屋面

知识拓展

1. 防水卷材

目前常见的有高聚物改性沥青防水卷材和合成高分子类卷材。

（1）高聚物改性沥青防水卷材。以高分子聚合物改性沥青为涂盖层，聚酯毡、玻纤毡或聚酯玻纤复合材料为胎基，细砂、矿物粉料和塑料膜为隔离材料，制成的防水卷材，称为高聚物改性沥青防水卷材。其厚度一般为3mm、4mm、5mm，以沥青基为主体，如弹性体改性沥青防水卷材（SBS）、塑性体改性沥青防水卷材（APP）、改性沥青聚乙烯胎防水卷材（PEE）、丁苯橡胶改性沥青防水卷材等。

（2）合成高分子类卷材。凡以各种合成橡胶、合成树脂或两者共混为基料，加入适量的助剂和填料，经混炼、压延或挤出等工序加工而成的防水卷材，均称为合成高分子防水卷材。常见的有三元乙丙橡胶防水卷材、氯化聚乙烯防水卷材、聚氯乙烯防水卷材、氯丁橡胶防水卷材、聚乙烯橡胶防水卷材、丙烯酸树脂卷材等。合成高分子防水卷材具有质量轻（2kg/m^2）、使用温度范围宽（−20 ~ 80℃）、耐候性能好、抗拉强度高（2 ~ 18.2MPa）、延伸率大等特点，在国内的各种防水工程中得到推广应用。

图 3.3.17　防水卷材

2. 卷材胶黏剂

用于高聚物改性沥青防水卷材和合成高分子防水卷材的胶黏剂主要为各种与卷材配套使用的溶剂型胶黏剂，如适用于改性沥青类卷材的RA-86型氯丁胶胶黏剂、SBS改性沥青胶黏剂等；三元乙丙橡胶防水卷材屋面的基层处理剂有聚氯酯底胶，胶黏剂有氯丁橡胶为主体的CX-404胶；氯化聚乙烯橡胶卷材的胶黏剂有LYX-603等。

3. 卷材防水屋面的构造组成

卷材防水屋面具有多层次构造的特点，其构造组成分为基本层次和辅助层次。

（1）卷材防水屋面的基本构造层次按其作用分为结构层、找平层、结合

知识拓展

层、防水层、保护层。

1）结构层。多为钢筋混凝土屋面板，可以是现浇板，也可以是预制板。

2）找平层。卷材防水层要求铺贴在坚固而平整的基层上，以防止卷材凹陷或断裂。因而在松软材料及预制屋面板上铺设卷材以前，都应先做找平层。

为防止保温层上的找平层变形开裂而波及卷材防水层，宜在找平层中留设分格缝。分格缝的宽度一般为 5 ~ 20mm，纵横间距不宜大于 6m，屋面板为预制装配式时，分格缝应设在预制板的端缝处。分格缝宜设置附加卷材，用胶黏剂单边点贴，其空铺宽度不宜小于 100mm，以使分格缝处的卷材有较大的伸缩余地，避免开裂。

3）结合层。作用是在基层与卷材胶黏剂间形成一层胶质薄膜，使卷材与基层黏结牢固。高聚物改性沥青类卷材和高分子卷材通常采用配套的卷材胶黏剂和基层处理剂作结合层。

4）防水层。

a. 高聚物改性沥青防水层。高聚物改性沥青防水卷材的铺贴做法有冷粘法和热熔法两种。冷粘法是用胶黏剂将卷材黏结在找平层上，或利用某些卷材的自黏性进行铺贴。铺贴卷材时注意平整顺直，搭接尺寸准确，不扭曲，应排除卷材下面的空气并辊压黏结牢固。热熔法施工时，用火焰加热器将卷材均匀加热至表面光亮发黑，然后立即滚铺卷材使至平展，并辊压密实。

b. 合成高分子卷材防水层（以三元乙丙卷材防水层为例）。先在找平层（基层）上涂刮基层处理剂（如 CX-404 胶等），要求薄而均匀，干燥不黏后即可铺贴卷材。

卷材一般应由屋面最低标高处向上铺贴，并按水流方向搭接。卷材铺设方向的规定：①屋面坡度小于 3% 时，卷材宜平行屋脊铺贴；②屋面坡度在 3% ~ 15% 时，卷材可平行或垂直屋脊铺贴；③屋面坡度大于 15% 或屋面受震动时，卷材应垂直屋脊铺贴；高聚物改性沥青防水卷材和合成高分子防水卷材可平行或垂直屋脊铺贴；④上下层卷材不得相互垂直铺贴。卷材铺贴时要求保持自然松弛状态，不能拉得过紧。卷材接缝根据不同的搭接方法应有 50 ~ 100mm 的搭接密度，铺好后立即用工具辗压密实，搭接部位用胶黏剂均匀涂刷黏合。

在防水卷材的厚度选用上，需要根据屋面的防水等级、防水卷材的类型来确定，每道卷材防水层的厚度选用应符合规范规定。

知识拓展

5）保护层。设置保护层的目的是保护防水层，使卷材在阳光和大气的作用下不致迅速老化，防止沥青类卷材中的沥青过热流淌，并防止暴雨对沥青的冲刷。保护层的构造做法应视屋面的利用情况而定。

不上人时，改性沥青卷材防水屋面一般在防水层上撒不透明的矿物粒料或铺设铝箔作为保护层；高分子卷材如三元乙丙橡胶防水屋面等通常是在卷材面上涂刷水溶型或溶剂型浅色涂料或水泥砂浆等。

上人屋面的保护层既保护防水层，又是屋面面层，因而要求保护层平整、耐磨。做法通常是在防水层上先铺设 10mm 厚低强度等级砂浆隔离层，其上再用现浇 40mm 厚 C20 细石混凝土或用 20mm 厚聚合物砂浆铺贴缸砖、大阶砖、混凝土板等块材。块材保护层或整体保护层均应设分隔缝，位置是：屋顶坡面的转折处；屋面与凸出屋面的女儿墙、烟囱等的交接处。保护层分隔缝应尽量与找平层分隔缝错开，缝内用油膏嵌封。上人屋面用作屋顶花园时，水池、花台等构造均在屋面保护层上设置。

（2）辅助构造层次是为了满足房屋的使用要求，或提高屋面性能而补充设置的构造层，如保温层、隔热层、隔汽层、找坡层、隔离层等。其中，找坡层是材料找坡屋面为形成排水坡度而设；保温层、隔热层是为防止夏季或冬季气候使建筑顶部室内过热或过冷而设；隔汽层是为防止潮气侵入屋面保温层，导致保温功能失效而设；隔离层是为消除相邻两种材料之间黏结力、机械咬合力、化学反应等不利影响而设。

4. 卷材防水屋面泛水构造

泛水是指屋面与垂直面相交处的防水处理。女儿墙、山墙、烟囱、变形缝等壁面与屋面相交部位，均需做泛水处理，防止交接缝出现漏水现象。泛水的构造要点及做法如下：

（1）将屋面的卷材继续铺至垂直墙面上，形成卷材泛水，泛水高度不小于 250mm。

（2）在屋面与垂直面的交接缝处，卷材下的砂浆找平层应按卷材类型抹成半径 20 ~ 50mm 的圆弧形，且整齐平顺，上刷卷材胶黏剂，使卷材铺贴密实，避免卷材架空或折断。

（3）做好泛水上口的卷材收头固定，防止卷材在垂直面上下滑。一般做法是：

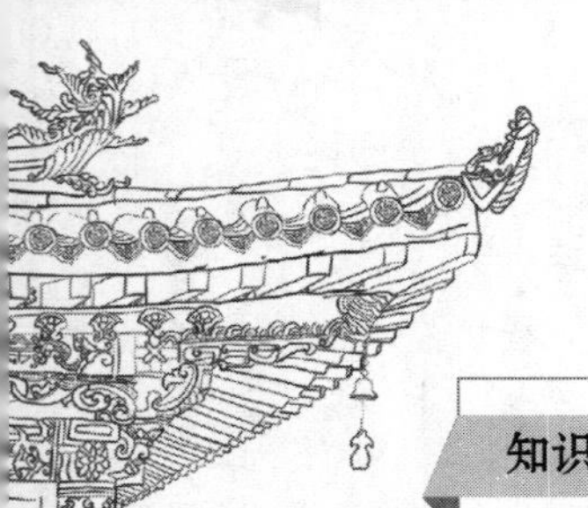

知识拓展

1）卷材收头直接铺至女儿墙压顶下，用压条钉压固定并用密封材料封闭严密，压顶应做防水处理，如图 3.3.18（a）所示。

2）也可在垂直墙中凿出通长凹槽，将卷材收头压入凹槽内，用防水压条钉压后再用密封材料嵌填封严，外抹水泥砂浆保护，凹槽上部的墙体亦应做防水处理，如图 3.3.18（b）所示。

3）墙体为混凝土时，卷材收头可采用金属压条钉压，并用密封材料封固，如图 3.3.18（c）所示。

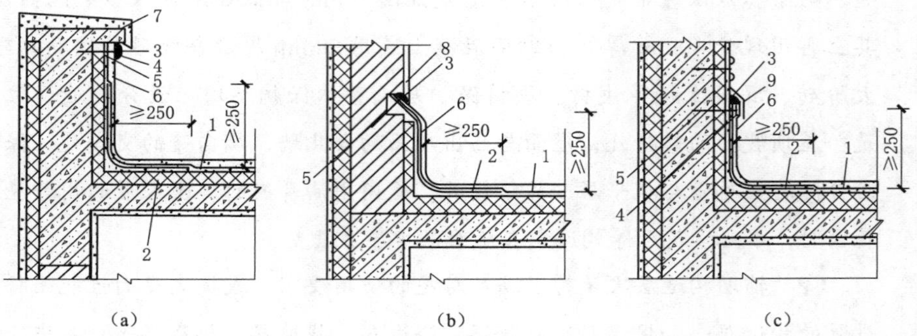

图 3.3.18　卷材防水屋面泛水构造（单位：mm）

1—防水层；2—附加层；3—密封材料；4 —金属压条；
5—水泥钉；6 —保护层；7—屋顶；8—防水处理；9—金属盖板

5. 卷材防水屋面挑檐口构造

挑檐口按排水形式分为无组织排水和有组织排水两种。其防水构造的要点是做好卷材的收头，使屋面四周的卷材封闭，避免雨水渗入。

（1）无组织排水挑檐口的做法及构造要点是：在屋面檐口 800mm 范围内的卷材应满粘，卷材收头应采用金属压条钉压，并应用密封材料封严。檐口下端应做鹰嘴和滴水槽。

（2）有组织排水挑檐口常常将檐沟布置在出挑部位，现浇钢筋混凝土檐沟板可与圈梁连成整体。预制檐沟板则须搁置在钢筋混凝土屋架挑牛腿上。其挑檐沟构造的要点如下：

1）檐沟的防水层下应增设附加层，附加层伸入屋面的宽度不应小于 250mm。

2）檐沟防水层和附加层应由沟底翻上至外侧顶部，卷材收头应用金属压条钉压住，并应用密封材料封严。

知识拓展

3）檐沟内转角部位的找平层应抹成圆弧形，以防卷材断裂。

4）檐沟外侧下端应做鹰嘴和滴水槽。

5）檐沟外侧高于屋面结构板时，应设置溢水口。

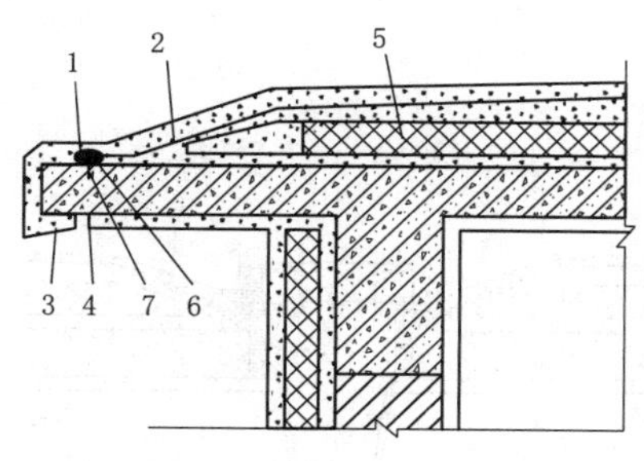

(a) 无组织排水挑檐口防水构造

(b) 有组织排水挑檐口防水构造

图 3.3.19 卷材防水屋面挑檐口构造（单位：mm）

1—密封材料；2—防水层；3—鹰嘴；4—滴水槽；
5—保护层；6—金属压条；7—水泥钉；8—附加层

6. 卷材防水屋面水落口构造

水落口是用来将屋面雨水排至水落管而在檐口或檐沟开设的洞口。构造上要求排水通畅，不易渗漏和堵塞。有组织外排水最常用的有檐沟及女儿墙水落口两种构造形式。有组织内排水的水落口设在天沟上，其构造与外檐沟相同。

水落口的材质过去多为铸铁，现多为塑料水落口。金属水落口易锈不美观，但管壁较厚，强度较高；塑料水落口质轻、不锈，色彩多样。

水落口通常为定型产品，分为直式和横式两类，直式适用于中间天沟、挑檐沟和女儿墙内排水天沟，横式适用于女儿墙外排水天沟。

直式水落口有多种型号，根据降雨量和汇水面积加以选择。水落口主要由短管、环形筒、导流槽和顶盖组成。短管呈漏斗形，安装在天沟底板或屋面板上，水落口周围半径 250mm 范围内坡度不应小于 5%，防水层下应增设涂膜附加层；防水层和附加层伸入水落口杯内不应小于 50mm，并应黏结牢固。环形筒与导流槽的接缝需由密封材料嵌封。顶盖底座有放射状格片，用以加速水流和遮挡杂物。

知识拓展

横式水落口呈 90° 弯曲状，由弯曲套管和铁箅两部分组成。弯曲套管置于女儿墙预留孔洞中，屋面防水层及泛水的卷材应铺贴到套管内壁四周，铺入深度不应小于 50mm，套管口用铸铁篦遮盖，以防污物堵塞水口。

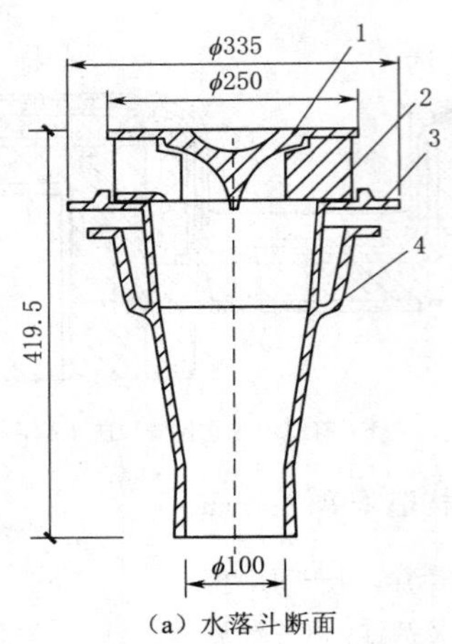

（a）水落斗断面

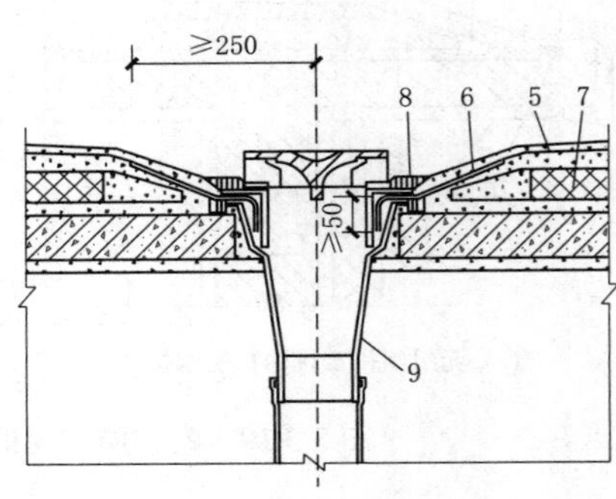

（b）直式水落口构造

图 3.3.20　卷材防水屋面水落口构造（单位：mm）

1—顶盖；2—导流槽；3—环形筒；4—短管；5—防水层；
6—附加层；7—保温层；8—密封材料；9—水落斗

7. 卷材防水屋面变形缝防水构造

屋面变形缝的构造处理原则是既要保证屋面有自由变形的可能，又能防止雨水经由变形缝渗入室内。

屋面变形缝按建筑设计可设于同层等高屋面上，也可设在高低屋面的交接处。

等高屋面的变形缝的做法是：在缝两边的屋面板上砌筑或现浇矮墙，在防水层下增设附加层，附加层在平面和立面的宽度不应小于 250mm，且铺贴至泛水墙的顶部；变形缝内应预填不燃保温材料，上部应采用防水卷材封盖，并放置衬垫材料，再在其上干铺一层卷材。变形缝顶部宜加扣镀锌铁皮盖板，或采用混凝土盖板压顶。

高低屋面的变形缝则是在低侧屋面板上砌筑或现浇矮墙。当变形缝宽度较小时，可用镀锌薄钢板盖缝并固定在高侧墙上，做法同泛水构造，也可从高侧墙上悬挑钢筋混凝土板盖缝。

知识拓展

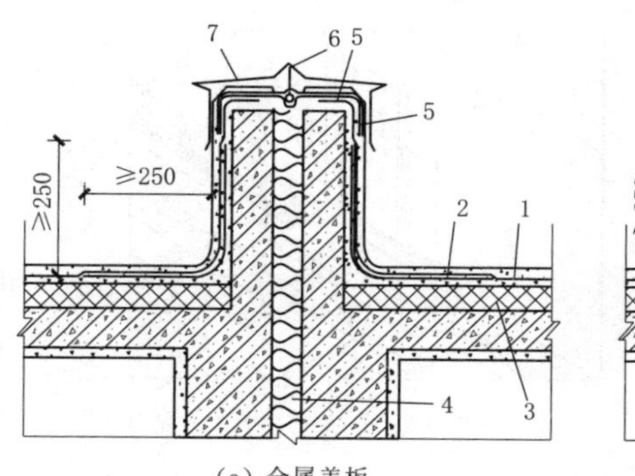

（a）金属盖板

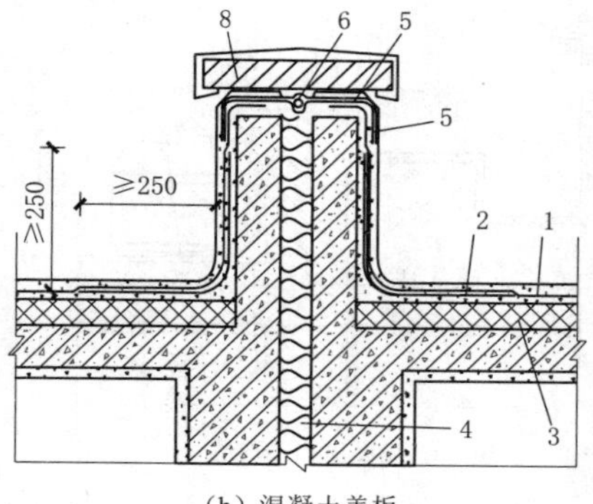

（b）混凝土盖板

图 3.3.21 等高屋面变形缝构造（单位：mm）

1—防水层；2—附加层；3—保温层；4—不燃保温材料；
5—卷材盖缝；6—衬垫材料；7—金属盖板；8—混凝土盖板

8. 卷材防水屋面检修孔防水构造

不上人屋面需设屋面检修孔，检修孔四周的孔壁可用砖立砌，也可在现浇屋面板时将混凝土上翻制成，在防水层下增设附加层，附加层在平面和立面的宽度不应小于 250mm，防水层收头应在混凝土压顶圈下。

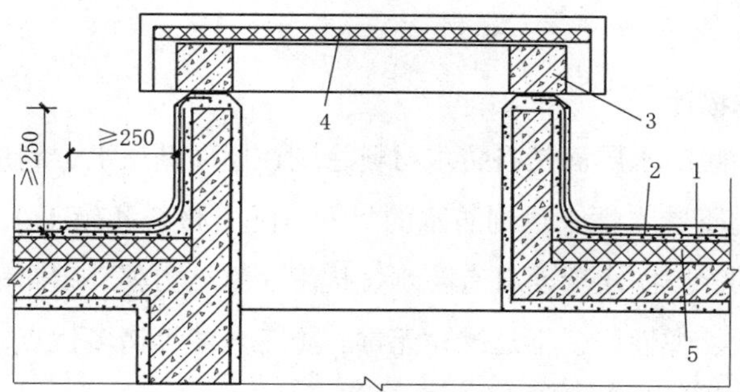

图 3.3.22 卷材防水屋面检修孔防水构造（单位：mm）

1—防水层；2—附加层；3—混凝土压顶圈；4—上人孔盖；5—保温层

9. 卷材防水屋面出入口防水构造

上人屋面出屋面的梯间一般需设屋面出入口，设计中让楼梯间的室内地坪与屋面间留有足够的高差，或在出入口处设门槛挡水。屋面出入口的构造与泛水构造类同。

知识拓展

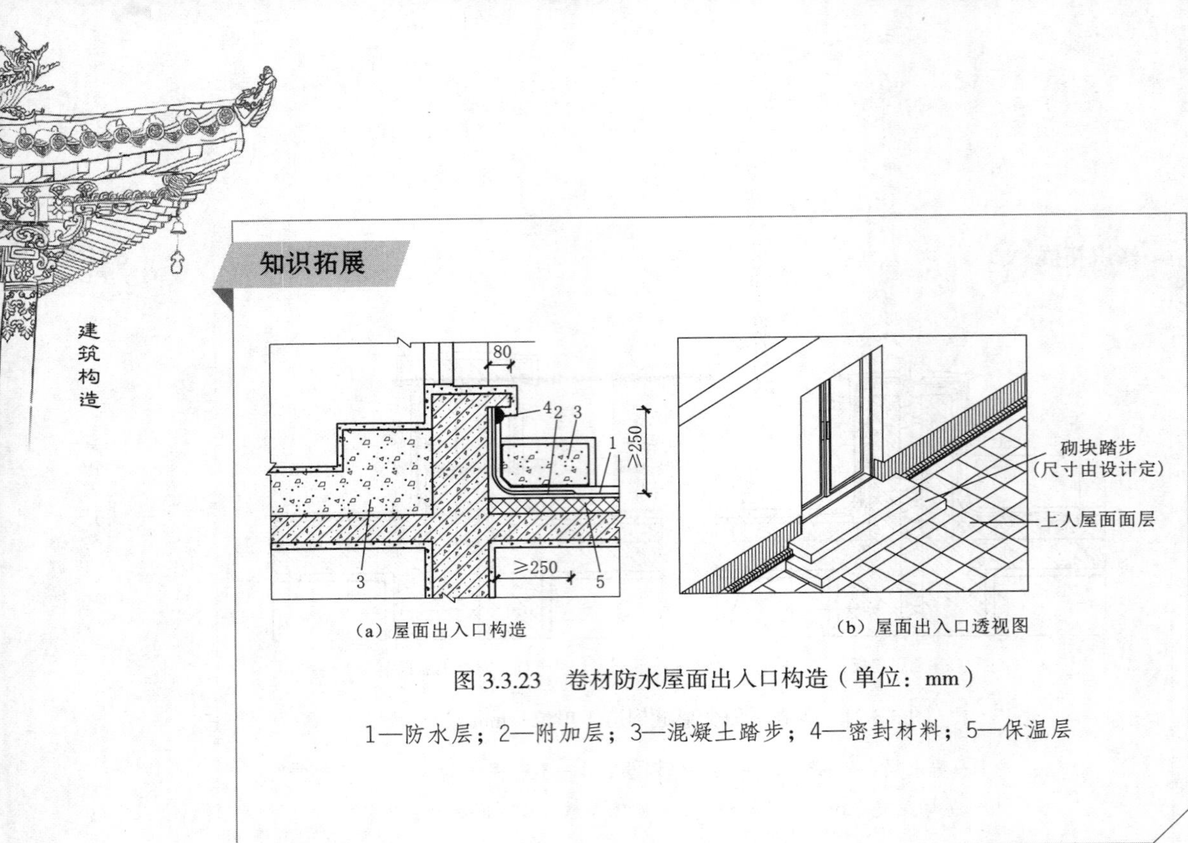

（a）屋面出入口构造　（b）屋面出入口透视图

图 3.3.23　卷材防水屋面出入口构造（单位：mm）

1—防水层；2—附加层；3—混凝土踏步；4—密封材料；5—保温层

3.3.4.2　涂膜防水屋面

关键词：屋面防水　涂膜防水　防水涂料

知识点描述

涂膜防水屋面是将防水材料涂刷在屋面基层上，利用涂料干燥或固化后的不透水性来达到防水的目的。随着材料和施工工艺的不断改进，现在的涂膜防水屋面具有防水、抗渗、黏结力强、耐腐蚀、耐老化、延伸率大、弹性好、不延燃、无毒、施工方便等诸多优点，已广泛用于建筑各部位的防水工程中。

涂膜防水主要适用于防水等级为Ⅱ级的屋面防水，也可用作Ⅰ级屋面多道防水设防中的一道防水。

资源链接

图 3.3.24 防水涂料施工

知识拓展

1. 防水涂料

防水涂料的种类很多，按其溶剂或稀释剂的类型可分为溶剂型、水溶性、乳液型等，按施工时涂料液化方法的不同则可分为热熔型、常温型等，按成膜的方式则有反应固化型、挥发固化型等。目前常用的防水涂料有合成高分子防水涂料、聚合物水泥防水涂料、高聚物改性沥青防水涂料。防水涂料的选择应根据当地历年最高气温、最低气温、屋面坡度和使用条件等因素，选择耐热性、低温柔性相适应的涂料；根据地基变形程度、结构形式、当地年温差、日温差和振动等因素，选择拉伸性能相适应的涂料；根据屋面涂膜的暴露程度，选择耐紫外线、耐老化相适应的涂料；屋面坡度大于 25% 时，应选择成膜时间较短的涂料。《屋面工程技术规范》（GB 50345—2012）规定，涂膜防水层的施工环境温度应符合下列规定：水乳型及反应型涂料宜为 5 ~ 35℃，溶剂型涂料宜为 −5 ~ 35℃，热熔型涂料不宜低于 −10℃，聚合物水泥涂料宜为 5 ~ 35℃。

2. 胎体增强材料

某些防水涂料（如氯丁胶乳沥青涂料）需要与胎体增强材料（即所谓的

布）配合，以增强涂层的贴附覆盖能力和抗变形能力。目前，使用较多的胎体增强材料为 0.1mm × 6mm × 4mm 或 0.1mm × 7mm × 7mm 的中性玻璃纤维网格布或中碱玻璃布、聚酯无纺布等。

3. 涂膜防水屋面的构造组成

涂膜防水屋面的基本构造层次（自下而上）按其作用分为结构层、找平层、基层处理剂、涂膜防水层、保护层。

（1）结构层。可以是常见的钢筋混凝土屋面板，也可以是各种构件式的轻型屋面，如钢丝网水泥瓦、预应力 V 形折板等。当采用预制钢筋混凝土板时，板缝须用嵌缝材料嵌严，嵌缝油膏深度应大于 20mm，下部用 C20 细石混凝土灌实。

（2）找平层。找平层的厚度和技术要求、分格缝的构造处理与卷材防水屋面相同。

与卷材防水层相比，涂膜防水层对找平层的平整度要求更为严格，否则涂膜防水层的厚度得不到保证，容易降低涂膜防水层的防水可靠性和耐久性。同时，由于涂膜防水层是满粘于找平层，找平层开裂或强度不足也易引起防水层的开裂，因此，涂膜防水层的找平层还应有足够的强度和尽可能避免裂缝的要求。涂膜防水层的找平层宜采用掺膨胀剂的细石混凝土，强度等级不低于 C20，厚度不少于 30mm，宜为 40mm。

（3）基层处理剂。基层处理剂是指在涂膜防水层施工前，预先涂刷在基层上的涂料。涂刷基层处理剂的目的是：①堵塞基层毛细孔，使基层的潮湿水蒸气不易向上渗透至防水层，减少防水层起鼓；②增强基层与防水层的黏结力；③将基层表面的尘土清洗干净，以便于黏结。

基层处理剂大致有三种：

1）稀释的涂料。若使用水乳型防水涂料，可用掺 0.2% ~ 0.5% 乳化剂的水溶液或软化水将涂料稀释，其用量比例一般为：防水涂料：乳化剂水溶液（或软水）=1 ： 0.5 ~ 1 ： 1。

2）涂料薄涂。若为溶剂型防水涂料，由于其对水泥砂浆或混凝土毛细孔的渗透能力比水乳型防水涂料强，可直接用涂料薄涂做基层处理，如涂料较稠，可用相应的溶剂稀释后使用。

知识拓展

3）掺配的溶液。如高聚物改性沥青防水涂料也可用以煤油∶30号沥青=60∶40的比例配制而成的溶液作为基层处理剂。

因此，基层处理剂的选择应与涂膜防水涂料的材性相容，使用前调制配合并搅拌均匀。涂刷时应用刷子用力薄涂，使其渗入基层表面的毛细孔中。特别在较为干燥的屋面上进行溶剂型防水涂料施工时，使用基层处理剂打底后再进行防水涂料涂刷效果更好。

（4）涂膜防水层。涂料的类型很多，在选择上同样需考虑到温度、变形、暴露程度等因素，选择相适应的涂料。

在防水层厚度的选用上，需要根据屋面的防水等级、防水涂料的类型来确定，每道涂膜防水层的最小厚度应满足规范要求。

涂膜防水层施工前，应先对水落口、天沟、檐沟、泛水、伸出屋面管道根部等节点部位进行增强处理，一般涂刷加铺胎体增强材料的涂料进行增强处理。

涂膜防水层的施工应遵循“先高后低，先远后近”的原则，并应符合下列规定：

1）防水涂料应多遍均匀涂布；涂膜间夹铺增强材料时，宜边涂布边铺胎体；胎体应铺贴平整，排除气泡，并应与涂料黏结牢固。在胎体上涂布涂料时，应使涂料浸透胎体，并应覆盖完全，不得有胎体外露现象，最上面的涂膜厚度不应小于1.0mm。

2）胎体增强材料长边搭接宽度不应小于50mm，短边搭接宽度不应小于70mm；上下层胎体增强材料的长边搭接缝应错开，且不得小于幅宽的1/3；上下层胎体增强材料不得相互垂直铺设。

3）涂膜施工应先涂布排水较集中的水落口、天沟、檐沟、檐口等节点部位，再进行大面积涂布。

4）屋面转角及立面的涂膜应薄涂多遍，不得流淌和堆积。

5）涂膜防水层的涂布方式主要有滚涂、刮涂、喷涂、刷涂等方式。具体采用何种方式，应根据不同的防水涂料及不同节点部位进行选择，且应符合相应的施工要求。

（5）保护层。在涂膜防水层上应设置保护层，以避免太阳直射导致的防水膜过早老化，同时可以提高涂膜防水层的耐穿刺、耐外力损伤的能力，从而提高涂膜防

知识拓展

水层的耐久性。不上人屋面可以采用同类防水涂料为基料，加入适量的颜色或银粉作为着色保护涂料，也可以在防水涂料涂布完未干之前均匀撒上细黄沙、石英砂或云母粉等材料做成保护层。上人屋面的保护层做法同卷材防水屋面。

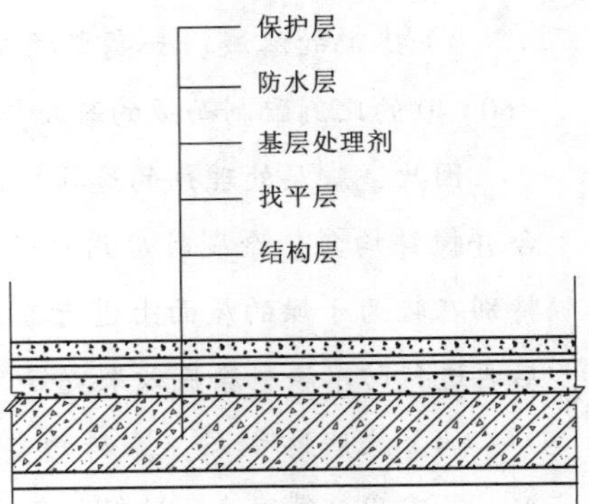

保护层
防水层
基层处理剂
找平层
结构层

图 3.3.25　涂膜防水屋面的构造组成

4. 涂膜防水屋面泛水构造

泛水是指屋面与垂直面相交处的防水处理。女儿墙、山墙、烟囱、变形缝等壁面与屋面相交部位，均需做泛水处理，防止交接缝出现漏水现象。涂膜防水屋面的泛水构造与卷材防水屋面的要求及做法基本类同，涂膜防水屋面的泛水的构造要点及做法如下：

（1）防水涂料继续涂刷至垂直墙面上，形成泛水，泛水高度不小于250mm。

（2）在屋面与垂直面的交接缝处，防水涂料应抹成半径20 ~ 50mm的圆弧形。

（3）涂膜防水屋面的泛水构造的涂膜收头，应采用防水涂料多遍涂刷。

（4）附加层通常采用带有胎体增强材料的附加涂膜防水层。

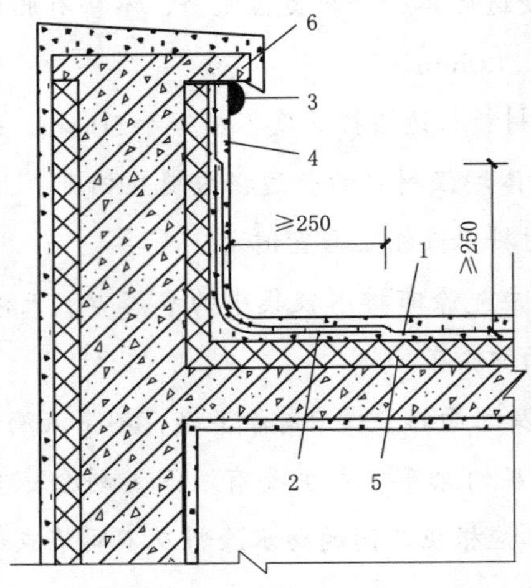

图 3.3.26　涂膜防水屋面泛水构造（单位：mm）

1—涂膜防水层；2—带胎体增强材料的附加涂膜防水层；
3—防水涂料多遍涂刷；4—保护层；5—保温层；6—压顶

知识拓展

5. 涂膜防水屋面挑檐口构造

挑檐口按排水形式分为无组织排水和有组织排水两种。涂膜防水屋面的挑檐口构造与卷材防水屋面的要求及做法基本类同，其防水构造的要点是做好涂膜收头，避免雨水渗入。

（1）无组织排水挑檐口的做法及构造要点是：在屋面檐口 800mm 范围内的应满涂防水涂料，涂膜收头应采用防水涂料多遍涂刷。檐口下端应做鹰嘴和滴水槽。

（2）有组织排水挑檐口常常将檐沟布置在出挑部位，现浇钢筋混凝土檐沟板可与圈梁连成整体。预制檐沟板则须搁置在钢筋混凝土屋架挑牛腿上。其挑檐沟构造的要点是：

1）檐沟的防水层下应增设带有胎体增强材料的附加涂膜防水层，附加层伸入屋面的宽度不应小于 250mm。

2）檐沟防水层和附加层应由沟底翻上至外侧顶部，涂膜收头应采用防水涂料多遍涂刷。

3）檐沟内转角部位的找平层应抹成圆弧形，以防止开裂。

4）檐沟外侧下端应做鹰嘴和滴水槽。

5）檐沟外侧高于屋面结构板时，应设置溢水口。

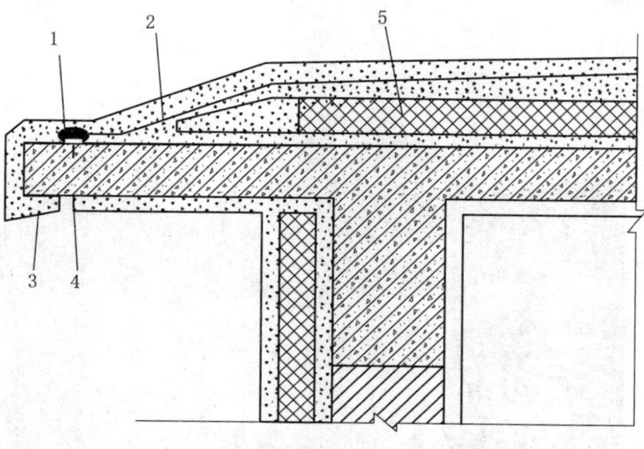

图 3.3.27　涂膜防水屋面挑檐口构造

1—防水材料多遍涂刷；2—涂膜防水层；3—鹰嘴；
4—滴水槽；5—保温层

3.3.4.3 瓦屋面防水

关键词：屋面防水　瓦屋面　块瓦　沥青瓦

知识点描述

瓦屋面一般是在屋面基层上铺盖各种瓦材，利用瓦材的相互搭接来防止雨水渗漏。也有出于造型需要而在屋面盖瓦，利用瓦下的其他材料来防水的做法。瓦屋面的构造比较简单，取材较便利，是我国传统建筑常用的屋面构造方式。目前在一些民居建筑、农村建筑和生产辅助建筑中仍得到较多的应用。

瓦屋面的防水材料为各种瓦材及与瓦材配合使用的各种涂膜防水材料和卷材防水材料。其防水等级和防水做法应符合要求。

瓦屋面按屋面基层的组成方式可分为有檩体系和无檩体系两种。在有檩体系中，瓦通常铺设在由檩条、屋面板、挂瓦条等组成的基层上；无檩体系的瓦屋面基层则通常由各类钢筋混凝土板构成。

常用的瓦屋面主要有块瓦、沥青瓦和波形瓦等。瓦屋面的基层可以采用木基层，也可以采用混凝土基层，其防水构造做法应根据瓦的类型、基层种类和防水等级而定。

资源链接

图 3.3.28　中国美术学院象山校区民俗艺术博物馆瓦屋面防水

知识拓展

1. 块瓦屋面

块瓦是由黏土、混凝土和树脂等材料制成的块状硬质屋面瓦材。块瓦分为平瓦和小青瓦、筒瓦等。由于块瓦瓦片的尺寸较小，且瓦片相互搭接时搭接部位垫高较大，为了保证屋面的防水性能，块瓦屋面的坡度不应小于30%。

块瓦的固定应根据不同瓦材的特点采用挂、绑、钉、粘的不同方法固定。除了小青瓦和筒瓦需采用水泥砂浆卧瓦固定外，其他块瓦屋面应采用干挂铺瓦方式，其目的是施工安全方便，并可避免水泥砂浆卧瓦安装方式的缺陷，如易产生冷桥、污染瓦片、冬季砂浆收缩拉裂瓦片、黏结不牢引起脱落等。

铺瓦方式包括水泥砂浆卧瓦、钢挂瓦条挂瓦、木挂瓦条挂瓦。钢、木挂瓦条有两种固定方法：一种是挂瓦条固定在顺水条上，顺水条钉牢在细石混凝土找平层上；另一种不设顺水条，将挂瓦条和支承垫块直接钉在细石混凝土找平层上。

块瓦屋面应特别注意块瓦与屋面基层的加强固定措施。在大风及地震设防地区或屋面坡度大于100%时，瓦片应采取固定加强措施。特别是檐口部位是受风压较集中的部位，特别应采取防风揭和防落瓦措施。块瓦的固定加强措施一般有以下三种：

（1）水泥砂浆卧瓦者，用12号铜丝将瓦与满铺钢丝网绑扎固定。

（2）钢挂瓦条钩挂者，用双股18号铜丝将瓦与钢挂瓦条绑牢。

（3）木挂瓦条钩挂者，用专用螺钉（或双股18号铜丝）将瓦与木挂瓦条钉（绑）牢。

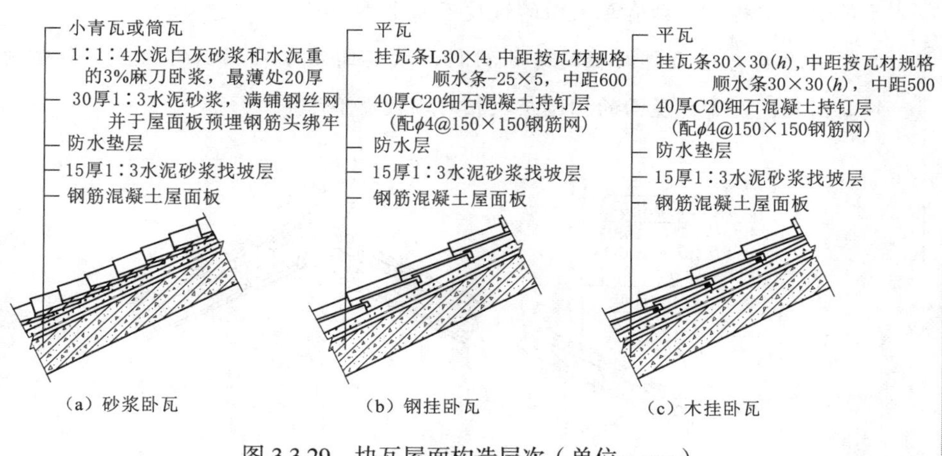

图 3.3.29 块瓦屋面构造层次（单位：mm）

知识拓展

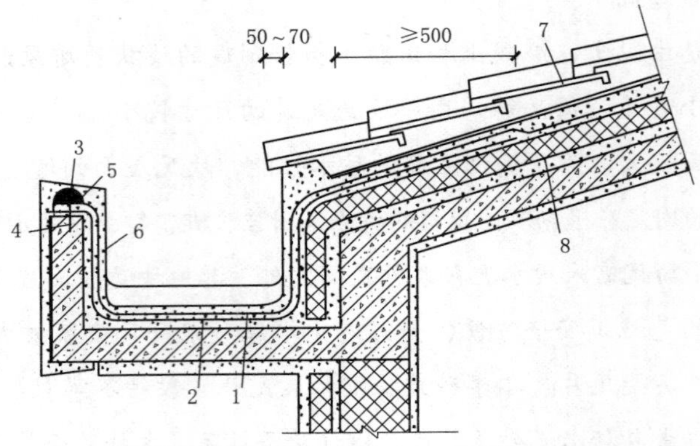

图 3.3.30　块瓦屋面外挑檐沟构造（单位：mm）

1—防水层（垫层）；2—附加层；3—密封材料；4—水泥钉；
5—金属压条；6—保护层；7—块瓦；8—保温层

2. 沥青瓦屋面

沥青瓦是以玻璃纤维为胎基、经渗涂石油沥青后，一面覆盖彩色矿物粒料，另一面撒以隔离材料制成的柔性瓦状屋面防水片材。又被称为玻纤胎沥青瓦、油毡瓦、多彩沥青油毡瓦等。沥青瓦按产品形式分为平面沥青瓦（单层瓦）和叠合沥青瓦（叠层瓦）两种，其规格一般为 1000mm×333mm×2.8mm。

沥青瓦屋面由于具有质量轻、颜色多样、施工方便、可在木基层或混凝土基层上适用等优点，近些年来在坡屋面工程中广泛采用。其中，叠层瓦的坡屋面比单层瓦的立体感更强。为了避免在沥青瓦片之间发生浸水现象，利于屋面雨水排出，沥青瓦屋面的坡度不应小于 20%。

由于沥青瓦为薄而轻的片状材料，故其固定方式应以钉为主、黏结为辅。因此，沥青瓦屋面的构造层次相对比较简单。

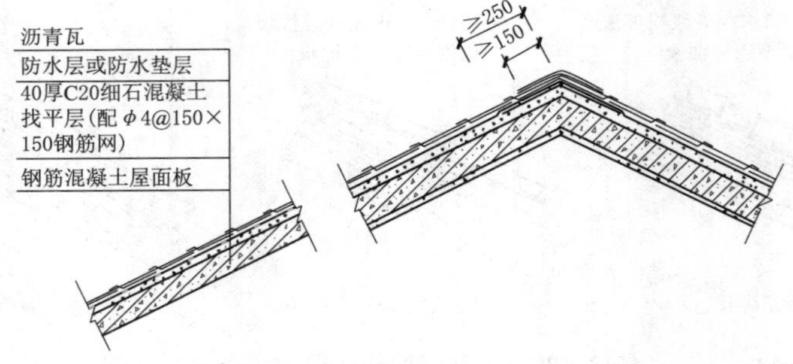

图 3.3.31　沥青瓦屋面（单位：mm）

3.3.5 屋面保温

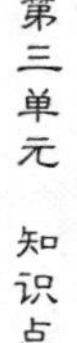

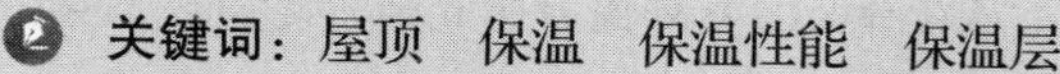

关键词：屋顶　保温　保温性能　保温层

知识点描述

屋面的保温通常采用导热系数小的材料，阻止室内热量由屋面流向室外。

作为房屋外围护结构的重要组成，屋顶节能是建筑节能的一个重要方面。屋顶的节能主要通过提高其保温与隔热的性能来降低顶层房间的空调能耗。

寒冷地区或装有空调设备的建筑，其屋顶应具有较好的保温性能，设计成保温屋面。屋面保温的主要措施是提高屋盖的热阻，办法是在屋面设置保温层。

资源链接

表 3.3.5　甲类公共建筑屋顶的结构传热系数 K 限值

<table>
<tr><th rowspan="2">建筑体型</th><th colspan="5">K / [W/(m^2 · K)]</th></tr>
<tr><th>严寒 A、B 区</th><th>严寒 C 区</th><th>寒冷地区</th><th>夏热冬冷地区</th><th>夏热冬暖地区</th></tr>
<tr><td>体型系数≤ 0.30</td><td>≤ 0.25</td><td>≤ 0.30</td><td>≤ 0.40</td><td rowspan="2">≤ 0.40</td><td rowspan="2">≤ 0.40</td></tr>
<tr><td>0.30 ＜体型系数≤ 0.50</td><td>≤ 0.20</td><td>≤ 0.25</td><td>≤ 0.35</td></tr>
</table>

表格来源：《建筑节能与可再生能源利用通用规范》（GB 55015—2021）。

拓展
屋面保温

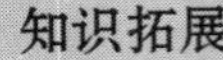

屋顶的传热系数 *K* 限值： 屋顶作为房屋外围护结构的重要组成部分，其节能是建筑节能的一个重要方面。屋顶的节能主要通过提高其保温与隔热的性能来降低顶层房间的空调能耗。

屋顶要想达到好的节能效果，需要结合当地的气候条件、建筑体型等因素来选择合理的节能措施。如在严寒及寒冷地区，屋顶通过设置保温层可以阻止室内热量的散失；在炎热地区，屋顶通过设置隔热降温层可以阻止太阳的辐射热传至室内；在夏热冬冷地区，屋顶则需要两者兼顾考虑。

我国现行的《建筑节能与可再生能源利用通用规范》（GB 55015—2021）对各地区公共建筑、居住建筑屋顶的传热系数均有不同要求，甲类公共建筑屋顶的结构传热系数 *K* 限值见表 3.3.5。

思政小课堂

2024 年 3 月，国务院办公厅转发国家发展改革委、住房城乡建设部制定的《加快推动建筑领域节能降碳工作方案》，要求提升农房绿色低碳水平，推进绿色低碳农房建设，提升严寒、寒冷地区新建农房围护结构保温性能，优化夏热冬冷、夏热冬暖地区新建农房防潮、隔热、遮阳、通风性能；有序开展既有农房节能改造，对房屋墙体、门窗、屋面、地面等进行菜单式微改造；推动农村用能低碳转型，引导农民减少煤炭燃烧使用，鼓励因地制宜使用电力、天然气和可再生能源。

在进行建筑设计时，注意优化建筑围护结构，强化保温隔热性能的创新策略，通过采用高性能保温隔热材料、优化围护结构构造设计、引入智能保温隔热系统以及加强施工质量控制等策略和技术手段，可以显著增强建筑围护结构的保温隔热性能。这不仅有助于应对气候变化和能源压力的挑战，还能为居住者提供更加舒适、节能的居住环境。

3.3.5.1　保温材料

关键词：屋顶　保温　纤维材料　板状保温材料　整体保温材料

知识点描述

保温材料一般为轻质、疏松、多孔的材料或纤维材料，导热系数不大于 0.25W/（m · K）。按其成分有无机材料和有机材料两种；按其形状可分为纤维类、板状、整体保温三种类型。

资源链接

图 3.3.32　岩棉板

知识拓展

纤维材料指将熔融岩石、矿渣、玻璃等原料经高温熔化，采用离心法或气体喷射法制成的纤维制品。

板状保温材料如加气混凝土板、泡沫混凝土板、膨胀珍珠岩板、膨胀蛭石板、矿棉板、泡沫塑料板、岩棉板等。有机纤维材的保温性能一般较无机板材好，但耐久性较差，只有在通风条件良好、不易腐烂的情况下使用才较为适宜。

整体保温材料通常用水泥或沥青等胶结材料与松散保温材料拌和，整体浇筑在需保温的部位，如喷涂硬泡聚氨酯、现浇泡沫混凝土等。

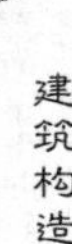

知识拓展

各类保温材料的选用应结合工程造价、铺设的具体部位、保温层是否封闭还是敞露等因素加以考虑。保温层宜选用吸水率低、密度和导热系数小，并有一定强度的保温材料，纤维材料做保温层时应采取防止压缩的措施，厚度应就建筑所在气候区按现行建筑节能设计标准计算确定，屋面坡度较大时，要采取防滑措施。

3.3.5.2 平屋顶保温

关键词：屋顶　保温　正置式保温　倒置式保温　隔汽层

知识点描述

1. 正置式保温

平屋顶的屋面坡度较缓，将保温层放在屋面结构层之上，防水层之下，成为封闭的保温层。这种方式通常叫作正置式保温，也叫作内置式保温。

与非保温屋面不同的是增加了保温层和保温层上下的找平层，保温层下应设隔汽层。保温层上设找平层是因为保温材料的强度通常较低，表面也不够平整，其上需经找平后才便于铺贴防水卷材。

2. 倒置式保温

平屋顶的屋面坡度较缓，将保温层放在防水层上，成为敞露的保温层，这种方式通常叫做倒置式保温，也叫外置式保温。

倒置式保温屋面 20 世纪 60 年代开始在德国和美国被采用，其特点是保温层做在防水层之上，对防水层起到一个屏蔽和防护的作用，使之不受阳光和气候变化的影响而温度变形较小，也不易受到来自外界的机械损伤。

倒置式屋面坡度宜为 3%，保温材料应采用吸水率低，且长期浸水不变质的保温材料，如聚苯乙烯泡沫塑料板、聚氨酯泡沫塑料板等，板状保温材料下部纵向应设排水凹缝。保温层与防水层所用材料应相容匹配，保温层上宜采用块体材料或细石混凝土做保护层，以防止保温层表面破损和延缓其老化过程。

资源链接

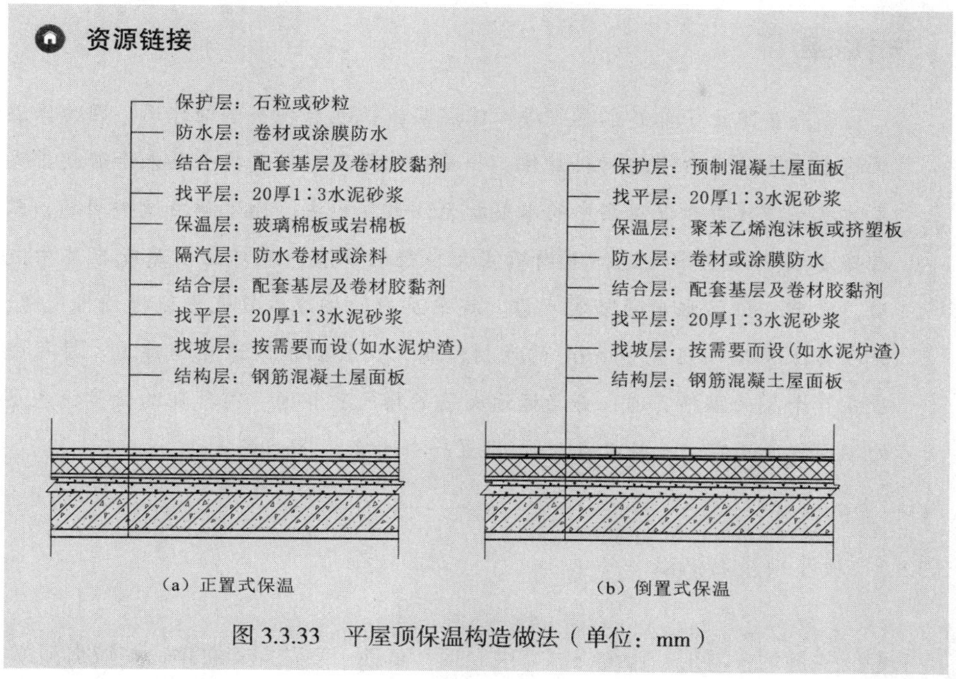

图 3.3.33　平屋顶保温构造做法（单位：mm）

知识拓展

隔汽层

隔汽层是为了阻止外界水蒸气渗入保温层而设置的构造层次。做法通常是在结构层上做找平层，再在其上涂热沥青一道或铺一毡二油，在防水层第一层油毡铺设时采用花油法之外，还可以采用以下办法：在保温层上加一层砾石或陶粒作为透气层，或在保温层中间设排气通道。排气管、排气槽应与分割（仓）缝相重。缝宽 50mm，纵横贯通，中距不大于 6.0m，即屋面每 36 ㎡宜设一个排气孔，排气孔应做防水处理。

当严寒及寒冷地区屋面结构冷凝界面内侧实际具有的蒸汽渗透阻小于所需值，或其他地区室内湿气有可能透过屋面进入保温层时，应设置隔汽层。隔汽层应设置在结构层上，保温层下。冬季室内气温高于室外，热汽流从室内向室外渗透，空气中的水蒸气随热汽流从屋面板的孔隙渗透进保温层，由于水的导热系数比空气大得多，一旦多孔隙的保温材料进了水便会大大降低其保温效果。同时，积存在保温材料中的水分遇热也会转化为蒸气而膨胀，容易引起卷材防水层的起鼓。

知识拓展

隔汽层阻止了外界水蒸气渗入保温层，但也产生一些副作用。因为保温层的上下均被不透水的材料封住，如施工中保温材料或找平层未干透就铺设了防水层，残存于保温层中的水气就无法散发出去。为了解决这个问题，需在保温层中设置排气道，道内填塞大粒径的炉渣，既可让水蒸气在其中流动，又可保证防水层的坚实牢靠。找平层内的相应位置也应留槽作排气道，并在其上干铺一层宽 200mm 的卷材，卷材用胶黏剂单边点贴铺盖。排气道应在整个屋面纵横贯通，并与连通大气的排气孔相通。排气孔的数量视基层的潮湿程度而定，一般以每 35 ㎡设置一个为宜。

3.3.5.3 坡屋顶屋面保温

关键词：屋顶　传统保温　坡屋顶　草顶　麦秸泥青灰顶　柴泥窝瓦顶

知识点描述

草顶、麦秸泥青灰顶、柴泥窝瓦顶都属于屋面保温，这些都是传统的简易做法，能够就地取材，比较经济，但不耐久。也有在檩条或椽条下设保温层的做法。

资源链接

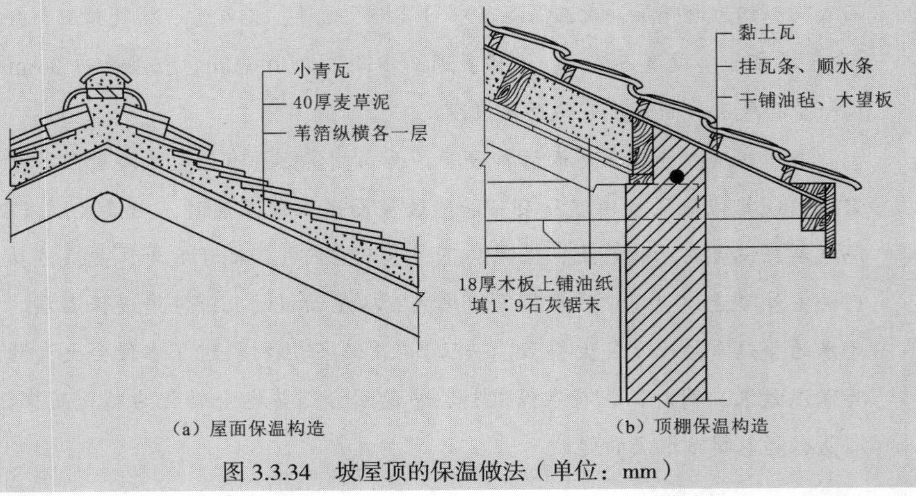

图 3.3.34　坡屋顶的保温做法（单位：mm）

知识拓展

坡屋顶顶棚保温

设有吊顶的坡屋顶常将保温层设在顶棚上面，保温材料可选板状材料、纤维材料、整体材料。板状材料如聚苯乙烯泡沫塑料、硬质聚氨酯泡沫塑料、膨胀珍珠岩制品、泡沫玻璃制品、加气混凝土砌块、泡沫混凝土砌块。纤维材料如玻璃棉制品、岩棉制品、矿渣棉制品。整体材料如喷涂硬泡聚氨酯、现浇泡沫混凝土。可在保温材料上铺一层散状保温材料，如石灰锯末、膨胀珍珠岩等。为防止蒸汽渗透，保温材料下面用油毡或油纸做一层隔汽层。

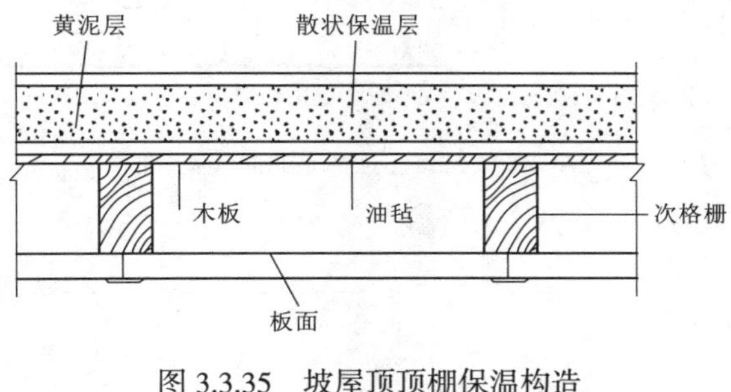

图 3.3.35 坡屋顶顶棚保温构造

3.3.6 屋面隔热

关键词：屋面蓄水 屋面植被 屋面反射降温

知识点描述

屋面隔热降温的基本原理是：减少直接作用于屋顶表面的太阳辐射热量。所采用的主要构造做法有屋面间层通风隔热、屋面蓄水隔热、屋面植被隔热、屋面反射阳光隔热等。

在夏季太阳辐射和室外气温的综合作用下，从屋面传入室内的热量要比从墙体传入室内的热量多得多。在低多层建筑中，屋顶的隔热性能更会影响到整幢建筑的能耗，在我国南方地区的建筑屋面隔热尤为重要，应采取适当的构造措施解决屋面的降温隔热问题。

拓展
屋面隔热

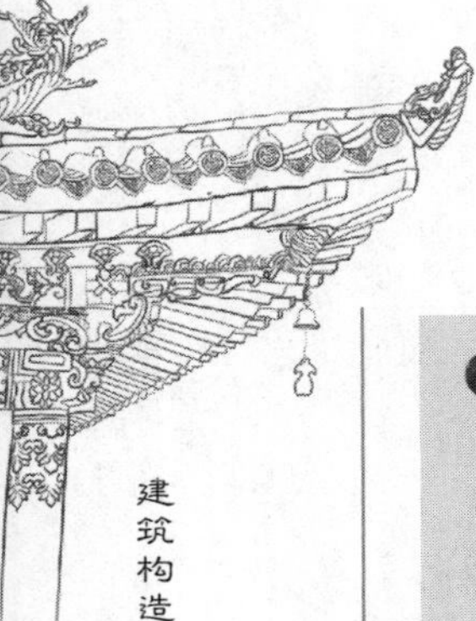

视频
顶棚通风隔热屋面

资源链接

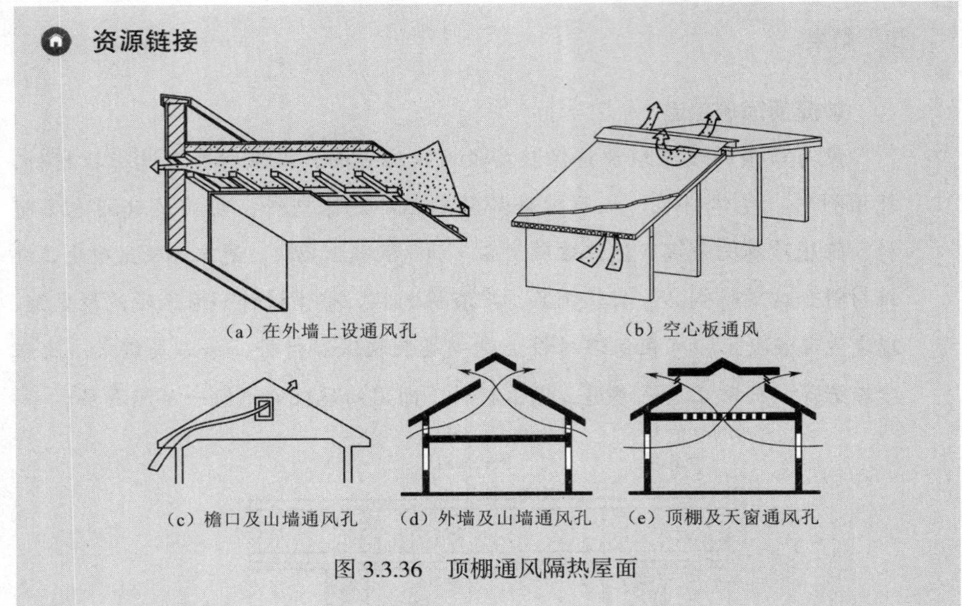

（a）在外墙上设通风孔　（b）空心板通风

（c）檐口及山墙通风孔　（d）外墙及山墙通风孔　（e）顶棚及天窗通风孔

图 3.3.36　顶棚通风隔热屋面

知识拓展

不同隔热方式的屋面在降温效果方面有所不同。经试验，种植屋面一般优于其他屋面，而且在净化空气、美化环境、改善城市生态、提高建筑综合利用效益等方面具有重要的作用。

表 3.3.6　某地区几种屋面的内表面温度比较表

隔热方案	内表面温度 /℃						内表面最高温度 /℃	优劣排序
	15:00	16:00	17:00	18:00	19:00	20:00		
蓄水种植屋面	31.3	31.9	32.0	31.8	31.7		32.0	1
一般种植屋面	33.5	33.6	33.7	33.5	33.2		33.7	2
蓄水养水浮莲屋面		34.1	34.3	34.5	34.4	34.0	34.5	3
蓄水屋面		34.4	35.1	35.6	35.3	34.6	35.6	4
双层屋面板通风屋面	34.9	35.2	36.4	35.8	35.7		36.4	5
架空小板通风屋面		36.8	38.1	38.4	38.3	38.2	38.4	6

表格来源：李必瑜、魏宏杨、覃琳主编《建筑构造》（上册）（第六版）。

3.3.6.1　屋面通风隔热

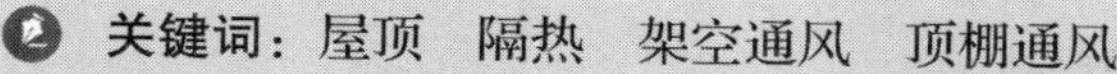

关键词：屋顶　隔热　架空通风　顶棚通风

知识点描述

屋面通风隔热的原理是：利用通风间层将被加热的空气与室外冷空气产生对流，将层内的热量源源不断地排走，达到降低室内温度的目的。通风间层的设置通常有两种方式：一种是在屋面上做架空通风隔热间层；另一种是利用吊顶棚内的空间做通风间层。

在屋面上设置架空通风间层，使其上层表面遮挡太阳辐射，利用风压和热压作用将间层中的热空气不断带走，使通过屋面板传入室内的热量大为减少，从而达到隔热降温的目的。

因有架空隔热层设于屋面防水层上，因此防水层上不用再设保护层。架空层内的空气可以自由流通，宜在屋顶有良好通风的建筑上采用，不宜在寒冷地区采用。采用混凝土板架空隔热层时，屋面坡度不宜大于5%。

架空通风层通常用砖、瓦、混凝土等材料及制品制作，其中最常见的是砖墩架空混凝土板（或大阶砖）通风层。

资源链接

视频
屋面通风隔热

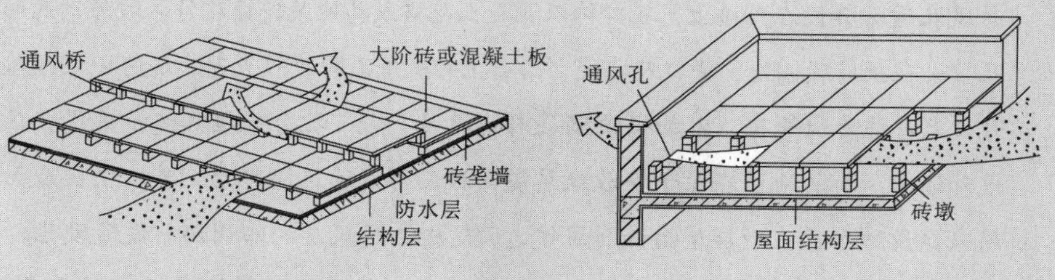

（a）架空隔热层与通风桥　　（b）架空隔热层与女儿墙通风孔

图 3.3.37　屋面通风隔热通风桥与通风孔

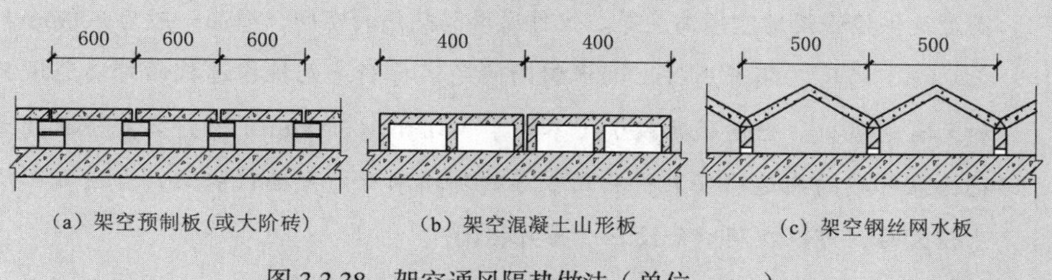

（a）架空预制板(或大阶砖)　　（b）架空混凝土山形板　　（c）架空钢丝网水板

图 3.3.38　架空通风隔热做法（单位：mm）

知识拓展

1. 架空通风层的设计要点

（1）架空层的净空高度应随屋面宽度和坡度的大小而变化：屋面宽度和坡度越大，净空越高，但不宜超过 360mm，否则架空层内的风速将反而变小，影响降温效果。架空层的净空高度一般以 180 ~ 300mm 为宜。屋面宽度大于 10m 时，架空隔热层中部应设置通风屋脊以改善通风效果。

（2）为保证架空层内的空气流通顺畅，其周边应留设一定数量的通风孔，进风口宜设置在当地炎热季节最大频率风向的正压区，出风口设置在负压区，通风孔可开在女儿墙上。如果在女儿墙上开孔有碍于建筑立面造型，也可以在离女儿墙至少 250mm 宽的范围内不铺架空板，让架空板周边开敞，以利空气对流。

（3）隔热板的支承物可以做成砖垄墙式的，也可做成砖墩式的。当架空层的通风口能正对当地夏季主导风向时，采用前者可以提高架空层的通风效果。但当通风孔不能朝向夏季主导风向时，采用砖墩支承架空板方式较好，这种方式与风向无关，但通风效果不如前者。这是因为砖垄墙架空板通风是一种巷道式通风，只要正对主导风向，巷道内就易形成流速很快的对流风，散热效果好，而砖墩架空层内的对流风速要慢得多。

2. 顶棚通风隔热的设计要点

（1）必须设置一定数量的通风孔，使顶棚内的空气能迅速对流。平屋顶的通风孔通常开设在外墙上，孔口饰以混凝土花格或其他装饰性构件。坡屋顶的通风孔常设在挑檐顶棚处、檐口外墙处、山墙上部。屋盖跨度较大时，还可以在屋盖上开设天窗作为出气孔，以加强顶棚层内的通风。进气孔可根据具体情况设在顶棚或外墙上。有的地区在屋盖安放双层屋面板而形成通风隔热层，其中上层屋面板用来铺设防水层，下层屋面板则用作通风顶棚，通风层的四周仍需设通风孔。

（2）顶棚通风层应有足够的净空高度，应根据各因素综合确定所需高度。如通风孔自身的必需高度、屋面梁、屋架等结构的高度、设备管道占用的空间高度及供检修用的空间高度等。仅作通风隔热用的空间，净高一般为 500mm。

（3）通风孔须考虑防止雨水飘雨问题，特别是无挑檐遮挡的外墙通风孔和天窗通风口。当通风孔较小（不大于 300mm×300mm）时，只要将混凝土花格靠外墙的内边缘安装，利用较厚的外墙洞口即可挡住飘雨。当通风孔尺寸较大时，可以在洞口处设百叶窗片挡雨。

3.3.6.2 屋面蓄水隔热

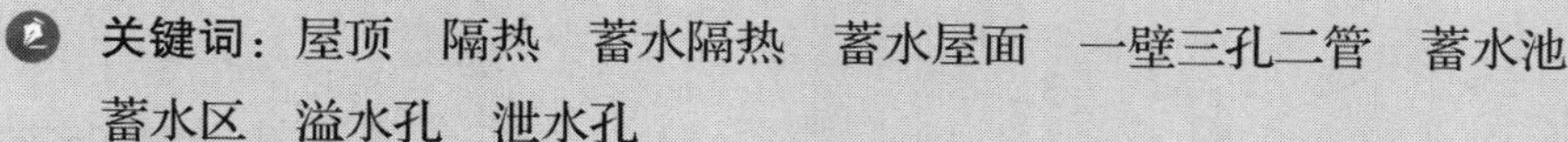

关键词：屋顶 隔热 蓄水隔热 蓄水屋面 一壁三孔二管 蓄水池 蓄水区 溢水孔 泄水孔

知识点描述

蓄水隔热的原理是：在太阳辐射和室外气温的综合作用下，水能吸收大量的热而由液体蒸发为气体，从而将热量散发到空气中，减少了屋盖吸收的热能，起到隔热的作用。水面还能反射阳光，减少阳光辐射对屋面的热作用。水层在冬季还有一定的保温作用。此外，水层长期将防水层淹没，使诸如卷材和嵌缝胶泥之类的防水材料在水层的保护下推迟老化过程，延长使用年限。

蓄水屋面具有既能隔热又可保温，减少防水层的开裂延长其使用寿命等优点。在我国南方地区，蓄水屋面对于建筑的防暑降温和提高屋面的防水质量能起到很好的作用。如果在水层中养殖一些水浮莲之类的水生植物，利用植物吸收阳光进行光合作用和叶片遮蔽阳光的特点，隔热降温效果将会更加理想。蓄水屋面不宜在寒冷地区、地震设防地区和振动较大的建筑物上采用。

蓄水屋面与普通平屋盖防水屋面不同的就是增加了“一壁三孔二管”。所谓一壁是指蓄水池的仓壁，三孔是指溢水孔、泄水孔、过水孔，二管是指给水管和排水管。“一壁三孔二管”概括了蓄水屋面的构造特征。

资源链接

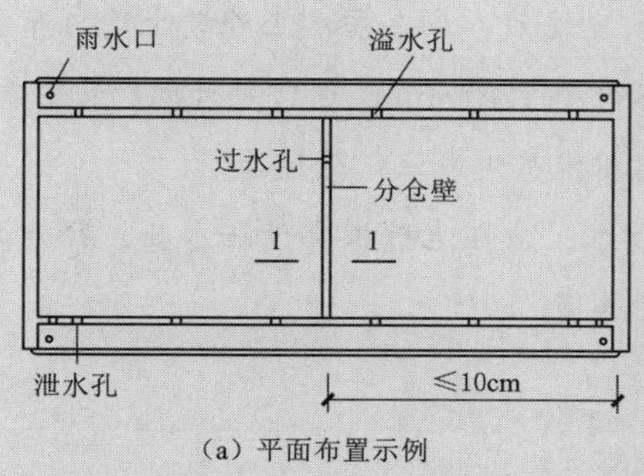

（a）平面布置示例

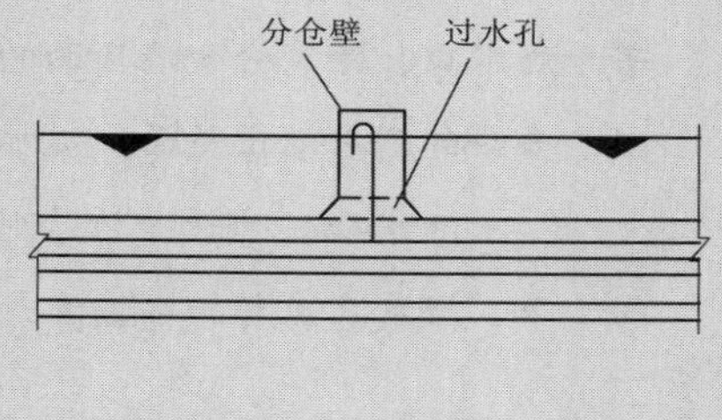

（b）1—1断面图

图 3.3.39 蓄水隔热屋面构造（单位：mm）

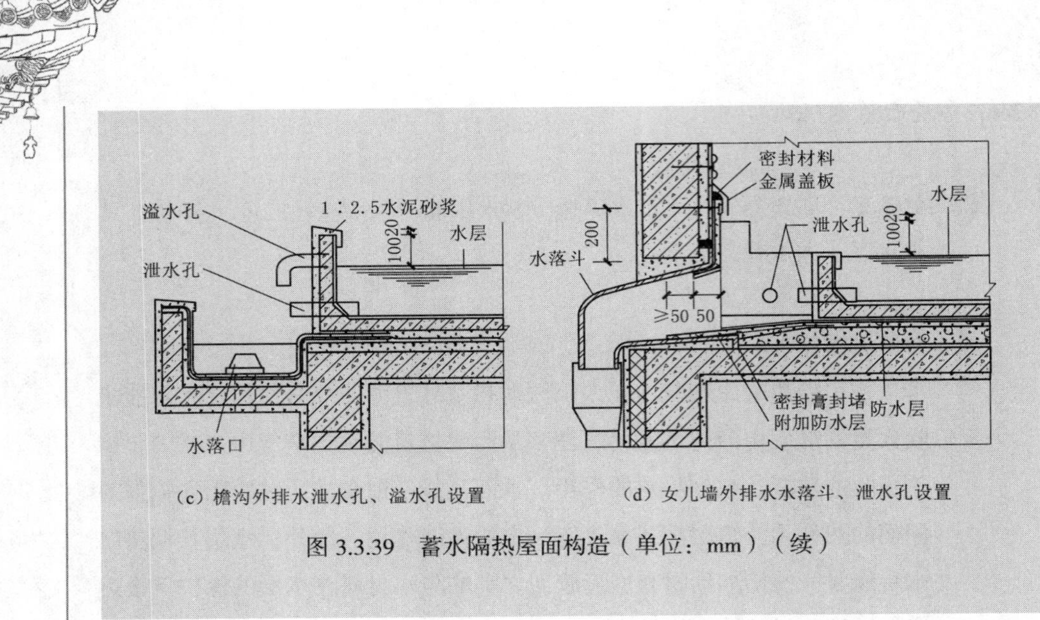

（c）檐沟外排水泄水孔、溢水孔设置　（d）女儿墙外排水水落斗、泄水孔设置

图 3.3.39　蓄水隔热屋面构造（单位：mm）（续）

知识拓展

蓄水屋面的构造设计主要应解决好以下几方面的问题：

（1）蓄水池。应采用强度等级不低于 C25、抗渗等级不低于 P6 的现浇混凝土，蓄水池内宜采用 20mm 厚防水砂浆抹面。蓄水池的蓄水深度宜为 150 ～ 200mm。

（2）蓄水区。为了便于分区检修和避免水层产生过大的风浪，蓄水屋面应划分为若干蓄水区，每区的边长不宜超过 10m。长度超过 40m 的蓄水隔热层应分仓设置，分仓隔墙可采用现浇混凝土或砌体。壁上留过水孔，使各蓄水区的水层连通，但在变形缝的两侧应设计成互不连通的蓄水区。

（3）溢水孔。为避免暴雨时蓄水深度过大，应在蓄水池外壁上均匀布置若干溢水口，距离分仓墙顶面的高度不得小于100mm，通常每开间约设1个，以使多余的雨水溢出屋面。溢水孔应与排水檐沟或水落管连通。

（4）泄水孔。为便于检修时排除蓄水，应在池壁根部设泄水孔，每开间约 1 个。泄水孔应与排水檐沟或水落管连通。

3.3.6.3 屋面种植隔热

关键词：屋顶　隔热　种植屋面　种植隔热

知识点描述

屋顶种植不但能美化环境，改善城市“热岛效应”，减少雨水排放，还能显著减少建筑能耗，是一种生态的隔热措施。种植隔热的原理是：在屋顶上种植植物，主要的太阳辐射能量由植物和土层蒸发蒸腾消耗，另一部分植物进行光合作用转化，只有一小部分热量进入建筑内部和扩散到大气，以此来达到降温隔热的目的。

种植屋面在降温隔热的效果方面优于所有其他隔热屋面，而且在净化空气、美化环境、改善城市生态、提高建筑综合利用效益等方面都具有极为重要的作用，是一种值得大力推广应用的屋面形式。

根据植物类型和景观特点可分为粗放型屋顶绿化、精细型屋顶绿化和半精细屋顶绿化。粗放型屋顶绿化土层一般不超过10cm，选择耐旱、耐瘠的植物，多为景天科植物，除极端气候外不需要灌溉，管理粗放，但景观性较差，因荷载小也称为轻型屋顶绿化。精细型屋顶绿化即常说的屋顶花园，种植基质较深，植物高低搭配，空间丰富，景观效果好，常结合屋顶休闲空间来设置。缺点是荷载大，对管理提出较高要求。半精细屋顶绿化介于这两者之间。

根据种植床实现方式来分可分为覆土型和容器型屋顶绿化，覆土型是最常见到的，施工时各构造层次现场铺装。容器型屋顶绿化是将排水层、蓄水层、基质、植物整合成一个标准容器，便于移动，只需现场安放容器，可以实现屋顶的“一夜变绿”，成坪快，无污染，便于工业化大规模生产。但植物类型较单一，往往用来做粗放型屋顶绿化。

资源链接

图 3.3.40　上海绿地缤纷城种植屋面

知识拓展

1. 一般覆土种植隔热屋面

一般种植隔热屋面的构造层次为：防水层、保护层、隔根层、排（蓄）水层、滤水层、种植介质层、植物层。构造要点为：

（1）要选择适宜的种植介质。为了不过多地增加屋面荷载，宜尽量选用轻质材料作栽培介质，常用的有谷壳、蛭石、陶粒、泥炭等，即所谓的无土栽培介质。近年来，还有以聚苯乙烯、尿甲醛、聚甲基甲酸酯等合成材料泡沫或岩棉、聚丙烯腈絮状纤维等作栽培介质的，其质量更轻，耐久性和保

知识拓展

水性更好。为了降低成本，也可以在发酵后的锯末中掺入约 30% 体积比的腐殖土作栽培介质，但密度较大，需对屋面板进行结构验算，且容易污染环境。

栽培介质的厚度应满足屋盖所栽种的植物正常生长的需要，一般不宜超过 300mm。

（2）隔根层一般有合金、橡胶、PE（聚乙烯）和 HDPE（高密度聚乙烯）等材料类型，用于防止植物根系穿透防水层。隔根层铺设在排（蓄）水层下，搭接宽度不小于 100cm，并向建筑侧墙面上延伸 15 ~ 20cm。

（3）种植层的滤水。种植介质颗粒较小，容易随水流走，保土滤水很重要。现一般采用能透水的 200 ~ 400g/m^2 的土工布，用于阻止基质进入排水层。滤水层铺设在基质层下，搭接缝的有效宽度应达到 10 ~ 20cm，并向建筑侧墙面延伸至基质表层上方 5cm 处。

（4）种植床的做法。种植床又称苗床，可用砖或加气混凝土来砌筑床埂。床埂最好砌在下部的承重结构上，内外用 1∶3 水泥砂浆抹面，高度宜大于种植层 60mm 左右。每个种植床应在其床埂的根部设不少于两个的泄水孔，以防种植床内积水过多造成植物烂根。

（5）种植屋面的排水和给水。排（蓄）水层主要起排水作用，蓄排水板也兼蓄水作用。通过排水孔，将多余的水排到屋顶上，储存的水可以通过水气毛细作用保持种植介质湿度，有助植物生长。在荷载满足时，排水层也可用陶粒或卵石。一般种植屋面应有 1% ~ 3% 的排水坡度，以便及时排除积水。通常在靠屋面低侧的种植床与女儿墙间留出 300 ~ 400mm 的距离，利用所形成的天沟组织排水。如采用含泥沙的栽培介质，屋面排水口处宜设挡水槛，以便沉积水中的泥沙，这种情况要求合理地设计屋面各部位的标高。

种植层的厚度一般都不大，为了防止久晴天气苗床内干涸，宜在每一种植分区内设给水阀一个，以供人工浇水之用。

（6）种植屋面的防水层。种植屋面可以采用一道或多道（复合）防水设防，要特别注意防水层的防蚀处理。防水层上的裂缝可用一布四涂盖缝，分隔缝的嵌缝油膏应选用耐腐蚀性能好的，不宜种植根系发达、对防水层有较强侵蚀作用的植物，如松树、柏树、榕树等。

知识拓展

（7）安全防护问题。种植屋面是一种上人屋面，需要经常进行人工管理，如浇水、施肥、栽种，因而屋盖四周应设女儿墙等作为护栏以利安全。护栏的净保护高度应满足相关规范对栏杆要求。如屋盖栽有较高大的树木或设有藤架等设施，还应采取适当的支撑固定措施，以免被风刮倒伤人。种植隔热层屋面坡度大于 20% 时，应对蓄排水层和种植土采取防滑措施。

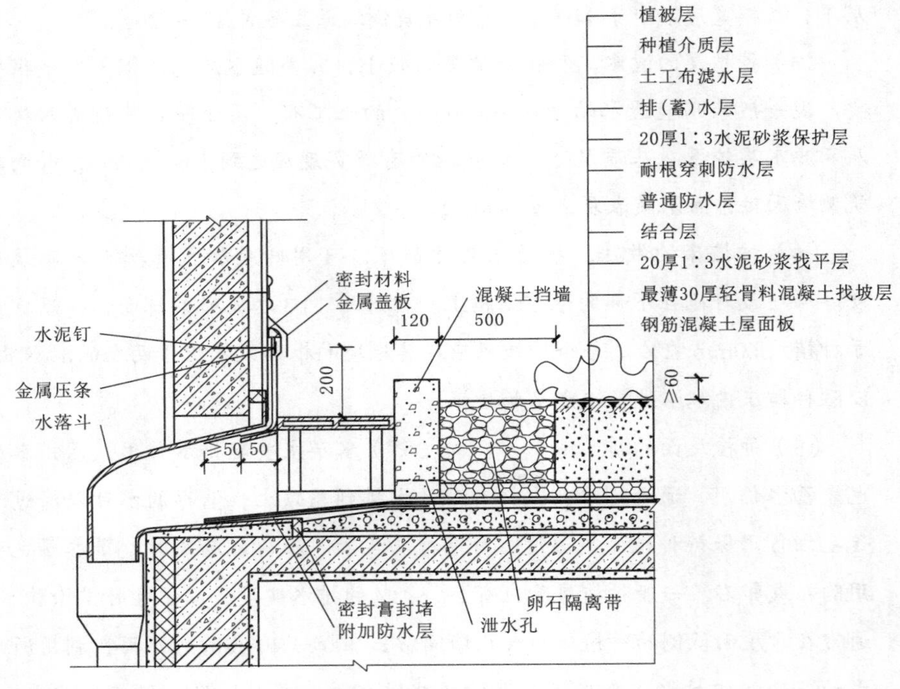

图 3.3.41　一般覆土种植隔热屋面构造（单位：mm）

2. 蓄水种植隔热屋面

蓄水种植隔热屋面是将一般种植屋面与蓄水屋面结合起来，进一步完善其构造后所形成的一种隔热屋面。

蓄水种植屋面与一般覆土种植屋面主要的区别是增加了一个连通整个屋面的蓄水层，从而弥补了一般种植屋面隔热不完整、对人工补水依赖较多等缺点，又兼具有蓄水屋面和一般种植屋面的优点，隔热效果更佳，但粗骨料蓄水层荷载较大，不适合旧建筑屋顶改造使用。

知识拓展

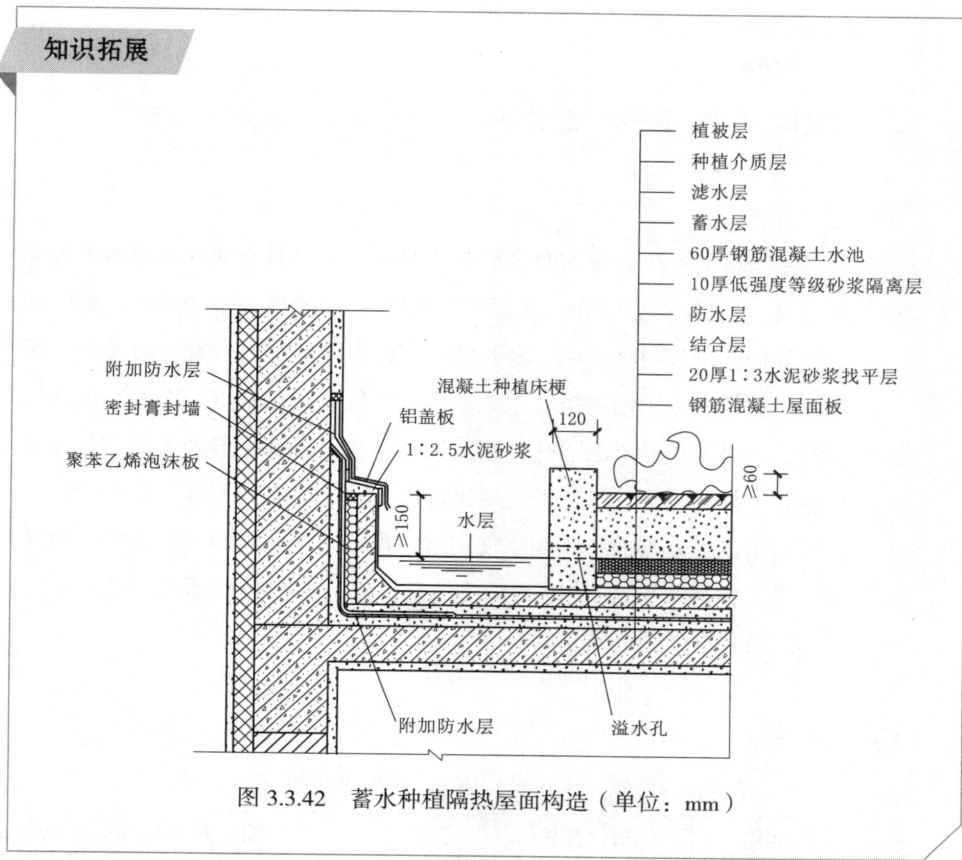

图 3.3.42　蓄水种植隔热屋面构造（单位：mm）

思政小课堂

根据2016年中共中央、国务院印发的《关于进一步加强城市规划建设管理工作的若干意见》的要求，应该恢复城市自然生态，鼓励发展屋顶绿化、立体绿化，进一步提高城市人均公园绿地面积和城市建成区绿地率，改变城市建设中过分追求高强度开发、高密度建设、大面积硬化的状况，让城市更自然、更生态、更有特色。可以通过创新城市绿化的形式，探寻屋顶绿化的构建途径。让城市更加自然、更加生态、更加富有特色，为居民创造一个宜居、宜业、宜游的优质生活环境，实现人与自然的和谐共生。

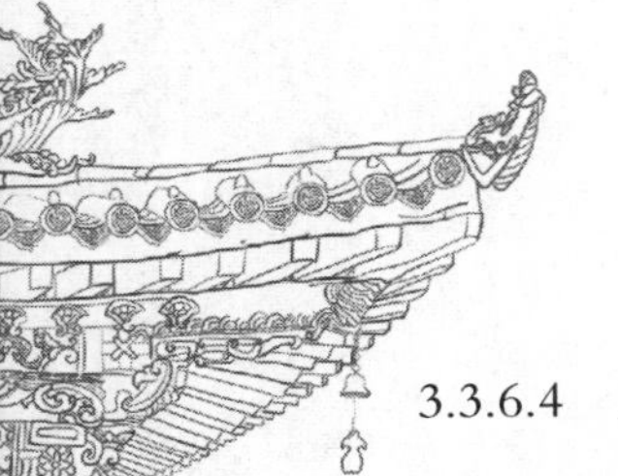

3.3.6.4 屋面反射降温隔热

关键词：屋顶 隔热 反射隔热 浅色外饰面 隔热反射涂料

知识点描述

屋面在接受太阳辐射时，部分热量被反射，剩余部分被材料吸收导致升温。选择浅色外饰面，以及应用隔热反射涂料、平滑的浅色粉刷和瓷砖等低太阳辐射吸收率、高长波辐射发射率的材料，能有效减少热量吸收。材料的太阳辐射吸收系数取决于其颜色和粗糙度，合理利用这一特性，可显著提升降温隔热效果。例如，浅色砾石、混凝土或白色涂料均能有效降温隔热。我国《民用建筑热工设计规范》（GB 50176—2016）推荐采用浅色外饰面，和在空气间层中设置热反射材料层（如热反射涂料、膜、铝箔等）。铝箔因其极高的反射率，在吊顶棚通风隔热层中应用，能显著增强隔热效果。

资源链接

表 3.3.7 常用围护结构表面太阳辐射吸收系数 ρ_s 值

面层类型	表面性质	表面颜色	太阳辐射吸收系数 ρ_s 值
抛光铝反射体片	—	浅色	0.12
红褐陶瓦屋面	旧	红褐	0.65 ~ 0.74
灰瓦屋面	旧	浅灰	0.52
水泥屋面	旧	素灰	0.74
水泥瓦屋面	—	深灰	0.69
石棉水泥瓦屋面	—	浅灰色	0.75
绿豆砂保护屋面	—	浅黑色	0.65
白石子屋面	粗糙	灰白色	0.62
浅色油毡屋面	不光滑、新	浅黑色	0.72
黑色油毡屋面	不光滑、新	深黑色	0.86
棕色、绿色喷泉漆	光亮	中棕、中绿色	0.79
红涂料、油漆	光平	大红	0.74
浅色涂料	光亮	浅黄、浅红	0.50

表格来源：《民用建筑热工设计规范》（GB 50176—2016）。

知识拓展

房顶屋面铝基反射隔热降温涂料： 铝基反射隔热降温涂料就是反射隔热涂料，具有装饰和隔热的双重功能，属于功能性涂料，在房顶屋面涂装之后，能显著降低暴露于太阳热辐射下的物体的表面温度，使用范围已经扩展到石油化工行业、粮食储备行业等。

3.4 地基与基础

3.4.1 概述

基础体系包括地基和基础。基础是建筑物的重要组成部分，位于建筑物底部并与土体直接接触，负责承担建筑物上部传递下来的全部荷载，然后连同自身重量再传递给地基。地基位于建筑物基础底面以下，是承担由基础传递下来荷载的土层，它不属于建筑物的组成部分。

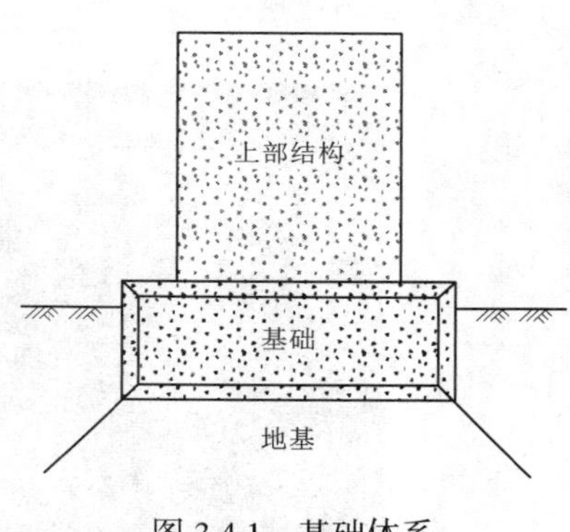

图 3.4.1 基础体系

视频
地基基础

3.4.2 地基

地基是支撑基础的土体或岩体，建筑结构最终都通过基础将荷载传至地基。建筑物和地面的接触面决定了荷载从建筑到基础的传递方式以及与地形的分界面。在最简单的情况下，建筑的基础是由地面上的建筑与地面的构造关系所决定的，但是一旦基础区域的地层由于地形或地质原因显示出建筑难点的话，就必须要对这些情况作出调整。持力层地基承受的荷载会随土体深度加深而慢慢减小，到一定深度后，土体承受的荷载可忽略不计，该深度以下的土体称为下卧层。

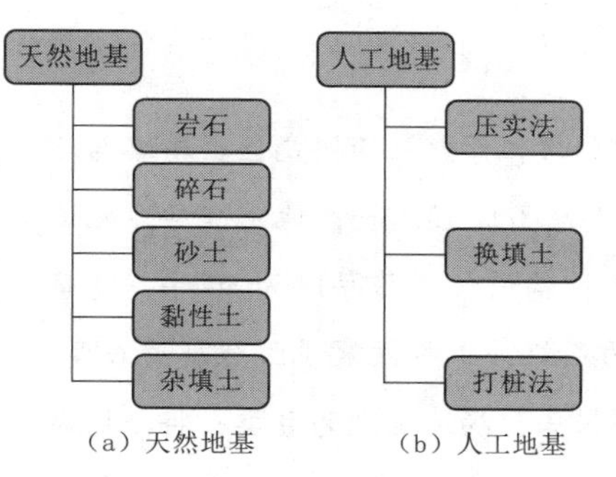

图 3.4.2 地基分类

针对上部荷载和土层性质的不同，需要对地基进行不同程度的处理。地基可分为天然地基和人工地基两大类。

拓展
地基

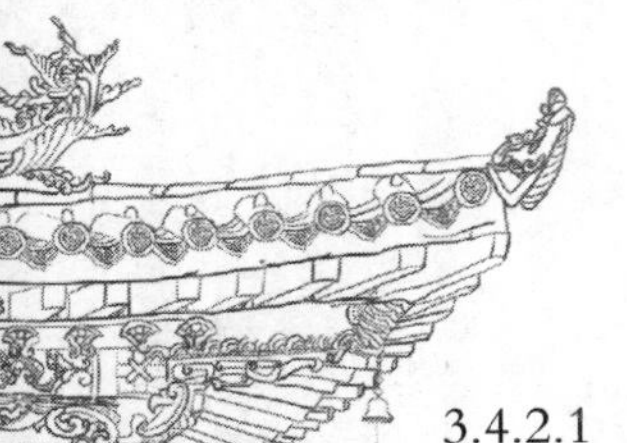

3.4.2.1 基坑支护

关键词：地下工程　土方开挖　施工措施

知识点描述

基坑支护结构是地下工程建造时，为确保土方开挖、控制周边环境影响在允许范围内的一种施工措施。大多数基坑支护结构是施工过程中的一种临时性结构，地下工程施工完成后失去作用。另外，也有基坑支护结构在建筑物建成后作为建筑构件继续使用。

资源链接

图 3.4.3　基坑支护施工现场

知识拓展

湖北省妇幼保健院街道口院区应急发热门诊位于武汉市洪山区武珞路与珞狮路交汇处西北角，总建筑面积 4550m^2，建筑高度 21.15m，地上 5 层，无地下室。1 ~ 5 层层高均为 4.2m。该工程主体结构设计工作年限为 50 年，建筑结构安全等级为一级，地基基础设计等级为乙级，工程抗震设防烈度为 6 度，设计地震分组为第一组。根据工程地质勘察报告，场地类别为Ⅱ类，特征周期为 0.35s。工程抗震设防类别为重点设防类（乙类），根据相关规范和政府相关

知识拓展

发文，按高于抗震设防烈度一度（7 度）确定其抗震措施及地震作用。结构形式为框架结构，框架抗震等级为三级。±0.000 标高相当于绝对标高 28.15m。

考虑到施工场地受限及工期紧张等因素，最终确定以粉质黏土层作为持力层，采用柱下独立基础，局部持力层层顶埋深比较深的地方有条件放坡时，采用放坡挂网喷锚方案；无法放坡的地方就采用钢板桩支护方案。施工单位通过最大限度压缩北侧办公场地，又拆除两间办公活动板房，增加了 6m 宽的施工作业面，故北侧和南侧均考虑采用放坡挂网喷锚的方案进行处理。东侧是院方行车道路出入口，无法进行放坡，故采用钢板桩支护方案。

3.4.2.2　天然地基

关键词：承载力　岩石　砂土　碎石土

知识点描述

天然土层包含碎石土、砂土、黏土、杂填土和岩石等，当天然土层具有足够的承载能力时，可直接在上面建造房屋的天然土层称为天然地基。

资源链接

图 3.4.4　天然砂土地基

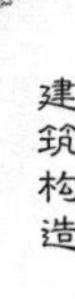

建筑构造

资源链接

图 3.4.5　天然砂石地基

知识拓展

江苏省启东市工商银行综合楼总建筑面积 12250m^2，主楼采用框剪结构，地上 16 层，地下 2 层，地面以上总高度 57.8m。该工程地址为长江三角洲相沉积，地形平坦，土层厚度均匀，地表以下 16.5m 以砂土为主，16.5 ～ 60m 以软黏土为主。该工程采用天然地基＋箱型基础。实践表明，采用天然地基，只要设计措施得当，沉降偏差大的问题是可以避免的。另外，实践还表明，主要沉降仍然发生在上部土层中，下部深厚软黏土层的沉降影响不大。

山东青岛某工程项目总建筑面积约 6.9 万 m^2，包括地上面积 4.5 万 m^2，地下室面积 2.4 万 m^2。主体结构分为主楼及其裙房部分，主楼地上 21 层，地下 1 层，采用钢筋混凝土框架－核心筒结构；裙房地上 2 层、部分 3 层和地下 1 层，采用钢筋混凝土框架结构。其中地下室层高 5.9m，其余楼层层高 4.5m。基础形式为天然地基＋筏板，采用 C35 混凝土。主楼筏板厚度为 1.3m，裙房筏板厚度为 0.5m。

3.4.2.3 人工地基

关键词：承载力　压实　换填　打桩

知识点描述

当天然地基承载力或变形不能满足建筑物要求时，需要进行地基处理加固，形成人工地基。地基加固是通过采用压实、置换或打桩的方法来提高土层的承载力。压实法是用重锤或压路机将较弱的土层夯实或压实，挤出土颗粒中的空气，提高土的密实度以增加土层的承载力，可分为强夯压实、振动压实和机械压实。换土法是当地基土的局部或全部为软弱土时且不宜采用压实法加固时（如淤泥、沼泽、杂填土、洞等），可将局部或全部软弱土清除，换成好土，如粗砂、中砂、砂石料、灰土等。打桩法是在软弱土层中置入桩身，将建筑物建造在桩上，所以也称为桩基础。

资源链接

图 3.4.6　人工地基

图 3.4.7　桩基础

知识拓展

某办公楼建于2014年，为单层框架结构，布置形式为中间走廊、两边办公室的常见形式，走廊宽2.2m；两边办公室进深7.2m，开间均为3.9m，层高3.6m；中间设置进出门厅，开间为5.4m。办公楼平面呈矩形，总长36.6m，总宽16.6m，总建筑面积约600m^2。建筑抗震设防为乙类，抗震设防烈度为7度（0.15g，第二组），场地类型为Ⅲ级，框架抗震等级为三级，结构的设计使用年限为50年，结构的安全等级为二级；地基采用1.5m厚的3∶7灰土换填垫层法进行处理，基础形式为独立柱基，埋深为2.4m。

3.4.3 基础

基础是建筑物埋在地面以下的承重构件，是建筑物的重要组成部分。它承受上部建筑物传递下来的全部荷载，并将这些荷载连同自重传给下面的土层。基础承担的主要荷载是上部结构在竖直方向上产生的由恒荷载和活荷载形成的组合荷载。另外，基础还具有固定上部结构的作用，使建筑能够抵抗风力作用等水平荷载引起的滑移、倾覆和上浮，能够承受地震作用引起的地面运动，以及能够抵抗土体和地下水在基础墙上的压力。

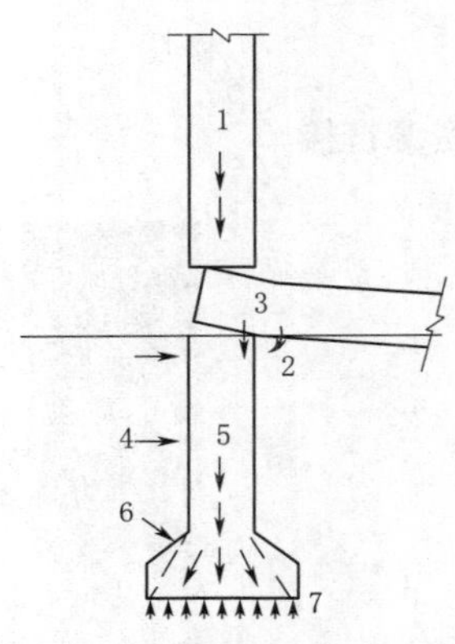

图3.4.8　荷载传递示意图

1—基础上部荷载；2—楼板传来的弯矩；3—楼板传来的竖向荷载；4—侧向土压力和静水压力；5—基础自重；6—其他附加荷载；7—基础底部反力

3.4.3.1　影响基础埋深的因素

关键词：建筑物自身特点　土质　地下水位线　冰冻线　相邻基础

知识点描述

由室外设计地面到基础底面的距离，称为基础的埋置深度，简称基础埋深。影响基础埋深的因素主要有以下 5 个方面。

1. 建筑物自身特点

建筑物的功能，有无地下室、设备基础和地下设备，基础形式和构造等都会影响到基础埋深。抗震设防区的高层建筑的筏板基础、箱型基础的埋深不宜小于建筑高度的 1/15，桩箱基础或桩筏基础的埋深（不计桩长）不宜小于建筑高度的 1/18。

2. 土层特点

基础应建造在坚实的土层上，以保证上部结构的安全。如果地基土层为均匀的好土，则尽量浅埋。如果地基土层不均匀，既有好土又有软土时，若软土在上，好土在下，且软土厚度较小（小于 2m），土方开挖量不大，可将软土挖去，将基础放置在好土层上；若软土太深（超过 2m），可对软土进行地基加固处理，或采用桩基础，具体方案应在做技术经济比较后确定。

3. 地下水位

基础埋深一般在地下水位以上。当地下水位较高时，基础埋深在最低地下水位以下 200mm。

4. 冻结深度

地面以下，冻结土与不冻结土的分界线称为冰冻线。冰冻线的深度称为冻结深度。基础底面应置于冰冻线以下，以减少土体冻融循环对基础带来的不利影响。

5. 相邻基础埋深

一般情况下，新基础应尽量浅于原有基础。

当新基础深于原有基础时，两基础间应保持一定的距离 L，或者对原有基础进行保护处理。

拓展
基础

资源链接

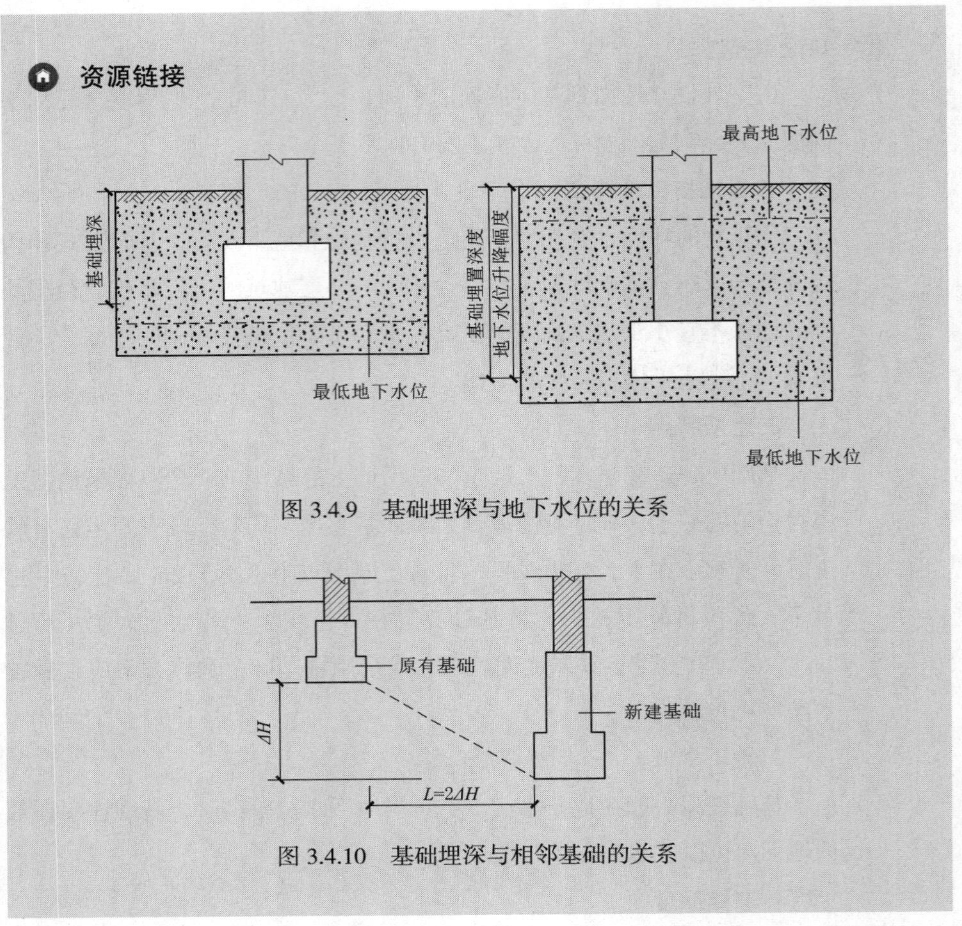

图 3.4.9　基础埋深与地下水位的关系

图 3.4.10　基础埋深与相邻基础的关系

知识拓展

在其他条件允许的情况下，尽量考虑将地基置于地下水位以上，以免施工时动水力引起流沙或导致基坑塌滑；否则，应考虑施工时的基坑排水、坑壁围护以及保护地基土不受扰动等措施。当遇到承压水时，应当检算基坑的稳定性。

位于冻胀区的土受温度影响较大，将受到冻胀力的影响。冻胀是指冬季气温下降，地面下一定深度内土中的温度达到冰冻温度时，土中孔隙水开始冻结，体积增大，使土体产生一定的隆胀现象。冻融则是指冻土融化时，土层局部过分潮湿，致使土的承载力降低，发生沉陷现象。冻胀和冻融都会引

知识拓展

起建筑物的不均匀沉降，从而造成建筑物的开裂损坏。所以说，除了非冻胀区，为了保证结构物不受地基土季节性冻胀的影响，基础底面应埋置在天然最大冻结线以下一定深度。

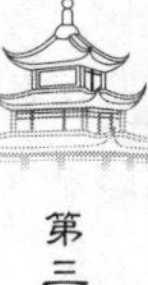

3.4.3.2 基础分类——按基础埋深分类

关键词：浅基础　深基础

知识点描述

基础埋置深度不大于 5m 者称为浅基础，如独立基础、条形基础和筏板基础等。

基础埋深度大于 5m 者为深基础，如桩基础、沉箱基础、沉井基础和地下连续墙等。

除岩石地基外，基础埋深不宜小于 0.5m。

资源链接

视频
桩基础

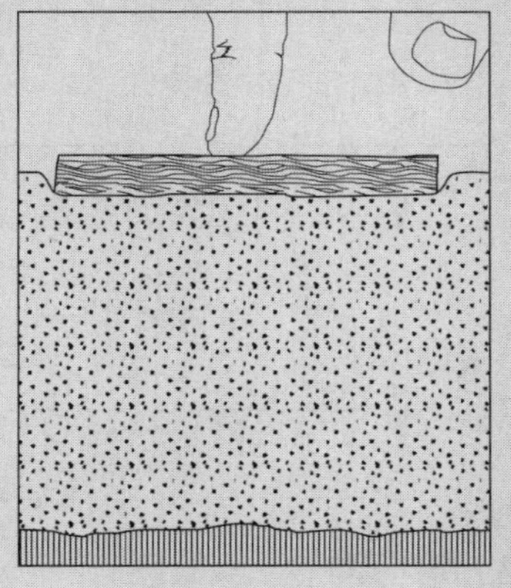

（a）浅基础

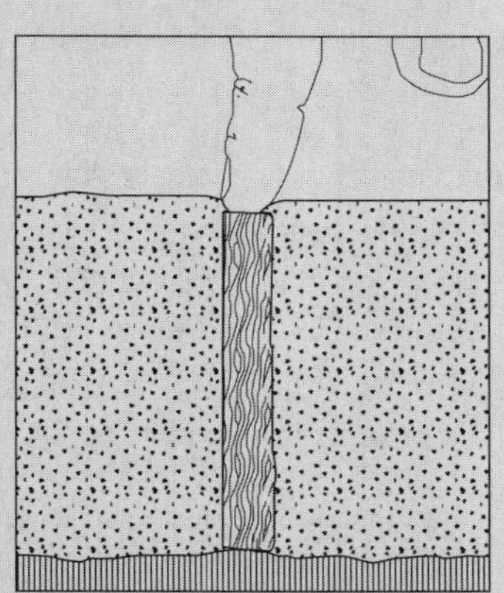

（b）深基础

图 3.4.11　浅基础与深基础示意图

知识拓展

某工程位于北京市建设部大院小区西北角，在原楼拆除后建两栋高层多功能住宅楼及连接两栋住宅楼之间的商店。其建筑面积27764.34m^2，总高度60.166m（±0.000相当于绝对标高52.900m）。该工程两栋高层采用箱型基础，上部采用现浇剪力墙结构，两栋高层中间为一个多层框架结构，框架结构采用刚性条型基础。两栋高层与框架之间设置防震缝。

3.4.3.3 基础分类——按基础刚度分类

关键词：柔性基础　刚性基础

知识点描述

由砖石、毛石、素混凝土等刚性材料建造的基础，称为刚性基础。这种基础的抗压强度高而抗弯强度低。

采用钢筋混凝土建造的基础，称为柔性基础。这种基础在破坏前具有一定的变形能力。

资源链接

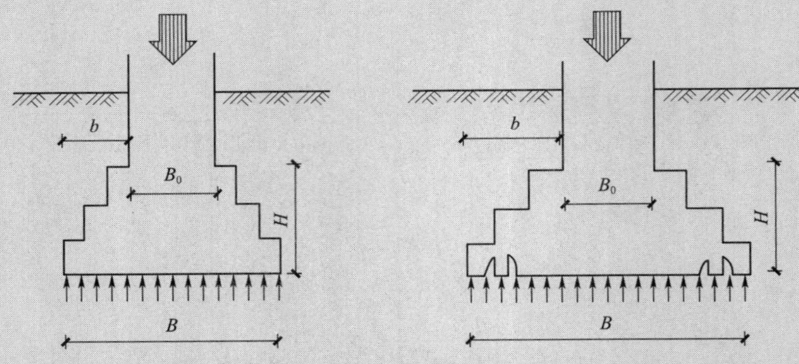

图3.4.12　刚性基础

B—基础宽度；B_0—墙体或柱宽；b—墙或柱边缘与基础边缘的距离；H—基础的高度

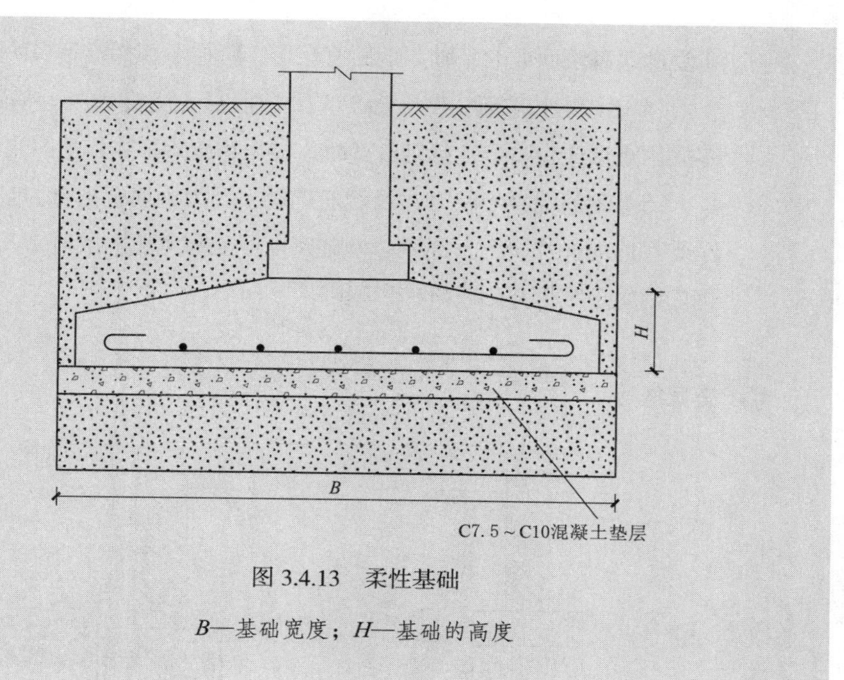

图 3.4.13 柔性基础

B—基础宽度；H—基础的高度

视频
柔性基础

知识拓展

相同条件下，采用钢筋混凝土基础，比素混凝土基础可节省大量的混凝土材料和挖土工程量。

3.4.3.4 常用基础类型——材料不同

关键词：砖基础 毛石基础 条石基础 混凝土基础 钢筋混凝土基础

知识点描述

（1）砖基础：砖砌条形基础由垫层、砖砌大放脚、基础墙组成。

（2）毛石基础：用不规则的毛石砌成，主要用于荷载不大的低层建筑，现已很少使用。

（3）条石基础：用人工加工的条形石块，用 M2.5 水泥砂浆或 M5

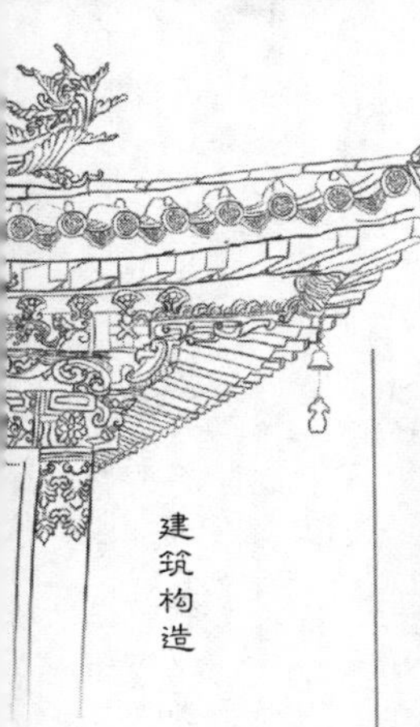

水泥砂浆砌筑而成的基础，剖面有矩形、阶梯形和梯形等多种形式。

（4）混凝土基础：用不低于 C10 的混凝土浇捣而成。基础较小时，多采用矩形或台阶形；基础较宽时，多采用台阶形或梯形。

（5）钢筋混凝土基础：因钢筋混凝土受力钢筋抗拉能力较强，基础承受弯曲的能力较大，因此，基础宽度不受高宽比的限制。一般可做成钢筋混凝土锥形基础或阶梯形基础。

视频
钢筋混凝土
独立基础

资源链接

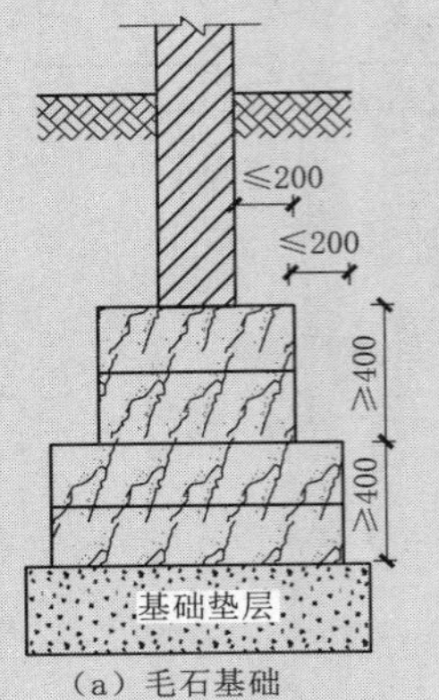

（a）毛石基础

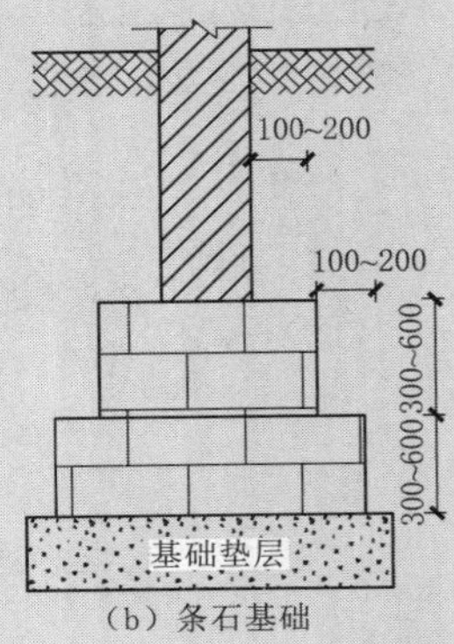

（b）条石基础

图 3.4.14　条形基础

知识拓展

影响基础选型的因素很多，主要有建筑物性质及荷重、场地工程地质条件、水文地质条件、建筑物的基础埋深、邻近建筑基础类型的选取及施工条件限制等。在工程实践中应根据不同的工程特点进行基础选型，但应在确保建筑物安全使用的前提下本着方便施工和节省投资的原则选择经济合理的基础类型。

经济比较（造价由低到高）：天然基础—独立基础—条形基础—桩基础—筏形基础—箱形基础。

3.4.3.5 常用基础类型——形状不同

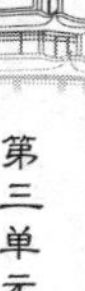

关键词：条形基础 独立基础 筏形基础 箱形基础 桩基础 壳体基础

知识点描述

（1）条形基础：基础为连续的长条形状时称为条形基础。条形基础一般用于墙下，也可以用于柱下。

（2）独立基础：当建筑物上部采用框架结构或单层排架结构承重，且柱距较大时，基础常采用方形或矩形的单独基础，这种基础称之为独立基础。

（3）筏形基础：当上部荷载较大、地基承载力较低、条形基础的底面积占建筑物平面面积较大比例时，可考虑选用整片的筏板来承受建筑物的荷载并传给地基，这种基础形似筏子，称之为筏形基础。

视频
常用基础类型

（4）箱形基础：当建筑物很大，或浅层地质情况较差，基础需埋深时，为增加建筑物的整体刚度，不致因地基的局部变形影响上部结构时，常采用钢筋混凝土将基础四周的墙、顶板、底板整浇成刚度很大的盒状基础，称之为箱形基础。

（5）桩基础：当建筑物荷载较大，地基的软弱土层厚度在 5m 以上，基础不能埋在软弱土层内，或对软弱土层进行人工处理困难和不经济时，常采用桩基础。桩基础的种类很多，最常采用的是钢筋混凝土桩。按桩的受力特点不同，可分为端承桩与摩擦桩。摩擦桩的承载力主要由桩身与桩周土体之间的摩擦力提供，端承型桩的桩顶竖向荷载主要由桩端阻力承受。按施工方法分为预制桩和灌注桩。灌注桩有施工时无振动、无挤土、噪声小和宜于在城市建筑物密集地区使用等优点，在施工中得到较为广泛的应用。灌注桩按其成孔方法不同，可分为钻孔灌注桩、沉管灌注桩、人工挖孔灌注桩、爆扩灌注桩等。

（6）壳体基础：由正圆锥形及其组合形式构成的壳体基础，可用于一般工业与民用建筑的柱基和筒形的构筑物基础（如烟囱，水塔，料仓，中小型高炉等）。这种基础使径向内力转变为压应力为主，据报道，可比一般梁、板式的钢筋混凝土基础减少混凝土用量 50% 左右，节约钢筋 30% 以上，具有良好的经济效果。但壳体基础施工时技术难度大，易受气候因素的影响，布置钢筋及浇捣混凝土施工困难，较难实行机械化施工。

资源链接

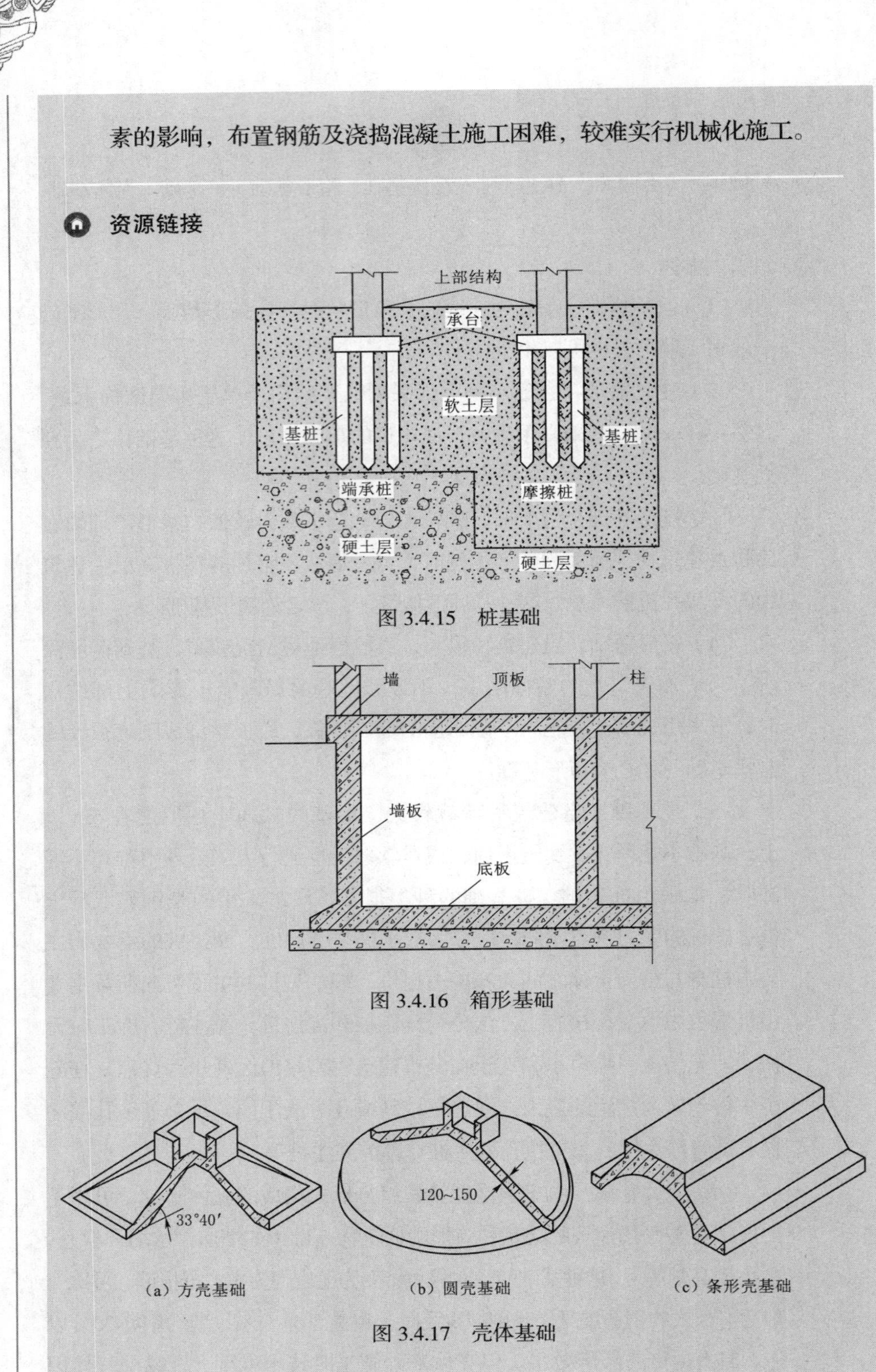

图 3.4.15　桩基础

图 3.4.16　箱形基础

（a）方壳基础　（b）圆壳基础　（c）条形壳基础

图 3.4.17　壳体基础

知识拓展

上海金茂大厦位于上海市浦东新区陆家嘴隧道出口处南侧，占地2.3万m^2，建筑总面积29万m^2，地下3层，地上88层，塔尖标高420m。地下三层面积约6万m^2，基坑开挖面积近2万m^2，开挖深度主楼为19.65m，裙房为15.1m。主楼下有429根直径914mm的钢管桩，桩长65m。裙房下有632根钢管桩，桩长33m。

中央电视台总部大楼位于北京市朝阳区东三环中路32号，该工程建筑用地面积17800m^2，总建筑面积56.6万m^2，高度234m。基坑开挖深度12～22m。支护形式为土钉墙、土钉墙＋灌注桩、土钉墙＋灌注桩＋锚杆等综合支护形式，土钉直径120mm，水平间距1.5m，竖向间距1.5m，灌注桩采用直径800mm、600mm的钢筋混凝土灌注桩，桩长4.6～19.7m，嵌固深度2.5～4.0m，桩间距1.2～1.6m，灌注桩数量280余根。锚杆长度13～29m，间距1.6m。

台北101大楼坐落于台湾省台北市信义区，占地面积达3万余m^2，建筑面积约37.4万m^2。主体建筑的塔楼部分高508m，共101层。对于超高层建筑来说，由于其在单位面积上会产生较一般高度建筑更大的荷载，地基的重要性就显得尤为重要，尤其是台北101大厦地处台北断层附近，虽然经确认为非活动断层，不会对基础工程造成额外的影响，但场地地质条件复杂，不仅地下水水位较高，易对筏基产生浮力影响，而且从地表向下有30余m深的软弱黏土层，这些因素都使基础设计面临不小的挑战。台北101大厦使用的是桩筏基础。上部结构直接作用在整体浇筑到一起的混凝土基础底板之上，这样能够使高度较低的裙房与高度较高的塔楼在竖直方向产生协调一致的位移，控制不均匀沉降现象的发生。由于软土层无法有效承重，设计师又设置了151根钻孔灌注桩，利用不同排列密度的桩体，将所有荷载传递到软土层下面的持力层上。

同济大学图书馆是一座2栋7层的塔筒结构，总高50m。塔筒外包尺寸为8.5m×8.5m，主楼总建筑面积为9 130m^2。上部结构总静荷载为240MN。两塔楼建在一个桩箱基础上，箱形基础的平面尺寸为20m×52m、高为9.4m，两层地下室，埋深为8.9m，箱形基础底板厚600mm，桩长24m，桩径0.9m。

3.4.4 地下室

多层和高层建筑物需要较深的基础，为利用这一高度，可在建筑物底层下建造地下室，既可增加使用面积，又可省去回填土。地下室与基础体系共同位于基坑内。

3.4.4.1 地下室按功能分类

关键词：普通地下室　人防地下室

知识点描述

地下室按功能可分为普通地下室和人防地下室。普通的地下空间一般按地下楼层进行设计。有人防要求的地下空间，应妥善解决紧急状态下的人员隐蔽与疏散，应有保证人身安全的技术措施。

资源链接

拓展
地下室

图 3.4.18　普通地下室

图 3.4.19　人防地下室

知识拓展

某住宅楼项目位于四川省成都市郊区，所在区域的抗震设防烈度是 8 度，地震作用加速度为 0.25*g*，地震影响系数为 0.45，可能造成轻微或中等的破坏，设计地震分组确定为第一组，按标准设防设计。建筑的安全等级设定为二级，建设框架的抗震等级设定为四级，项目建设场地为Ⅱ类。该项目的地下室为单层，用于停车，地下室面积约为 $90m^2$，地下室结构层高为 2.6m。室外地面与地下室间需设置消防通道，并预留植物种植区域。项目地下室以板柱抗震墙为主要结构，基础使用反柱帽。

3.4.4.2　地下室按所处深度分类

关键词：半地下室　全地下室

知识点描述

地下室按所处深度，可分为半地下室和全地下室。半地下室是指地下室地面低于室外地坪面高度超过该房间净高 1/3，且不超过 1/2 者。全地下室是指地下室地面低于室外地坪面的高度超过该房间净高 1/2 者。

资源链接

图 3.4.20　全地下室

图 3.4.21　半地下室

知识拓展

采光是地下室需要解决的一个问题，地下室在地面以下，没办法通过门、窗户来采光，所以应选用亮度比较高的灯具。另外，可以通过布置玻璃等物品来进行光线折射，这样就可以增加地下室的光线。

地下室的通风不像地上房间靠窗户进行空气自然流通，形成通风，地下室必须依靠通风设备将相同风量的室外新鲜空气送入室内。地下室装修时，要注意一定要有换气设备，要安装排气扇，要经常通风。添置一些富有生机的绿色植物，能大大改善地下室的空气质量。

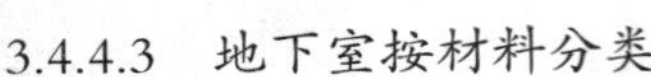

3.4.4.3 地下室按材料分类

关键词：砖墙结构　钢筋混凝土结构

知识点描述

地下室按材料可分为砖墙结构地下室和钢筋混凝土结构地下室。当上部荷载不大且地下水水位较低时，可采用砖墙结构的地下室；当地下水水位较高且上部荷载很大时，常采用钢筋混凝土墙结构的地下室。

资源链接

图 3.4.22　幼儿园砖墙地下室

图 3.4.23　钢筋混凝土地下室

知识拓展

广西南宁龙光世纪大厦项目位于广西壮族自治区南宁市凤岭片区的东盟商务区，地块面积约为 22669m²。该项目属于综合性商业建筑项目，包括高级办公楼、五星级酒店、公寓式办公楼等。项目总建筑面积约为 401024m²，其中地上建筑面积约为 306083m²，地下建筑面积约为 94936m²。该项目中的高级办公楼与五星级酒店为一栋 81 层的一体式建筑，公寓式办公楼为一栋 50 层的办公、居住一体式建筑。裙楼商场餐饮区分为 4 层，地下建筑为 5 层，包括地下室及地下停车场。

思政小课堂

加拿大特朗斯康谷仓（Transcona Grain Elevator）的地基土层因事先未进行地基勘察、试验与研究，设计荷载超过了地基土的抗剪强度，导致严重事故的发生。1913年9月起往谷仓装谷物，仔细地装载，使谷物均匀分布，10月当谷仓装了31822m^3谷物时，发现1小时内垂直沉降达30.5cm。结构物向西倾斜，并在24小时间倾倒，倾斜度离垂线达26°53′，谷仓西端下沉7.32m，东端上抬1.52m。

3.5 变形缝

3.5.1 概述

为了防止温度变化、地基不均匀沉降以及地震作用造成的建筑结构开裂而设置的预留缝隙称为变形缝。变形缝不同于楼梯、墙体、门窗等组成构件，它是建筑建造过程中需要注意并且进行设计的构造内容，它的设置方法在墙体、楼地层、屋面、地基处各不相同，准确理解其他章节有利于理解变形缝的设置原则。

3.5.2 变形缝类型

关键词：伸缩缝　沉降缝　防震缝

知识点描述

变形缝按照作用分为伸缩缝、沉降缝、防震缝三种。

伸缩缝又称为温度缝，建筑因长度过长及温度变化会使建筑内部产生附加应力，造成建筑的变形或开裂，可通过预留伸缩缝将建筑分为若干抗侧力结构单元，以防建筑伸缩造成的建筑变形或开裂。

建筑的不同体量处及体量的转折部位容易产生不均匀沉降，可通过预留沉降缝预防建筑变形或开裂。

拓展
变形缝

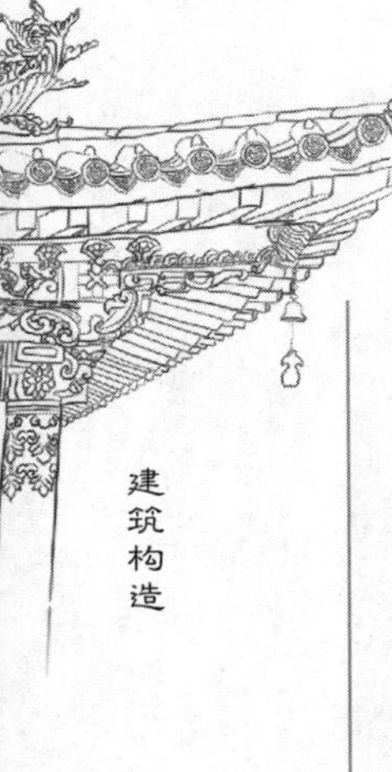

建筑由于材料、体量、形体等的不同，在地震荷载作用下，建筑物刚度突变的地方容易产生变形或开裂，可通过预留防震缝减少地震荷载对建筑的破坏。

资源链接

视频
框架结构 - 双柱变形缝

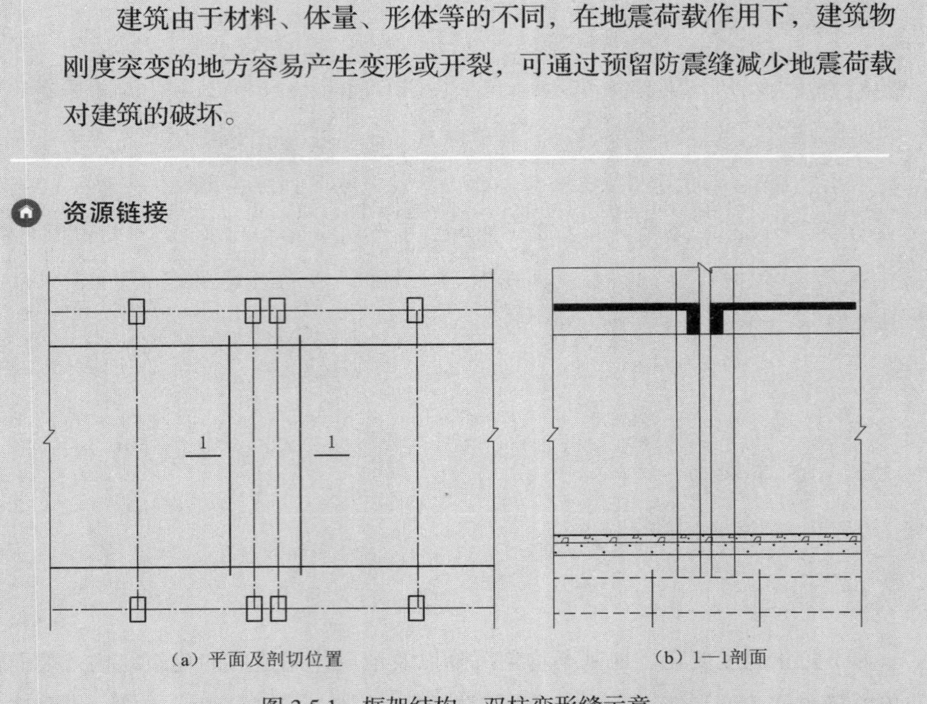

（a）平面及剖切位置　（b）1—1剖面

图 3.5.1　框架结构 - 双柱变形缝示意

知识拓展

预防建筑变形和开裂的方式：除了上述预留变形缝预防建筑变形和开裂的方式之外，还可通过提高建筑整体的刚度和强度来实现，这需要加强结构应力计算、材料温度应力计算、提高施工工艺。

3.5.2.1　伸缩缝

关键词：变形缝　温度缝

知识点描述

建筑受到温度变化产生热胀冷缩效应，当建筑长度较长时，热胀冷缩产生的结构内部附加应力会造成结构的开裂，此时预留的伸缩缝能有效防止建筑开裂。

建筑在以下情况中应预留伸缩缝：①建筑长度较长；②平面复杂，体量不等；③建筑结构类型不止一种；④温差较大且变化频繁地区。

伸缩缝的缝隙从楼板、墙体延伸至屋顶，宽度一般为 20 ~ 30mm，缝隙间距因不同的结构形式和材料也会不同，如砌体结构和钢筋混凝土结构的缝隙间距不同。

资源链接

表 3.5.1　钢筋混凝土结构伸缩缝最大间距

结构类型		最大间距 /m	
		室内或土中	露天
排架结构	装配式	100	70
框架结构	装配式	75	50
	现浇式	55	35
剪力墙结构	装配式	65	40
	现浇式	45	30

表格来源：《混凝土结构设计规范》（GB 50010—2010）。

知识拓展

砌体结构，俗称砖混结构，一般是指由块体和砂浆砌筑而成的墙、柱作为建筑物主要受力构件的结构，是砖砌体、砌块砌体和石块砌体结构的统称[《砌体结构设计规范》(GB 50003—2011)]。砌体结构房屋是由纵、横承重墙通过圈梁、构造柱和楼屋盖组成的一个具有空间刚度的结构体系。

钢筋混凝土结构房屋平面布置灵活、可形成较大的空间、在立面处理上也易于表现建筑艺术的要求。

知识拓展

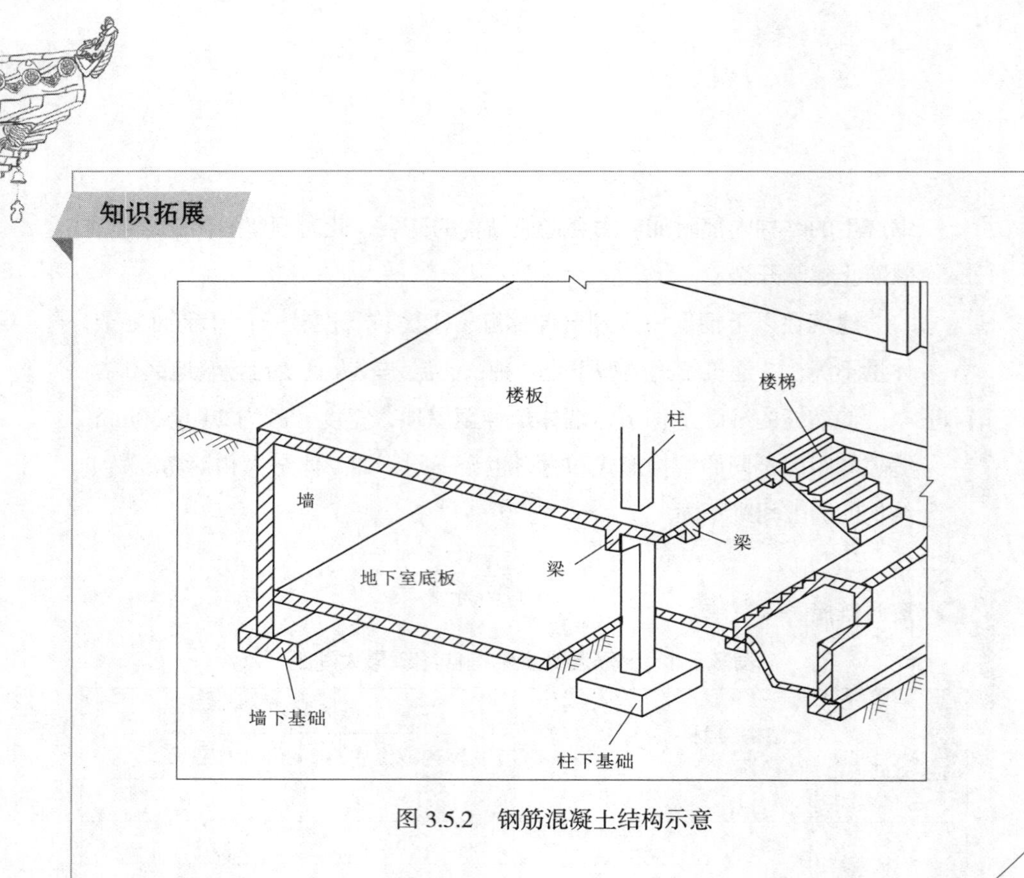

图 3.5.2　钢筋混凝土结构示意

3.5.2.2　沉降缝

关键词：变形缝　地基　不均匀沉降

知识点描述

在不同建筑体量交接处及体量的转折部位，地基易发生不均匀沉降，应在这些部位设置沉降缝。沉降缝的缝隙从基础延伸至屋顶，以防止不均匀沉降造成的相互影响。建筑在以下情况应预留沉降缝：①建筑平面的转折部位；②建筑不同体量交接处；③建筑结构形式变化的部位；③建筑扩建的交接部位；④不同的地基处；⑤地基土质差异大的部位。

沉降缝缝隙宽度与建筑的层数、高度有关。沉降缝也可兼作伸缩缝，构造基本相同，但沉降缝要同时预防水平和垂直两个方向的变形和开裂。

资源链接

表 3.5.2 沉降缝宽度

地基性质	房屋高度 H	缝宽 B/mm
一般地基	< 5m 5 ~ 10m 10 ~ 15m	30 50 70
较弱地基	2 ~ 3 层 4 ~ 5 层 5 层以上	50 ~ 80 80 ~ 120 > 120
湿陷性黄土地基		≥ 30 ~ 70

表格来源：《混凝土结构设计规范》（GB 50010—2010）。

注 沉降缝两单元层数不同时，由于高层影响，低层倾斜往往偏大，因此宽度按高层确定。

3.5.2.3 抗震缝

关键词：变形缝 抗震设计 设防烈度

知识点描述

我国建筑抗震设计规范中明确了我国各地区建筑物抗震的基本要求。在抗震设防烈度 7 ~ 9 度的建筑物中，出现以下情况应设置防震缝：①建筑物立面高差在 6m 以上；②建筑物有错层，且错层高度较大；③建筑结构形式、材料变化较大。

一般情况下，抗震缝不必从基础处断开，但两侧应设置双柱或双墙或一墙一柱。在平面、体量复杂或各部分结构、材料变化较大时，需将基础分开。抗震缝缝宽和间距与设防烈度、建筑高度及结构形式有关。

资源链接

《建筑抗震设计规范》（GB 50011—2010）抗震缝的宽度与建筑物的

结构类型和高度有关。具体规定如下：

（1）框架结构房屋的防震缝宽度：当高度不超过 15m 时，建议的宽度为 70mm；当高度超过 15m 时，每增加 5m、4m、3m 和 2m，建议加宽 20mm。

（2）框架 - 剪力墙结构房屋的抗震缝宽度不得小于 70% 的上述规定值。

（3）剪力墙结构房屋的抗震缝宽度不得小于 50% 的上述规定值。

（4）当两侧抗震缝的结构类型不同时，应根据较宽抗震缝的结构类型和较低的建筑高度确定接缝宽度。

知识拓展

抗震设计：指对处于地震区的工程结构进行的一种专项设计，以满足地震作用下工程结构安全与经济的综合要求。

建筑设防烈度：指建筑物或其他结构在发生地震时所能承受的最大震动程度的规定值。设防烈度一般以数值来表示，从 1 度到 9 度，设防烈度的确定取决于地震危害性、建筑物的用途、建筑物结构形式等因素。在设计建筑物时，必须根据所在地的地震危险性和用途等要素来确定设防烈度，以保证房屋抗震的能力。

思政小课堂

理论研究与地震情况表明：在强烈地震作用下，由于地壳运动变化、结构扭转、地震变形等复杂因素，相邻结构仍可能局部碰撞而损坏。由于各国、各城市的地形、地貌、地震烈度、建筑物高度等因素不一样，在是否设置防震缝的要求上，不尽一致。建筑师应因地制宜，熟悉和掌握构造规范和要求，严格遵守条例，遵循建筑师的职业道德要求。

3.5.3 墙体变形缝

知识点描述

墙体变形缝的构造形式与墙体厚度、墙体位置有关。一般墙体变形缝可采用平缝、企口缝和错口缝三种形式。当墙体较厚时，采用企口缝或错口缝，有利于保温、防水，但抗震缝要做成平缝。根据墙体位置，可分为外墙变形缝和内墙变形缝。

资源链接

拓展
墙体变形缝

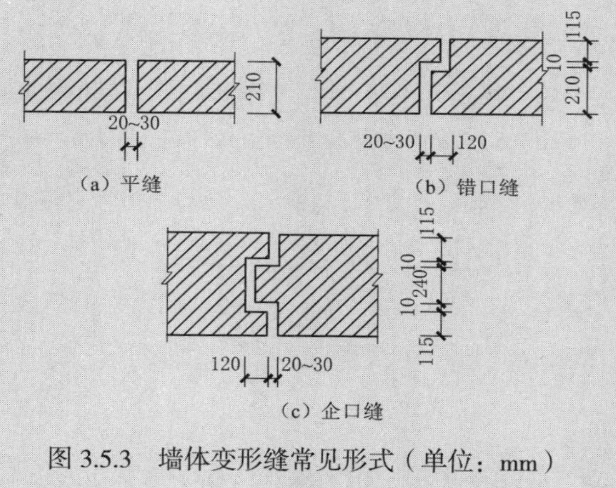

图 3.5.3 墙体变形缝常见形式（单位：mm）

视频
常见变形缝形式

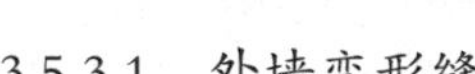

3.5.3.1 外墙变形缝

关键词： 变形缝 墙体 防水 保温

知识点描述

外墙变形缝构造需满足保温、防水及立面造型需要。变形缝内一般填塞具有防水、保温和防腐蚀的弹性材料，如沥青麻丝、油膏、泡沫塑料条、橡胶条等。变形缝的外侧需用耐腐蚀的镀锌铁皮或铝板等覆盖。根据伸缩、沉降或震动的不同要求，金属盖板有不同的构造方式。

拓展
墙体变形缝实景

资源链接

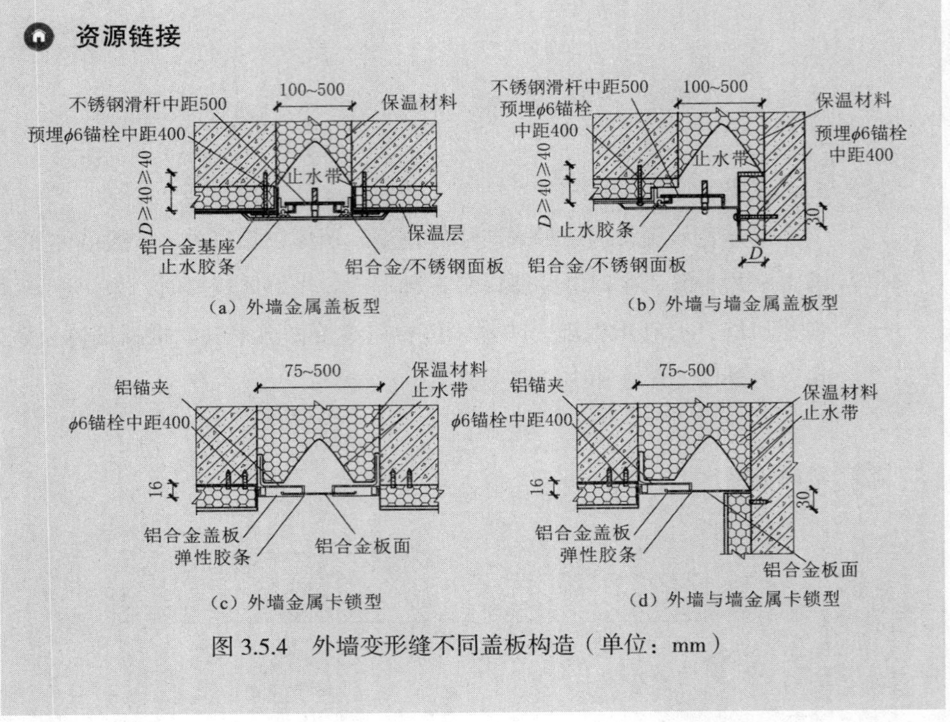

图 3.5.4 外墙变形缝不同盖板构造（单位：mm）

知识拓展

建筑防水：保证建筑物与构筑物的结构不受雨水侵入、地下水等水分渗透危害的一项分部工程，在建筑施工中属于隐蔽工程和关键工程。常用的建筑防水材料有防水密封材料、防水卷材、防水涂料、刚性防水材料等。

建筑保温：对建筑围护结构采取保温措施，目的是减少建筑物室内外热量交换，保持建筑室内温度。建筑保温材料对创造适宜的室内热环境和节约能源有重要作用。墙体保温材料具有一定的耐火等级。

3.5.3.2 内墙变形缝

关键词：变形缝 墙体 隔声 防火

知识点描述

内墙变形缝的构造需满足隔声、防火及室内装饰等需要。内墙变形缝内填塞的材料同外墙变形缝，盖板可采用具有装饰效果的木盖板或金属盖板。根据不同的变形要求，构造也不同。

资源链接

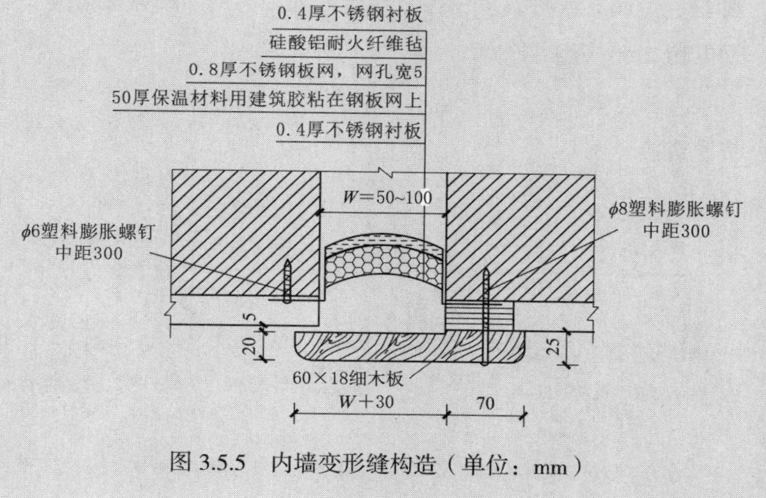

图 3.5.5 内墙变形缝构造（单位：mm）

视频
内墙变形缝构造

知识拓展

建筑隔声：为改善建筑物室内声环境，隔离噪声等干扰，建筑常做隔声措施。建筑隔声包括两方面：一是隔离由空气传播来的噪声，如邻室的谈笑声、交通运输声；另一方面是隔离由建筑结构传播的振动能量而辐射出来的噪声，如机电设备、楼板上走动等的撞击噪声。建筑可通过选择合理的布局、隔声结构和隔声材料营造良好的室内声环境。

3.5.4 楼地层变形缝

楼地层变形缝的设置位置和宽度与墙体变形缝一致。变形缝构造需满足地面平整、光洁、防水等要求。因楼地层有上、下两个面，可分为楼地面变形缝和顶棚变形缝。

3.5.4.1 楼地面变形缝

拓展
楼地层变形缝

关键词：变形缝　平整　防水

知识点描述

楼地面变形缝宽度与墙体变形缝一致。楼地面缝隙可用油膏、沥青麻丝、金属具或料调节片等做封缝处理，再用活动盖板盖缝，盖板与地面间留 5mm 缝隙。

资源链接

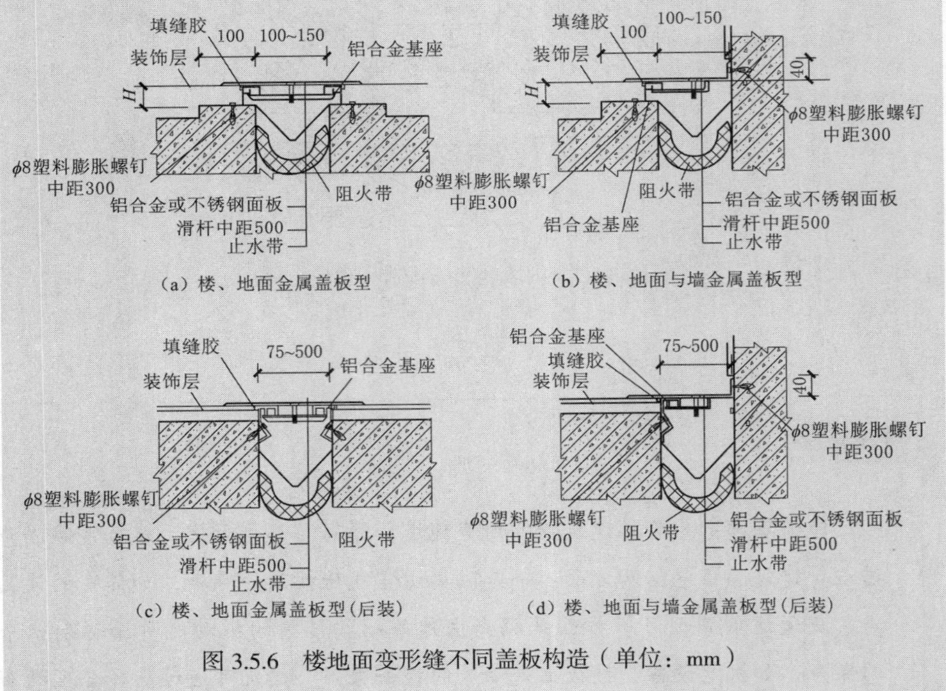

图 3.5.6　楼地面变形缝不同盖板构造（单位：mm）

3.5.4.2 顶棚变形缝

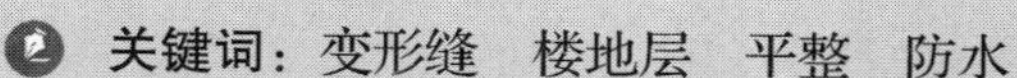

关键词：变形缝　楼地层　平整　防水

知识点描述

顶棚通常具有造型功能，需满足顶面平整、光洁、防水和美观的要求，其变形缝宽度与墙体变形缝一致。顶棚变形缝缝隙可用油膏、沥青麻丝、金属具或料调节片等做封缝处理，再用活动盖板盖缝，活动盖板可根据顶棚美学要求设计，可用金属盖板、木质盖板等。盖板与地面间留 5mm 缝隙。

资源链接

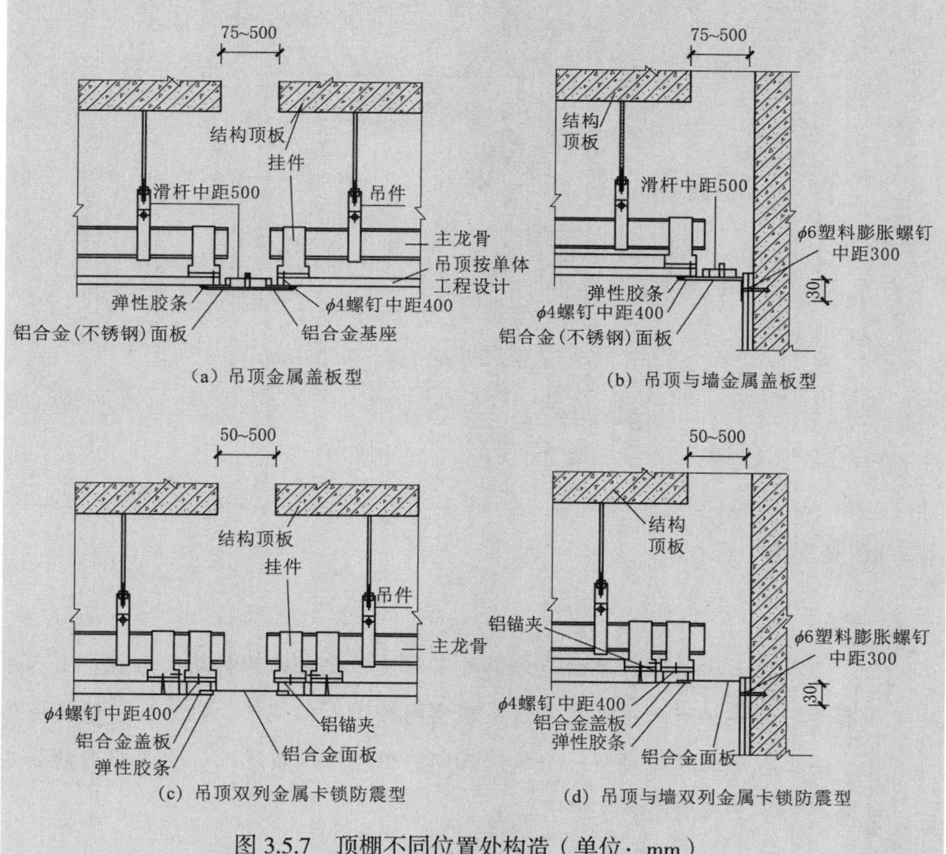

图 3.5.7　顶棚不同位置处构造（单位：mm）

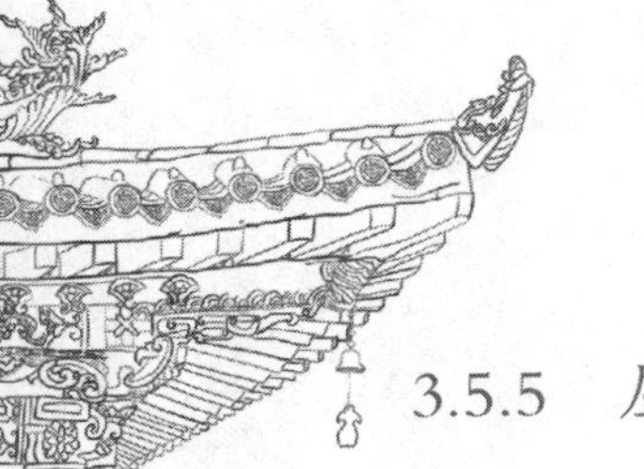

3.5.5 屋面变形缝

关键词： 变形缝　屋面　等高屋面　非等高屋面　防水

知识点描述

屋面变形缝需解决防水、保温等问题，其构造形式与屋面高度、是否为上人屋面有关。根据屋面高度，构造做法可以分为等高屋面变形缝和不等高屋面变形缝。根据使用要求可以分为上人屋面变形缝和不上人屋面变形缝。

资源链接

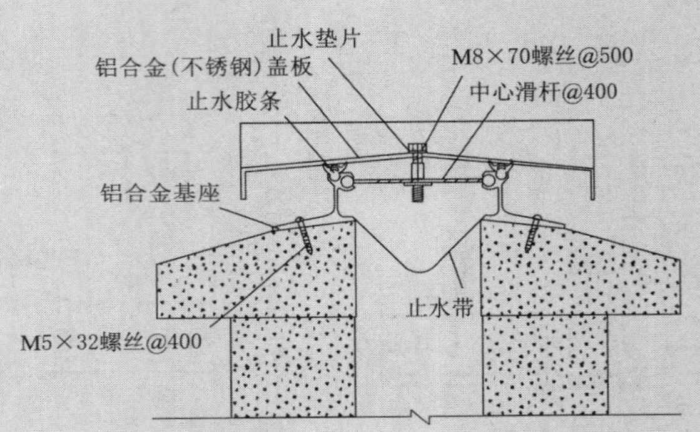

图 3.5.8　屋面变形缝构造（单位：mm）

知识拓展

上人屋面和不上人屋面是为满足不同使用要求的两种屋面形式。上人屋面有专门的楼梯进入屋顶空间，屋顶空间可供人们观景、晒太阳、锻炼身体等。不上人屋面只需预留一个维修孔洞，供检修人员进入。上人屋面的女儿墙高度和不上人屋面要求不同。

3.5.5.1　等高屋面变形缝

关键词：变形缝　等高屋面　防水层　屋面泛水

知识点描述

当屋面标高相同且上人时，一般用油膏嵌缝并做防水处理，不设矮墙。当为不上人屋面时，一般在缝的一侧或两侧砌矮墙，矮墙高出屋面至少250mm，按照屋面泛水构造将防水层上卷至预埋木砖处固定。矮墙与矮墙、矮墙与屋面间缝隙用镀锌铁皮、铝板或混凝土板盖缝，盖板要保证结构自由变形的要求。缝隙内可通过填塞沥青麻丝、岩棉、泡沫塑料等提高屋面的保温性能。

资源链接

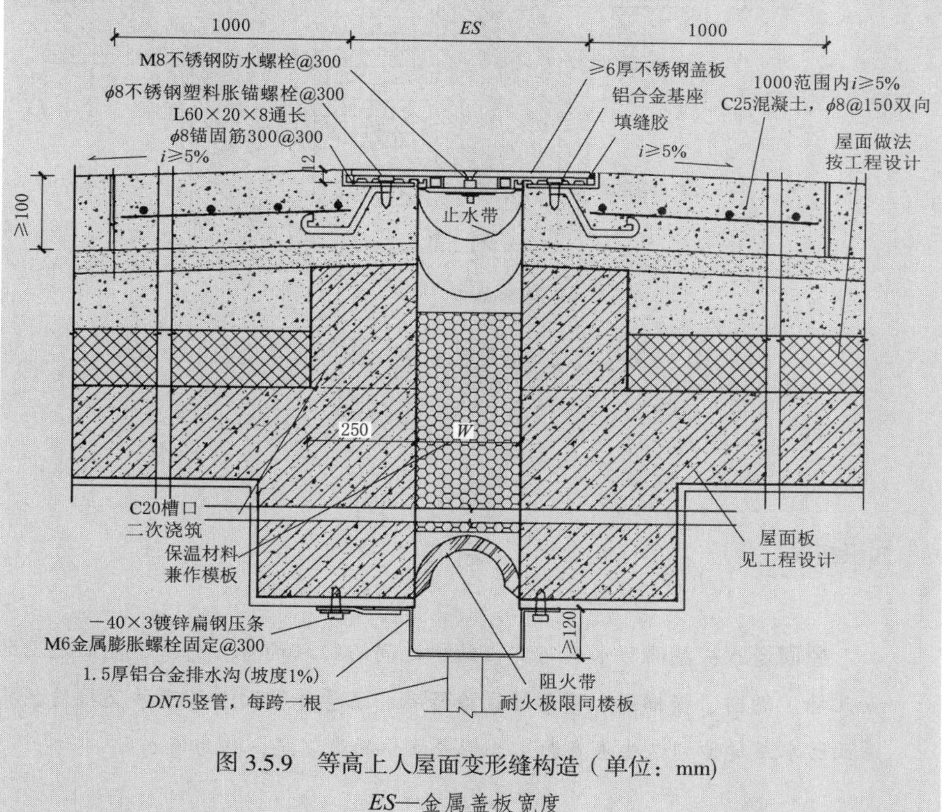

图3.5.9　等高上人屋面变形缝构造（单位：mm）

ES—金属盖板宽度

资源链接

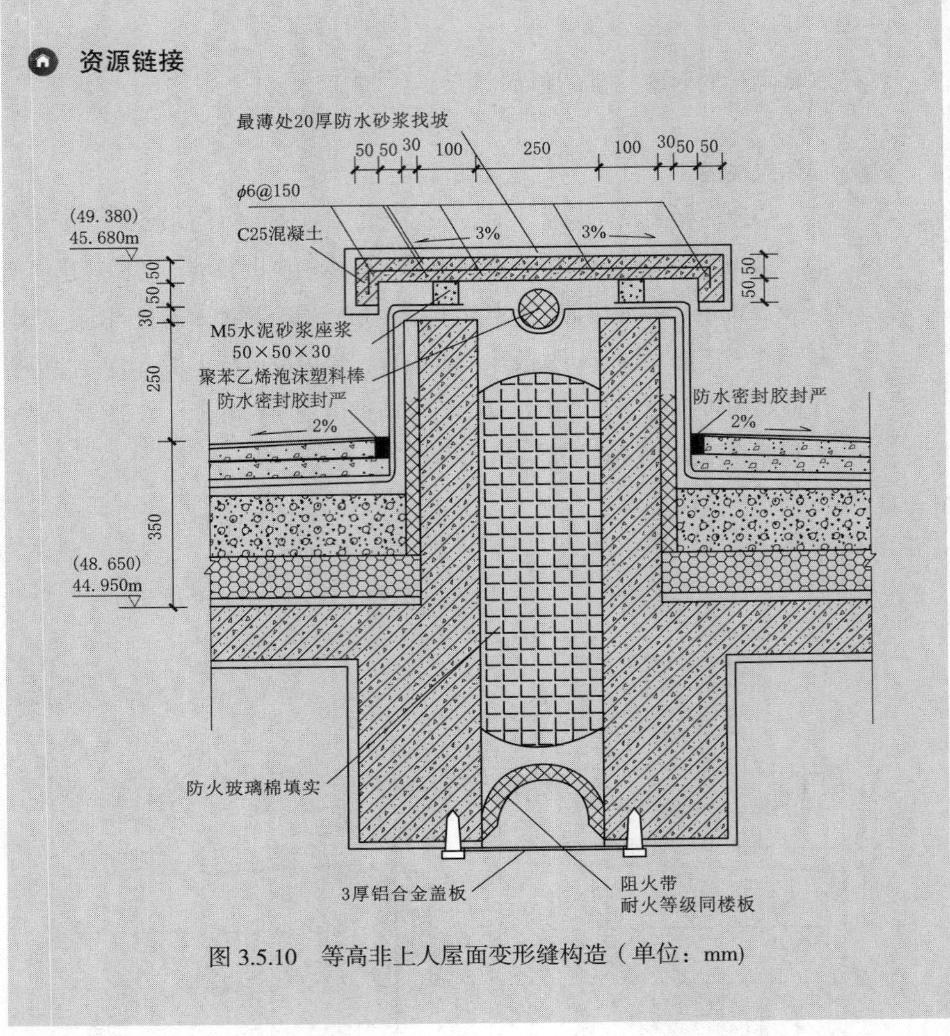

图 3.5.10　等高非上人屋面变形缝构造（单位：mm）

知识拓展

屋面泛水： 屋面防水层与突出结构之间的防水构造。突出于屋面之上的女儿墙、烟囱、楼梯间、变形缝、检修孔、立管等壁面与屋顶的交接处，将屋面防水层延伸到这些垂直面上，形成立铺的防水层，称为泛水。

3.5.5.2 非等高屋面变形缝

关键词：变形缝　非等高屋面　防水

知识点描述

当屋面标高不相同时，在高低层屋面之间缝隙填塞岩棉或玻璃丝，并用铁皮托底；低屋面阴阳角部位应做泛水处理；高低层屋面间需用金属盖板盖缝，盖板通过高低矮墙预埋的木砖固定。

资源链接

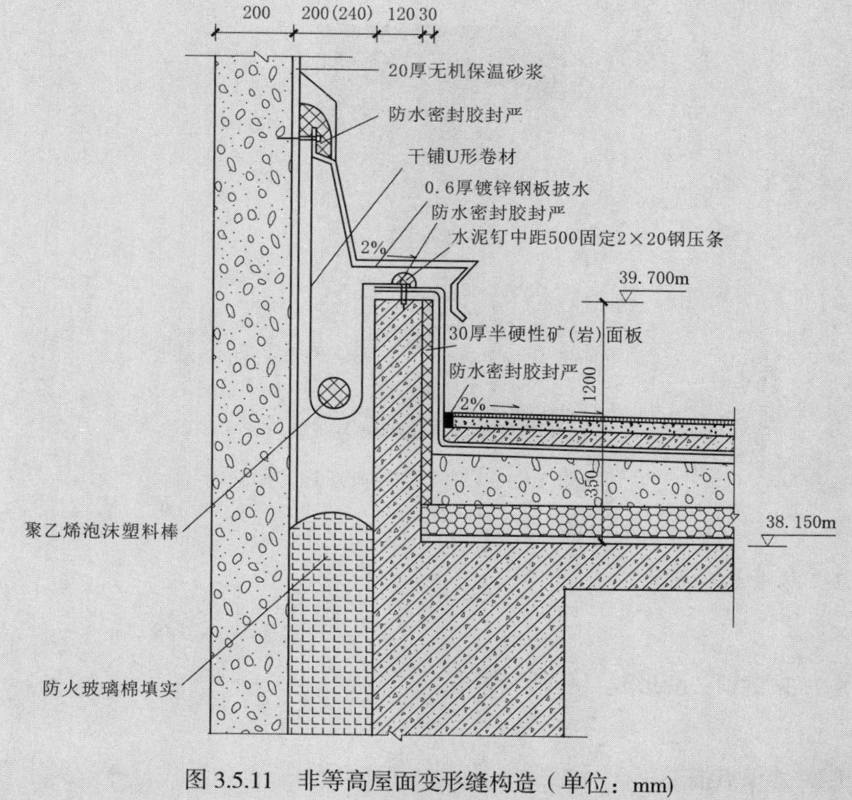

图 3.5.11　非等高屋面变形缝构造（单位：mm）

3.5.6 基础变形缝

关键词：变形缝　基础

知识点描述

沉降缝要求将基础断开；防震缝可以不从基础断开，但需要设置双墙、双柱或一墙一柱。所以，基础位置的变形缝构造做法有双墙基础变形缝和单墙基础变形缝两种。

资源链接

图 3.5.12　地下室基础双柱变形缝

3.5.6.1 双墙基础变形缝

关键词：变形缝　基础　横墙

知识点描述

双墙基础变形缝的构造做法有两种：一种是双墙双条形基础，地上是封闭的连续纵横墙；另一种是双墙挑梁基础，一侧在条形基础上砌横墙，另一侧在纵向挑梁上架设横向托墙梁，其上再做横墙。

资源链接

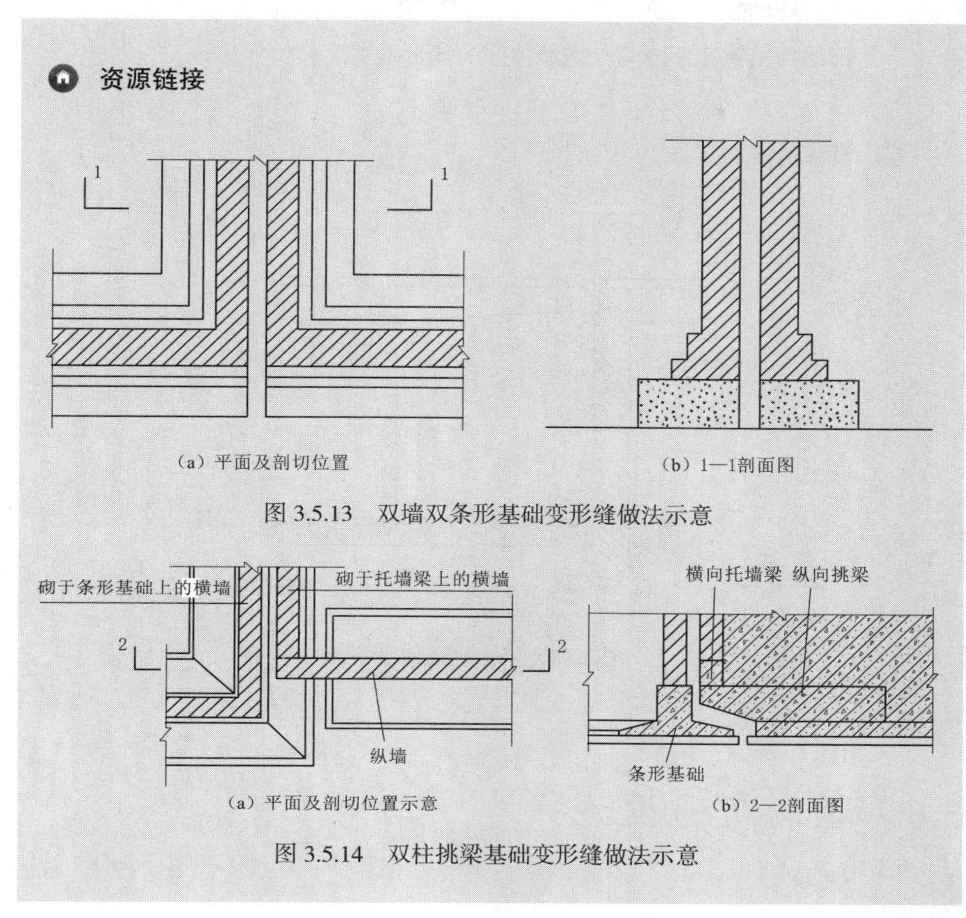

图 3.5.13　双墙双条形基础变形缝做法示意

图 3.5.14　双柱挑梁基础变形缝做法示意

知识拓展

沿建筑物短轴方向布置的墙称为横墙，沿建筑物长轴方向布置的墙称为纵墙。

3.5.6.2　单墙基础变形缝

关键词：变形缝　基础　单墙基础

知识点描述

单墙基础变形缝是一侧条形基础设墙，另一侧正常受压基础通过上部结构出挑，形成与一侧墙体间的变形缝宽度。

资源链接

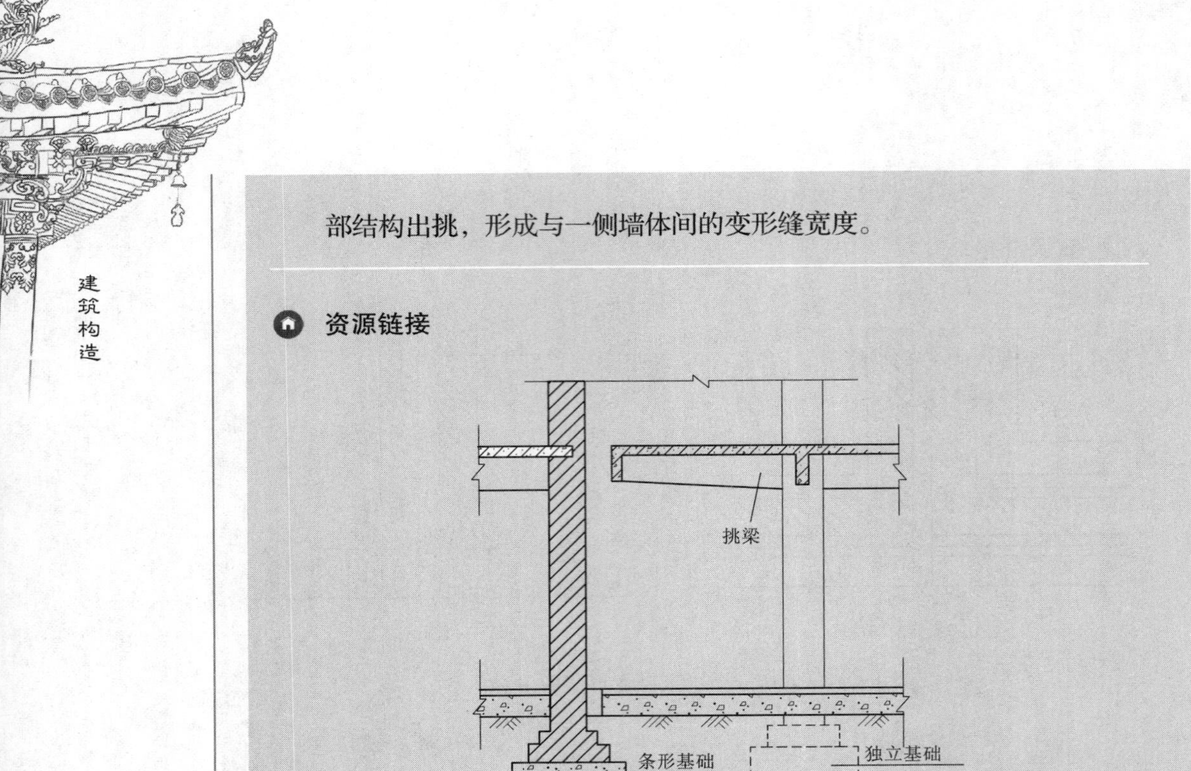

图 3.5.15　单墙基础变形缝做法

3.6　竖向交通设施

3.6.1　概述

楼梯、电梯、台阶、坡道以及爬梯等是建筑物不同高差平面之间的垂直交通设施。建筑设计应严格按照相关规范的要求来控制楼梯与电梯的安全性能和舒适度，以及楼梯满足紧急疏散的特殊要求，同时需要注意二者在构成空间形态方面的特殊功能。

建筑空间组合的竖向交通联系依赖于楼梯、电梯、台阶、坡道以及爬梯等竖向交通设施。其中，楼梯作为竖向交通和人员紧急疏散的主要交通设施，使用最为普遍；垂直升降电梯则常用于多层建筑和高层建筑以及一些标准较高的低层建筑；自动扶梯常用于人流量大且使用要求高的公共建筑；台阶用于室内外高差之间和室内局部高差之间的联系；坡道则用于建筑中有无障碍交通要求的高差之间的联系，也用于多层车库中通行汽车和医疗建筑中通行担架车等；爬梯专用于使用频率低的检修梯等。

3.6.2　楼梯的分类

3.6.2.1　按平面形式分

关键词：直行单跑　直行多跑　平行双跑　平行双分双合　折行多跑　交叉多跑　螺旋楼梯　弧形楼梯

知识点描述

楼梯按平面形式，可分为直行单跑楼梯、直行多跑楼梯、平行双跑楼梯、转角楼梯、三跑楼梯、曲线楼梯、剪刀楼梯、弧形楼梯、螺旋梯等。平行双跑楼梯是最常用的一种。楼梯的平面形式与建筑平面有关。当楼梯的平面为矩形时，适合做成双跑式；接近正方形的平面，可做成三跑式或多跑式；圆形的平面可做成螺旋式楼梯。有时楼梯的形式还要考虑到建筑物内部的装饰效果，如建筑物正厅的楼梯常做成双分式和双合式等。

资源链接

（a）螺旋楼梯

（b）平行双跑楼梯

（c）折行楼梯

（d）弧形楼梯

（e）直行多跑楼梯

图 3.6.1（一）　楼梯形式

拓展
楼梯

视频
楼梯的分类

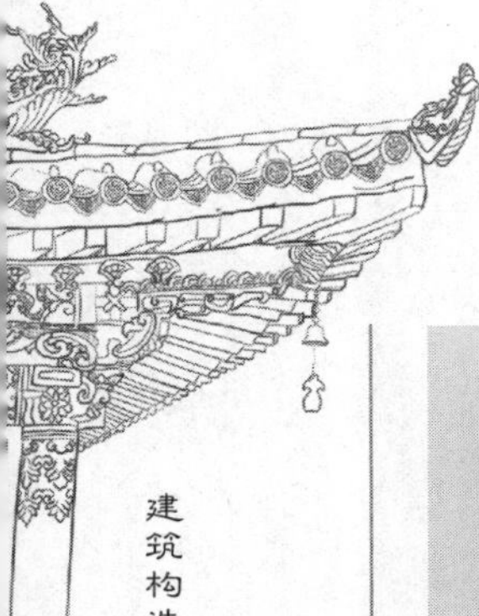

（f）平行双分＋折行楼梯

（g）剪刀楼梯

图 3.6.1（二）　楼梯形式

知识拓展

直行楼梯的优缺点：直行楼梯呈直线形状，人们上下楼梯时可以更容易地看到周围的环境，从而减少了跌倒和滑倒的风险。此外，直行楼梯也比旋转楼梯更加稳定。由于其平行的阶梯结构，人们上下楼梯时可以更加轻松和自然。但是直行楼梯通常需要更多的空间，其在狭小的空间中不太实用。此外，直行楼梯比旋转楼梯更加单调，由于其简单的直线形状，无法为空间增添独特的魅力或成为装饰的一部分。

3.6.2.2　按结构形式分

关键词：简支楼梯　悬挑楼梯　悬挂楼梯

知识点描述

楼梯按结构形式不同可分为简支楼梯、悬挑楼梯、悬挂楼梯。

（1）简支楼梯。梯段以两端的平台梁作为支座，平台梁亦可兼作平台的支座。如果平台梁设在平台口时其自身支座的设置有可能影响建筑物其他方面的功能，则可将平台梁移位，这时梯段和平台合并为折线形的构件。

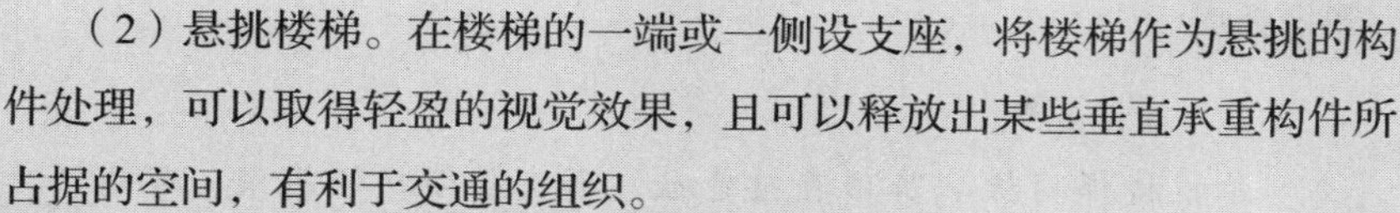

（2）悬挑楼梯。在楼梯的一端或一侧设支座，将楼梯作为悬挑的构件处理，可以取得轻盈的视觉效果，且可以释放出某些垂直承重构件所占据的空间，有利于交通的组织。

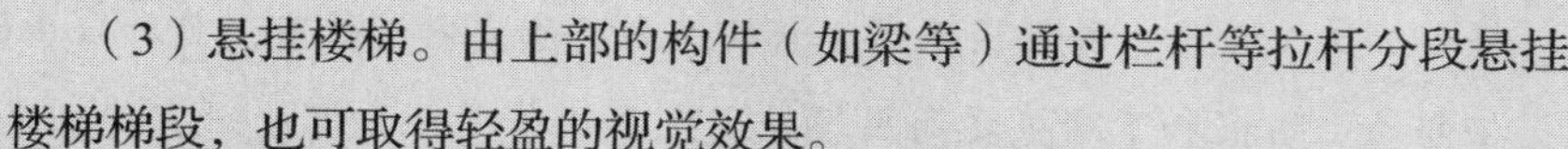

（3）悬挂楼梯。由上部的构件（如梁等）通过栏杆等拉杆分段悬挂楼梯梯段，也可取得轻盈的视觉效果。

资源链接

图 3.6.2　简支楼梯

图 3.6.3　悬挂楼梯

图 3.6.4　悬挑楼梯

知识拓展

悬挂楼梯踏板从房顶直接悬挂，省去了楼梯的基架，节省了大量的材料和加工工作量，并且提供了全新的造型，使室内设计有了更加自由的空间。相邻的上踏板和下踏板之间用螺栓固定和调节间距，螺栓一直伸到房顶，并固定在房顶的膨胀螺栓上，这样就完成了一个踏板组合的安装，把所有踏板组合按照设计造型安装，就完成了楼梯的组装，扶手杆也直接按装在螺栓上。

3.6.2.3　按构造做法分

关键词：板式楼梯　梁式楼梯

知识点描述

按照楼梯构造做法可分为板式楼梯和梁式楼梯。

将梯段作为带锯齿的平板，斜搁在平台梁上，再由支座将荷载依次传递下去，钢筋混凝土梯段的主筋沿长度方向配置。

梁式楼梯在相邻的平台梁之间先设置斜梁（梯段梁），踏步板的荷载通过梯段梁传给平台梁，钢筋混凝土梯段梁的主筋沿长度方向配置；钢筋混凝土踏步板的主筋沿踏面的长度方向配置，在相邻的平台梁之间先设置斜梁（梯段梁），踏步板的荷载通过梯段梁传给平台梁，钢筋混凝土梯段梁的主筋沿长度方向配置；梯段梁可分设在梯段的两侧、中间或一侧；在相邻的平台梁之间先设置斜梁（梯段梁），踏步板的荷载通过梯段梁传给平台梁；钢筋混凝土梯段梁的主筋沿长方向配置；钢筋混凝土踏步板的主筋沿踏面的长度方向配置；梯段梁可分设在梯段的两侧、中间和一侧；梯段梁可做成明步和暗步。

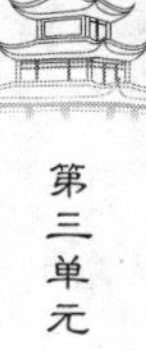

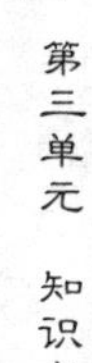

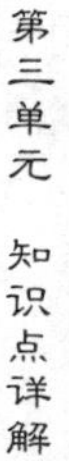

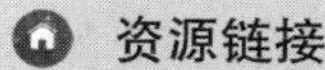

资源链接

（a）板式楼梯

（b）梁式楼梯

图 3.6.5　楼梯按结构形式分类

视频
板式楼梯

知识拓展

梁式楼梯与板式楼梯的区别有以下三个方面：

（1）组成部分不同。板式楼梯由梯段斜板、休息平台和平台梁组成；梁式楼梯由踏步板、斜梁、平台梁和平台板组成。

（2）传力路线不同。板式楼梯中，楼梯上的荷载通过梯板传递至平台梁，再传递至墙或柱；梁式楼梯中，踏步板上的荷载通过斜梁传递至平台梁，再传递至墙或柱。

（3）适用范围不同。板式楼梯适用于单跑楼梯、双跑楼梯，跨度较小时，经济性高；梁式楼梯适用于大中型楼梯，尤其是梯段长度较长或荷载较大的情况。

3.6.2.4 按施工工艺分

关键词：现浇楼梯　装配式楼梯

知识点描述

按照施工工艺，楼梯可分为整体现浇楼梯和装配式楼梯。整体现浇楼梯与建筑主体结构同步施工，支承方式符合主体结构的结构逻辑。

1. 大、中型构件装配式楼梯做法

（1）将整个梯段作为一个构件或沿其跨度方向分成若干条，在工厂预制后到现场装配。

（2）因上下行梯段需在与平台交接处在同一高度进入支座，故应注意装配对楼梯平面布置的影响。

（3）梯段固定预埋插件或与预埋件焊接。

（4）注意装配对楼梯平面布置的影响。

（5）梯段固定预埋插件或与预埋件焊接。

2. 小型构件装配式楼梯做法

（1）将梯段分为梯段梁及踏步板，分别预制安装，或梯段梁随建筑物整体工艺施工完成后再行安装踏步板。

（2）装配式的踏步板有一字形、三角形、L 形等多种形式。

（3）除了钢筋混凝土预制小构件外，多种材料混合使用的装配式楼梯梯段使用非常广泛。

（4）螺旋楼梯先安装立柱，后套接或焊接踏步板。

资源链接

图 3.6.6　整体现浇式楼梯

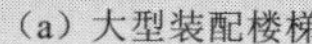
（a）大型装配楼梯

（b）小型装配楼梯

图 3.6.7　装配式楼梯

知识拓展

预制楼梯是装配式建筑体系中使用频率较高的部件，它是将楼梯各个构件在预制工厂生产，然后运送至施工现场，进行安装、与传统现浇施工方式相比，预制楼梯可以实现定型化设计生产，有利于提高构部件的质量与性能，又能够有效缩短建造工期、减少劳动力资源和能源消耗，具有广泛的工程应用前景。

视频
螺旋楼梯

3.6.3　楼梯间

3.6.3.1　楼梯间的平面形式

关键词：开敞楼梯间　封闭楼梯间　防烟楼梯间

知识点描述

根据《建筑设计防火规范》(GB 50016—2014) 的，建筑高度不大于 21m 的住宅建筑可采用敞开楼梯间，与电梯井相邻布置的疏散楼梯应采用封闭楼梯间，当户门采用乙级防火门时，仍可采用敞开楼梯间。

视频
楼梯间

建筑高度大于 21m、不大于 33m 的住宅建筑应采用封闭楼梯间；当户门采用乙级防火门时，可采用敞开楼梯间。下列多层公共建筑的疏散楼梯，除与敞开式外廊直接相连的楼梯间外，均应采用封闭楼梯间：医疗建筑、旅馆、老年人建筑及类似使用功能的建筑；设置歌舞娱乐放映游艺场所的建筑；商店、图书馆、展览建筑、会议中心及类似使用功能的建筑；6 层及以上的其他建筑。

建筑高度大于 33m 的住宅建筑应采用防烟楼梯间。户门不宜直接开向前室同，确有困难时，每层开向同一前室的户门不应大于 3 户且应采用乙级防火门。

资源链接

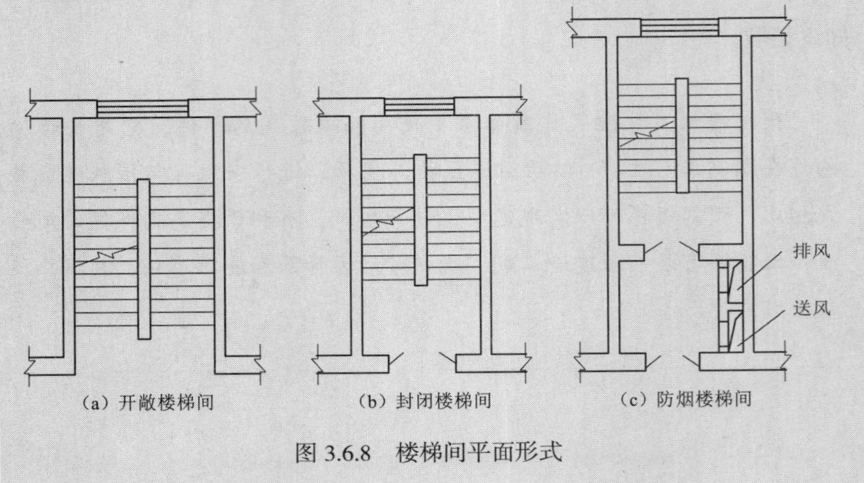

图 3.6.8　楼梯间平面形式

知识拓展

封闭楼梯间和防烟楼梯间的区别在于：

封闭楼梯间是用耐火建筑构件进行分隔，能够防止烟和热气进入楼梯间，常设置在高层民用建筑和工业建筑中。防烟楼梯间在楼梯间入口需要设有防烟前室或者专供排烟用的阳台或者走廊，常用于高层建筑，特别是建筑

知识拓展

高度超过 32m 或者人员密集的建筑。总的来说，防烟楼梯间比封闭楼梯间具有更严格的防烟措施和结构要求，提高了安全性。

3.6.3.2 扶手和栏杆（栏板）

关键词：扶手高度　栏杆　栏板

知识点描述

扶手高度一般为自踏面前缘以上 0.9m。室外楼梯，特别是消防楼梯的扶手高度应不小于 1.10m。住宅楼梯栏杆水平段的长度超过 500mm 时，其高度必须不低于 1.05m；幼儿园、托儿所及小学等使用对象主要为儿童的建筑物中，需要在 0.6m 左右的高度再设置一道扶手，以适应儿童的身高；对于养老建筑以及需要进行无障碍设计的场所，楼梯扶手的高度应为 0.85m，并应在 0.65m 的高度处再安装一道扶手。

立杆与基底构件焊接、开脚窝牢或栓接。栏板与立杆焊接，或通过连接件连接，或直接安装在基底构件上。

资源链接

图 3.6.9　栏杆扶手

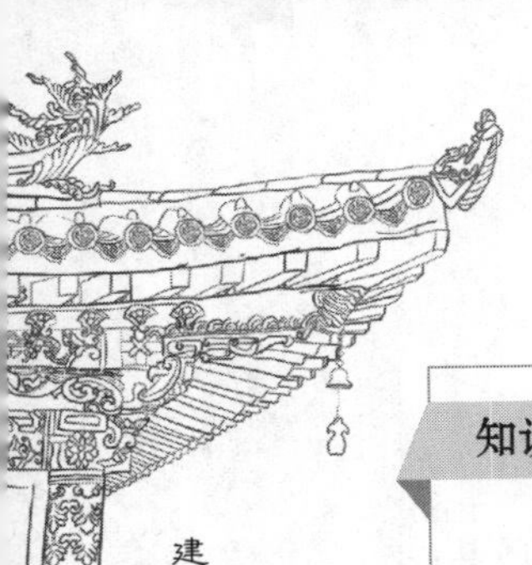

知识拓展

扶手高度通常在 90 ~ 115cm 之间。楼梯扶手的具体高度则需要根据扶手所处位置来决定。室内的楼梯扶手为了保障安全性，高度一般不能低于 90cm；而室外楼梯的高度一般不能低于 105cm。根据《建筑与市政工程无障碍通用规范》（GB 55019—2021）中的规定，24m 以下的临空高度（相当于多层、低层建筑的高度）的栏杆高度不应低于 1.05m，超过 24m 临空高度（相当于高层及中高层住宅的高度）的栏杆高度不应低于 1.10m。所以在制作楼梯扶手的时候，为了保护大家的安全，楼梯扶手的一般高度都是不低于 90cm 的。

楼梯扶手的主要功能是安全防护和室内装饰，安装楼梯扶手既可以防止高空坠落，也可以作为装饰楼梯的构件。

3.6.4 台阶与坡道

关键词：室外地坪高差　无障碍设计

知识点描述

在建筑入口处设置台阶和坡道是解决建筑室内外地坪高差的过渡构造措施。一般多采用台阶；当有车辆、残疾人或是内外地面高差较小时，可设置坡道，有时台阶和坡道合并在一起使用。台阶和坡道在建筑入口处对建筑物的立面具有装饰作用，设计时要考虑使用和美观两个方面的要求。有些建筑由于使用功能或精神功能的需要，有时设有较大的室内外高差或把建筑入口设在二层，此时就需要大型的台阶和坡道与其配合。

1. 台阶的设置

为了满足交通和疏散的需要，台阶的设置应符合以下要求：

（1）室内台阶踏步数不应少于 2 步。

（2）台阶的坡度宜平缓些，台阶的适宜坡度为 10° ~ 23°，通常台阶每一级踢面高度一般为 100 ~ 150mm，踏步的踏面宽度为 400 ~ 300mm。

（3）在人流密集场所，台阶的高度超过 0.7m 时，宜有护栏设施。

（4）台阶顶部平台的宽度应大于所连通的门洞口宽度，一般至少每边宽出 500mm。

（5）室外台阶顶部平台的深度不应小于 10m，影剧院、体育馆观众厅疏散出口平台的深度不应小于 1.40m。

（6）台阶和踏步应充分考虑雨、雪天气时的通行安全，台阶宜用防滑性能好的面层材料。

2. 坡道的设置

无障碍设计主要采用坡道来代替楼梯和台阶，对楼梯采取特殊构造处理，以方便残障人士通行。无障碍坡道的构造要求：

（1）设台阶的主入口及室内坡道的坡度不大于 1/12，每段坡道最大高度 750mm；只设坡道的入口处及室外通道的坡度则不大于 1/20，每段坡道最大高度 1500mm。

（2）室内坡道的宽度不小于 1000mm，室外坡道的宽度不小于 1500mm（在有台阶的入口处和受限地段可做 1200mm）。

（3）在转折处和两段直跑间平台宽度均不小于 1500mm。

资源链接

视频
台阶与坡道

图 3.6.10　台阶和坡道

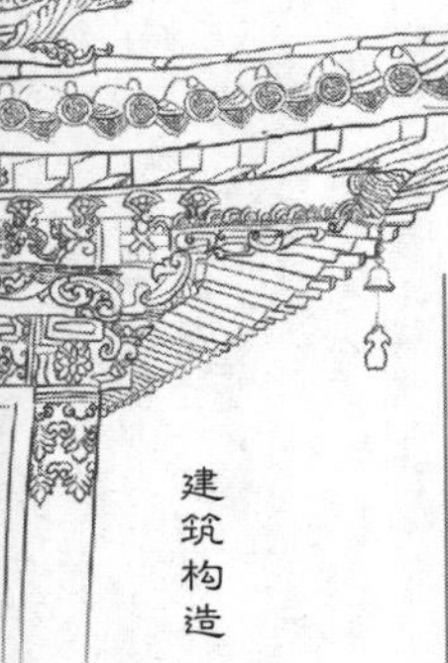

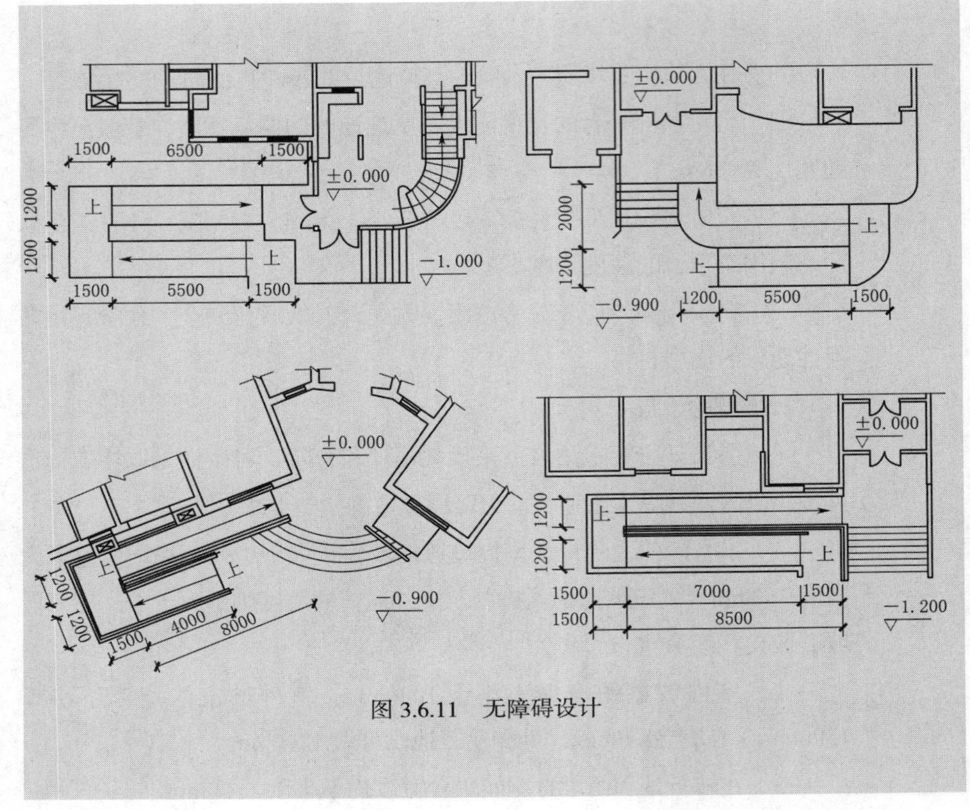

图 3.6.11　无障碍设计

知识拓展

台阶与坡道都是设置在建筑物出入口处的辅助配件，根据使用要求的不同，形式上有所区别。一般民用建筑，大多设置台阶，只有在车辆通行以及有特殊使用需求的情况下，才设置坡道。如医院、宾馆、幼儿园、行政办公大楼等处。

无障碍环境建设是残疾人权益保障的重要内容，为残疾人群体平等、充分、便捷地参与和融入社会生活提供重要保障。2023 年杭州残奥会期间就使用了多种无障碍设施，将其配置在公园、景区、办公楼等各种公共场所中。如无障碍坡道、无障碍电梯、无障碍洗手间等。

3.6.5 地面提示块

关键词：行进块 停步块

知识点描述

地面提示块有行进块和停步块，设置场所为前方有障碍物、高差或需要改变行走的方向处。

资源链接

图 3.6.12 公共场所中的地面提示块

拓展
台阶、坡道和地面提示块

3.6.6 电梯

3.6.6.1 自动扶梯

关键词：人流集中 公共建筑

知识点描述

（1）用于人流集中的公共建筑。

（2）机械设备悬于楼板的下端，需留出空间。

拓展
电梯

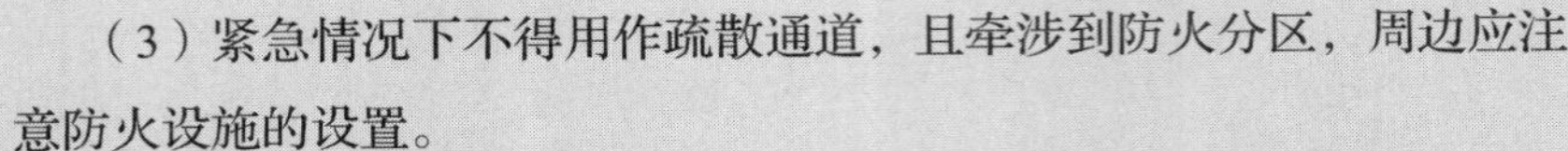

（3）紧急情况下不得用作疏散通道，且牵涉到防火分区，周边应注意防火设施的设置。

资源链接

图 3.6.13　自动扶梯

3.6.6.2　垂直电梯

关键词： 电梯参数　电梯机房　电梯井道　电梯基坑　电梯层门　电梯门套

知识点描述

垂直电梯是建筑物中的垂直交通措施，它们运行速度快、节省人力和时间。在多层、高层和具有某种特殊功能要求的建筑中，为了上下运行的方便、快速和实际需要，常设有电梯。电梯由机房、井道、轿厢和配重四部分组成。不同规格型号的电梯，其部件组成情况也不相同。

电梯按使用性质分为乘客电梯、住宅电梯、客货梯、病床可回电梯、载货电梯、杂物梯、消防梯、船舶电梯、观光电梯等；按驱动系统分为交流电梯(包括单速、双速、调速、高速)、直流电梯(包括快速高速)、液压电梯。

电梯机房一般设在电梯井道的顶部，也有少数电梯把机房设在井道底层的侧面(如液压电梯)。机房的平面及剖面尺寸均应满足布置电梯机械及电控设备的需要，并留有足够的管理、维护空间，同时要把室内温度控制在设备运行的允许范围之内。机房地板应能承受6865Pa的压力；地面应采用防滑材料；机房地面应平整，门窗应防风雨，机房入口楼梯或爬梯应设扶手，通向机房的道路应畅通；由于机房的面积要大于井道的面积，因此允许机房平面位置任意向井道平面相邻两个方向伸出。通往机房的通道、楼梯和门的宽度不应小于1.20m。电梯机房的平面、剖面尺寸及内部设备布置、孔洞位置和尺寸均由电梯生产厂家给出。当建筑物(如住宅、旅馆、医院、学校、图书馆等)的功能有要求时，机房的墙壁、地板和房顶应能大量吸收电梯运行时产生的噪声；机房必须通风，有时在机房下部设置隔声层。

电梯井道是电梯轿厢运行的通道。井道可供单台电梯使用，也可供两台电梯共用。

电梯基坑：在井道下部应设置底坑及排水装置，底坑不得渗水，底坑底部应光滑平整；电梯井道最好不设置在人们能到达的空间上面。

在电梯层门附近和层站处，自然照明或人工照明的光照强度应达到50lx及以上。电梯各层站的候梯厅深度至少应保持在整个井道宽度范围，符合相关规定。

由于厅门设在电梯厅的显著位置，电梯门套是装饰的重点。电梯厅、电梯间门套的装饰及其构造做法应与电梯厅的装饰风格协调统一，要求门套的装饰应简洁、大方、明快、造型优美、耐碰撞，按钮处易擦洗。门套一般采用木装饰面贴仿大理石防火板、岗纹板等饰面材料，要求高些的采用大理石花岗岩或用金属进行装饰。电梯间一般为双层推拉门，宽为900 ~ 1300mm，有中央分开推向两边的和双扇推向同一侧的两种。

资源链接

图 3.6.14　电梯井道

图 3.6.15　电梯轿厢

图 3.6.16　电梯门和电梯门套

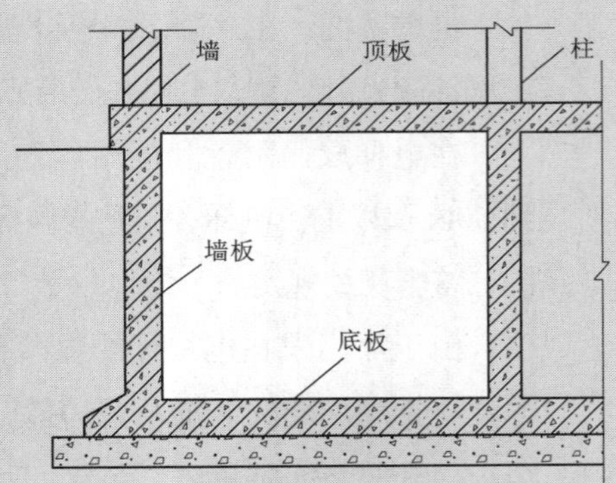

图 3.6.17　电梯基坑构造

知识拓展

电梯是指服务于建筑物内若干特定的楼层，其轿厢运行在至少两列垂直于水平面或与铅垂线倾斜角小于 15° 的刚性轨道的永久运输设备。电梯也有台阶式，即踏步板装在履带上连续运行，俗称自动扶梯或自动人行道，是服务于规定楼层的固定式升降设备。垂直升降电梯具有一个轿厢，运行在至少两列垂直的或倾斜角小于 15° 的刚性导轨之间。轿厢尺寸与结构形式便于乘客出入或装卸货物。习惯上不论其驱动方式如何，将电梯作为建筑物内垂直交通运输工具的总称。按运行速度，电梯可分低速电梯（运行速度小于 4m/s）、快速电梯（运行速度为 4 ～ 12m/s）和高速电梯（运行速度大于 12m/s）。

19 世纪中期开始出现液压电梯，目前仍在低层建筑物中应用。1852 年，美国人 E.G. 奥蒂斯研制出钢丝绳提升的安全升降机。19 世纪 80 年代，驱动装置又进一步改进，如电动机通过蜗杆传动带动缠绕卷筒、采用平衡重等。19 世纪末，采用了摩擦轮传动，大大增加了电梯的提升高度。

20 世纪末，电梯采用永磁同步曳引机作为动力，大大缩小了机房占地，并且具有能耗低、节能高效、提升速度快等优点，极大地助推了房地产向超高层方向发展。

思政小课堂

联合国《关于残疾人的世界行动纲领》中指出：“要促进实现以下目标：即使残疾人得以充分参与‘社会生活和发展，并享有平等地位’。”上厕所、开关灯、洗衣做饭……这些普通人的“日常”，对于不少残疾人来说却因为缺乏无障碍环境而变得困难重重。特别是对贫困残疾人家庭来说，生活琐事占用了大量的时间和精力，无形中给实现脱贫奔小康制造了麻烦。为此，“十三五”期间，中国残疾人联合会补贴资金 8.33 亿元，为约 23.8 万户贫困残疾人家庭无障碍改造提供补助。据全国残疾人基本服务状况和需求动态更新数据统计，2016—2019 年，全国共为 435 万名残疾人完成家庭无障碍改造，其中包括 55 万名贫困重度残疾人，残疾人家庭无障碍改造覆盖率从 2017 年的 9.6% 提高到 2019 年的 40.7%，越来越多贫困残疾人过上了方便、舒心的生活。

3.7 门窗

3.7.1 概述

门和窗是建筑不可或缺的组成构件，它们保证了一栋建筑的完整性。门在建筑中主要起交通疏散的作用。窗在建筑中主要起采光、通风、观景和装饰的作用。随着门的种类和形式的不断创新和应用，门在建筑中同样也有采光、通风、观景和装饰的作用。

门窗设计是建筑设计中重要的一环。门和窗作为建筑物中的人与外界接触的媒介，还具有隔热、隔声、保温、防火等功能。此外，门窗设计将直接影响到建筑空间和外立面的效果，对于开放的、有观景需求的空间，需要其具有良好的透视性，对于私密的空间需要其具有保护隐私的作用。

3.7.1.1 门窗的基本设计要求

拓展
门窗基础知识

1. 安全疏散要求

门作为联系建筑内外空间、室内不同空间的媒介，具有交通疏散的作用。门的大小、数量、开启方向以及门的类型要满足相应的设计规范要求，以确保其疏散的功能。门窗作为经常开合的构件，还需要具有坚固耐用、方便开启、便于维修、易于清洗的功能。

2. 采光要求

建筑的采光和通风主要依靠外窗。不同类型的建筑，对采光要求不同，窗户的形式也会随之变化。从舒适和节能的角度出发，建筑主要依靠天然采光；对于具有展览功能的空间，主要依靠人工照明。因此，针对不同的照度要求，需从材料、宽高比、窗地比以及是否有遮阳措施等方面综合考虑外窗的设计。

3. 通风要求

房间的通风可通过自然通风和机械通风两种手段。从节能和环保的角度，自然通风是保证空气质量的最佳选择。自然通风需要室内外形成良好的对流，因此门与窗户的相对位置很重要。

4. 热工要求

门窗作为建筑的围护构件之一，需要考虑保温、隔热、隔声、防风雨等功能。选择热阻大的材料和合理的构造方式是改善门窗保温、隔热、隔声性能的主要方式。合理的窗户开启方式及良好的气密性、水密性、抗风压性能也能影响门窗的保温、隔热、隔声、防风雨等性能。

3.7.1.2 门窗的节能

门窗作为建筑的围护结构之一，其热工性能最弱。门窗的能耗损失占据建筑围护结构总能耗的40%～50%，是地面的20倍、屋面的5倍、墙体的4倍。因此门窗的节能设计对建筑节能水平及改善室内热环境有重大作用。

门窗即是能耗构件，也是建筑采暖及采光构件。在进行节能设计时，应根据建筑所处地区的气候条件选择相应的节能措施。

3.7.2 门窗开启方式

门窗可按照开启方式、使用材料及使用功能进行分类。按照使用材料，门窗可分为木门窗、塑料门窗、铝合金门窗、钢门窗等。窗户按照所处位置的不同，可分为侧窗、天窗；按照使用功能可分为普通窗、百叶窗及防盗窗。但是，无论门窗采用何种材料，是否具有防火、保温、隔声等功能，其开启方式基本相同。门按照开启方式可分为平开门、推拉门、弹簧门、转门、折叠门等。窗户按照开启方式可分为平开窗、固定窗、推拉窗、悬窗、百叶窗等。

3.7.2.1 平开门

关键词：双扇　单扇

知识点描述

平开门是民用建筑最常见的门形式，它是围绕铰链轴水平开启的门。门扇有单扇、双扇，内开和外开之分。平开门构造简单，便于开启和维修。

资源链接

图 3.7.1　平开门

拓展
双扇平开门开启方式

知识拓展

门的尺寸：门的数量和尺寸的确定要符合安全疏散要求和防火规范。一般民用建筑门的高度不宜小于 2100mm。门的宽度由门扇数量及房间功能决定，供人日常进出的房间，单扇门宽度一般为 800 ~ 1000mm，双扇门一般为 1200 ~ 1800mm，厨房、卫生间、储藏室门宽一般为 600 ~ 800mm。对于人流密集的场所，例如剧院、车站、体育馆、报告厅等，门宽可按照每百人 600 ~ 1000mm 的宽度设置。此外，在满足安全疏散及防火规范的基础上，可根据功能需要及装饰效果适量增加门的数量及尺寸。

思政小课堂

随着我国经济建设和城市建设的快速发展，商场、超市、体育场、影剧院等大型公共建筑增多。这类建筑人流聚集、流动性大，财富高度聚集，发生火宅或者地震时极易造成重大人员伤亡和财产损失，疏散通道、疏散门和疏散楼梯是灾害发生时重要的生命之路。平开门作为疏散门的一种，其开门方向、尺寸、数量应严格按照规范要求设计。

3.7.2.2 推拉门

关键词：轨道　装饰门　分隔空间

知识点描述

推拉门的开合方式是沿轨道左右滑行。门扇安装可隐藏在墙内、柜内或背靠墙体。根据轨道的位置，推拉门分为上挂式和下滑式。根据构造形式，分为普通推拉门、电动推拉门和感应推拉门。推拉门更节省建筑空间，更能适应较大的门洞尺寸，一般用于分隔室内空间，具有一定的装饰功能，但密封性不强。

资源链接

图 3.7.2　推拉门

3.7.2.3　弹簧门

关键词：可视性　自动闭合

知识点描述

弹簧门与平开门开合方式相同，弹簧门的铰链为弹簧铰链。弹簧门能借助弹簧的力量自动闭合，适合人流密集、出入频繁的场所，如商场、医院、学校、办公楼等。为避免相反人流冲突，弹簧门常可视，采用玻璃门或门扇设置安全玻璃。

资源链接

（a）玻璃弹簧门

（b）弹簧门五金

图 3.7.3　弹簧门

3.7.2.4　转门

关键词：门厅　穿堂风　分隔室内外

知识点描述

转门是旋转结构，按照开启原理，有手动转门和自动转门两种。旋转门旋转方向是逆时针，可根据阻尼调节旋转门的惯性速度。旋转门的优点在于保证室内外始终被分隔，有效防止穿堂风，缺点在于占用建筑空间且通行率低，不能作为疏散门使用，常与平开门、弹簧门等组合使用。

资源链接

图 3.7.4　转门

3.7.2.5　折叠门

关键词：多扇门　公共建筑　造型效果

知识点描述

折叠门由多扇门构成，按照其开合方式，分为平开折叠式和推拉折叠式。平开折叠式与平开门相似，门扇通过铰链进行连接和开合；推拉折叠式与推拉门相似，门扇通过顶部或底部的轨道进行折叠和开合，相对于平开折叠式，推拉式更加节省建筑空间。折叠门可采用木板、玻璃、金属、塑料等材质，造型效果好，常见在高档酒店、办公楼及大型公共建筑的室内或室外。

资源链接

图 3.7.5　平开折叠门

3.7.2.6　平开窗

关键词：单扇　双扇　内开　外开

知识点描述

平开窗开合方式同平开门。窗扇有单扇、双扇，内开和外开之分。平开窗构造简单，便于开启和维修，是民用建筑中最常见的窗户形式。

资源链接

图 3.7.6　内开平开窗

知识拓展

窗的尺寸：窗户的尺度要满足采光、通风要求及符合现行《建筑模数协调标准》(GB/T 50002—2013)。民用建筑最常用的窗洞尺寸宽为1200mm、1500mm、1800mm等，高度1500mm、1800mm、2100mm不等。此外，在满足采光和通风的基础上，可根据建筑立面效果适当改变窗户的形式及尺寸。

3.7.2.7 固定窗

关键词：不可开启　立面　采光

知识点描述

固定窗不能开合，玻璃直接镶嵌在窗框内，供采光、观景用，也可作为建筑立面设计的元素。

资源链接

图 3.7.7　固定窗

3.7.2.8 推拉窗

关键词：节省空间 水平推拉 垂直推拉

知识点描述

推拉窗按照开合方式，分为垂直推拉窗和水平推拉窗。推拉窗不占据较大室内空间，是民用建筑中最常见的窗户形式。

资源链接

图 3.7.8 推拉窗

3.7.2.9 悬窗

关键词：上悬窗 中悬窗 下悬窗

知识点描述

悬窗按照开启方式，分为上悬窗、中悬窗和下悬窗三种。三种悬窗构造基本相同，因五金构件的位置不同，开启方式也不同。

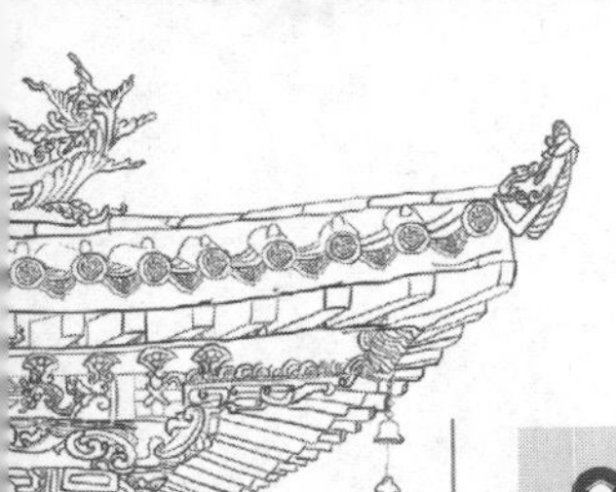

资源链接

（a）上悬窗

（b）中悬窗

（c）下悬窗

图 3.7.9　悬窗

拓展
上悬窗开启方式

3.7.2.10　百叶窗

关键词：遮阳　立面

知识点描述

百叶窗有固定式和活动式两种，主要功能有遮阳、防风沙及防雨等功能，采光差。百叶可采用金属、木材、玻璃等材质，也可作为建筑立面设计元素。

拓展
中悬窗开启方式

拓展
下悬窗开启方式

资源链接

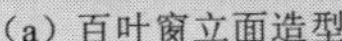

（a）百叶窗立面造型

（b）木质百叶窗

图 3.7.10　百叶窗

3.7.3　木门窗

关键词：木材　中国古建筑门窗

知识点描述

木门窗指门窗的主材为木材材质的门窗。木门主要由门框、门扇、亮子、五金零件及其他附件组成；木窗主要由窗框、窗扇、五金零件及其他附件组成。中国古建筑中的门窗都为木门窗，现代建筑中的木门窗常做防火、防腐处理。

资源链接

（a）古建筑木门窗

（b）现代建筑木门窗

图 3.7.11　古代、现代建筑木门窗

拓展
木门窗

拓展
古代、现代建筑木门窗实景

知识拓展

木材本身具有节能、环保、保温的材料特性，但是防水、防火和防潮性差。木材是我国古建筑中的主要建筑材料，也是当代地域性建筑中常使用的建筑材料之一。

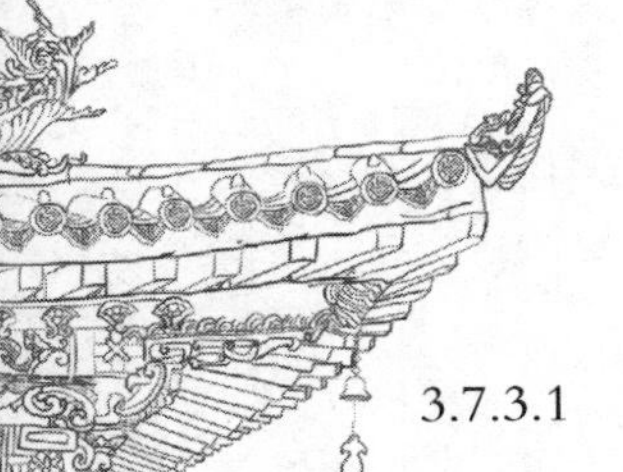

3.7.3.1　木门框

关键词：立口式　塞口式

知识点描述

门框一般由上框和边框组成，当门有亮子的时候，设有中横档，多扇门需设置中竖梃，外门有时还需设置下槛。门框的断面形式与门的类型有关。门框与墙面的连接常采用榫接。门框的安装方式有先立口和后塞口两种。门框又称门樘，故立口又称立樘子，指在砌筑墙体前先立门框，然后再砌筑墙体。这种方式砌筑的门框和门洞宽度一样，墙体与门框连接紧密，但是工序复杂，施工不便，目前使用较少。塞口，又称塞樘子，指在砌筑墙体时预留门洞，然后再安装门框。这种方式的洞口宽度一般要比门框宽 20 ～ 30mm、高 10 ～ 20mm，以便安装门框。边框需每隔 600 ～ 1000mm 高预埋木砖，方便用圆钉、木螺钉或膨胀螺栓等固定门框。门框与墙体间的缝隙需用砂浆填实；在寒冷地区的室外门，应用沥青麻丝、矿棉等保温材料填实。门框与墙体接触的部分应做防腐处理。

资源链接

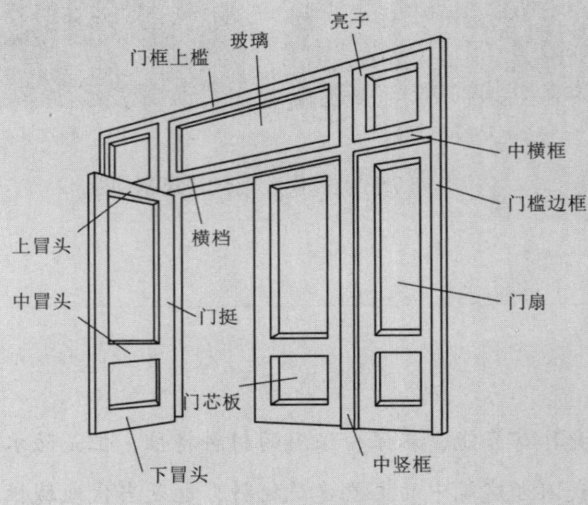

图 3.7.12　木门框组成

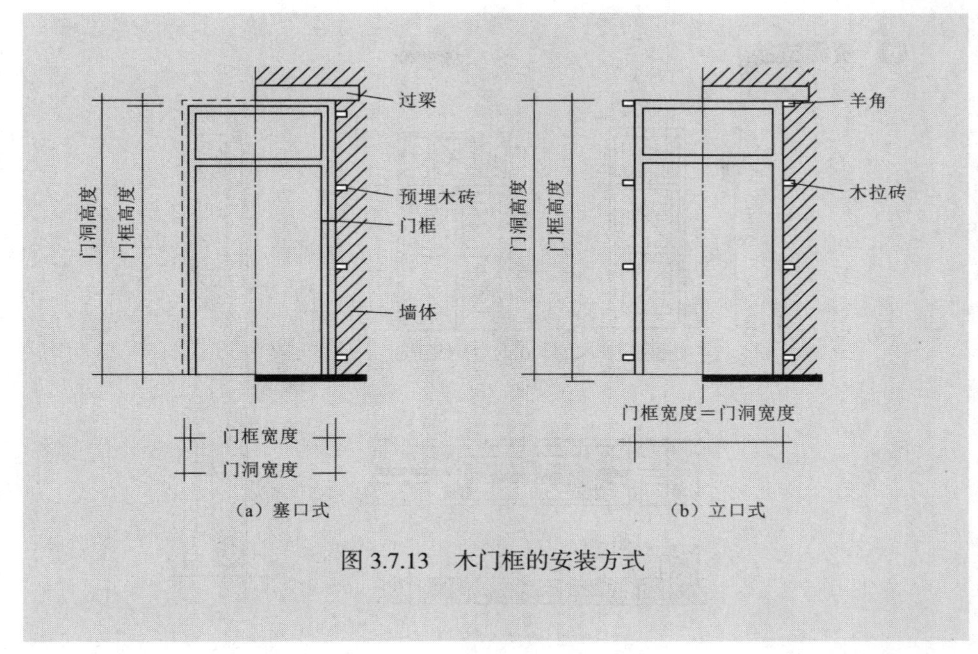

图 3.7.13 木门框的安装方式

3.7.3.2 镶板门

关键词：户内门 门芯板

知识点描述

镶板门主要由门骨架和门芯板组成。门骨架由上梃、中梃、下梃和边梃组成，边梃和上、中、下梃采用榫料连接，骨架间镶嵌门芯板。骨架的断面尺寸基本相同，宽 100 ~ 120mm、厚度 40 ~ 50mm，下梃一般宽度会加大至160 ~ 250mm，以防止门扇变形。根据功能和造型要求，门芯板可采用拼接木板、玻璃、纱窗、百叶等材质。

资源链接

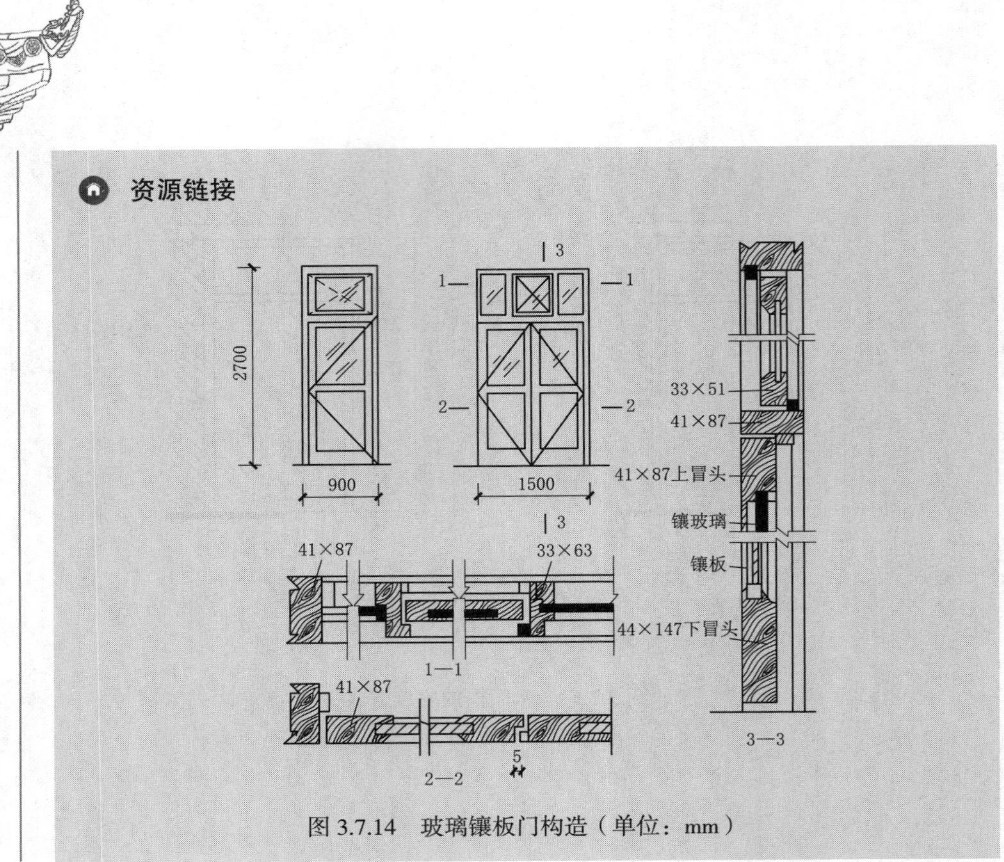

图 3.7.14　玻璃镶板门构造（单位：mm）

3.7.3.3　夹板门

关键词：面板　骨架　防火　分户门

知识点描述

夹板门由中间的轻型骨架和两侧的面板组成。夹板门的骨架用料较少，断面小，同面板一起抵抗变形。根据平板门的样式，骨架可以水平排列、双向排列及密肋排列，边框一般采用宽 30 ~ 60mm、厚 30mm 的木料，中间的肋条采用宽 10 ~ 25mm、厚 30mm 的木条，间距一般为 200 ~ 400mm。骨架间还可填充保温、隔声材质，能有效改善房间的保温、隔声效果。另外，为了防止因温差、湿度差造成的门变形，应在骨架上开设通气孔。面板可采用胶合板、硬质纤维板和塑料面板；面板可镶嵌玻璃、百叶，在镶嵌处应做加固处理。因夹板门质量轻、造型简洁、经济，常用于民用建筑的内门。夹板门的表面也可通过刷涂防火材料、外包镀锌铁皮等方法，起到防火效果，用于住宅的分户门。

资源链接

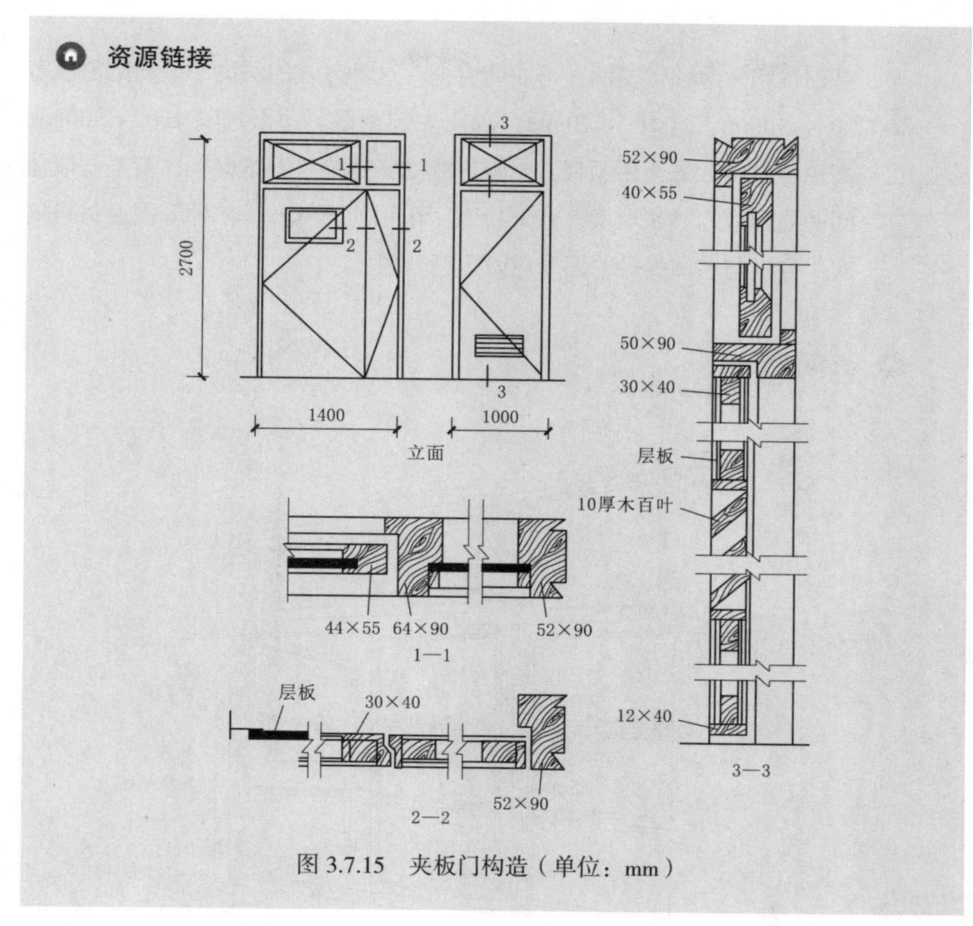

图 3.7.15 夹板门构造（单位：mm）

3.7.3.4 木窗框

关键词：立口式 塞口式

知识点描述

窗框由上梃、下梃、边梃、中横档、中竖梃组成，是联系窗扇与墙体的构件。木窗框的安装同门框类似，分为先立口和后塞口。立口式做法是砌筑墙体前先立窗框，后砌筑窗间墙。在立框时会在上、下框各伸出半砖长的木段，在边框每隔 400 ~ 600mm 设一木拉砖或铁脚，在砌筑墙体时砌入墙内，从而加强窗框与墙体间的连接。这种做法的缺点是砌筑墙体时容易碰到窗框及临时支架，增加施工难度。塞口式做法

是砌筑墙体时预留窗洞，再安装窗框。这种方式的洞口一般要比窗框宽 20 ~ 30mm、高 10 ~ 20mm，以便安装窗框。边框每隔 400 ~ 600mm 高预埋木砖，方便用圆钉、木螺钉或膨胀螺栓等固定窗框。窗框与墙体间的缝隙应用砂浆填实；在寒冷地区应用沥青麻丝、矿棉等保温材料填实。窗框与墙体接触的部分应做防腐处理。

资源链接

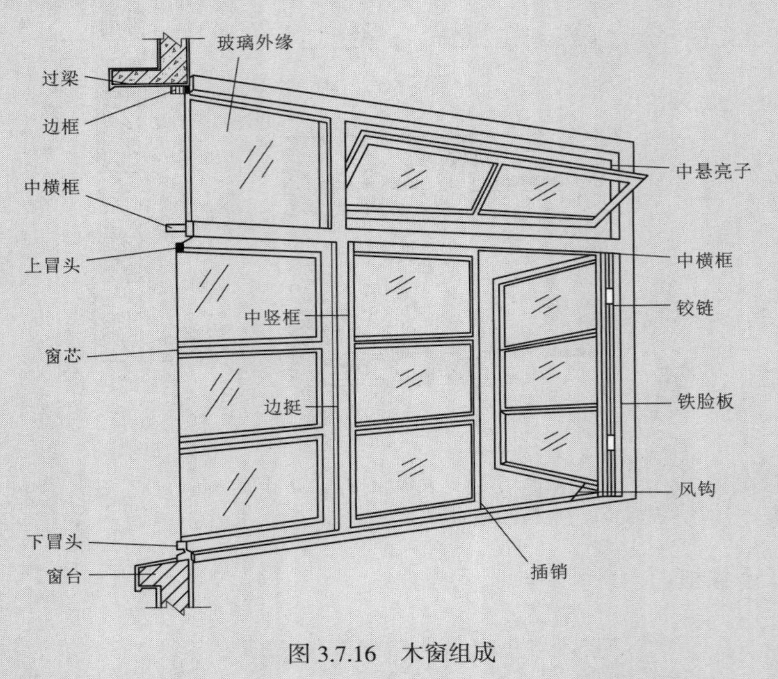

图 3.7.16　木窗组成

3.7.3.5　木窗扇

关键词：拔水板　滴水槽

知识点描述

窗扇由上梃、下梃、边梃、窗芯及玻璃组成，边梃和上梃、下梃采用榫件连接。镶嵌玻璃时，在窗户的上梃、下梃、边梃及窗芯上做铲口，深度视窗户厚度而定，但不超过窗扇厚的 1/3，宽度为 10 ~ 12mm。为防止风雨，两扇窗的接缝处可做成高低缝，内开窗的下口和外开窗的上口，应做披水板及滴水槽，窗户内槽及窗盘处做积水槽及排水孔将渗入的雨水排除。

资源链接

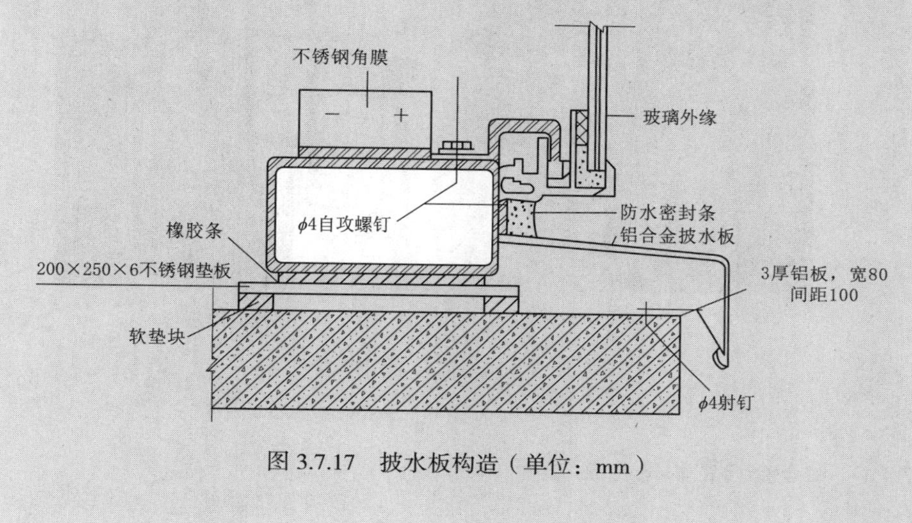

图 3.7.17　披水板构造（单位：mm）

3.7.4　铝合金门窗

关键词：铝合金　现代建筑

知识点描述

铝合金门窗是采用铝合金挤压型材为框、梃、扇料制作的门窗。铝合金门窗具有质量轻、耐老化、易成型等优点，是现代建筑中最常见的门窗类型之一。

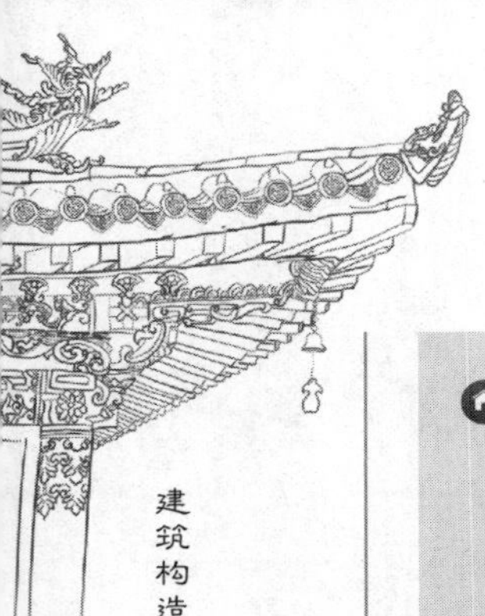

资源链接

（a）铝合金折叠门

（b）铝合金窗

图 3.7.18　铝合金门窗应用

3.7.4.1　铝合金门窗构造要点

关键词：塞口式　建筑隔热　建筑隔声

知识点描述

铝合金门窗框的安装采用塞口式，安装时要保证与墙体对接位置精准、牢固。具体安装做法：用膨胀螺栓、射钉或钢件将铝合金门窗上的固定铁件与墙内的预埋件连接；门窗框与墙体间的缝隙应分层用泡沫塑料条、泡沫聚氨酯条、矿棉毛毡等软质保温材料填缝，防止门窗框四周产生的冷热交换影响门窗及建筑的保温隔热、隔声等功能；门窗框四周外口留 5 ~ 8mm 深的槽用密封胶密封，铝合金门窗不宜用水泥砂浆作为填缝材料，防止门窗框被腐蚀。

资源链接

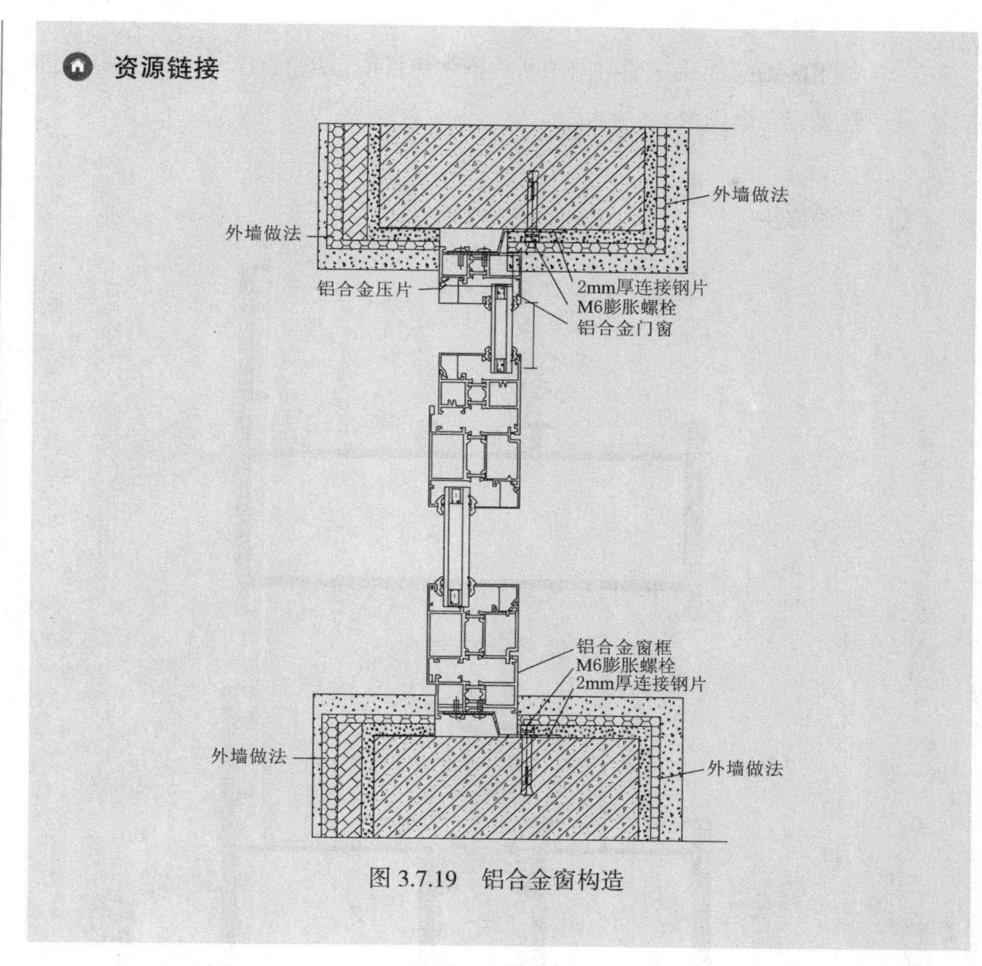

图 3.7.19　铝合金窗构造

3.7.4.2　铝合金门窗热工性能

关键词：隔热条　灌注工艺

知识点描述

铝合金框材导热系数高，保温、隔热性能较差，所以目前最常见的是断热型铝合金门窗，它利用机械方式，将具有低传热性能的复合材料与铝合金组合达到提高铝合金门窗热阻的目的，从而改善了铝合金门窗的保温隔热性能。

断热型铝合金门窗有穿条式和灌注式两种工艺。穿条式是利用隔热条将型材内外两部分连接起来，从而阻隔内外的热传；灌注式是将聚氨

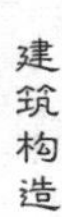

基甲酸乙酯灌注在型材内的断热槽内。目前市场上最常见的是穿条式断热型铝合金门窗。

资源链接

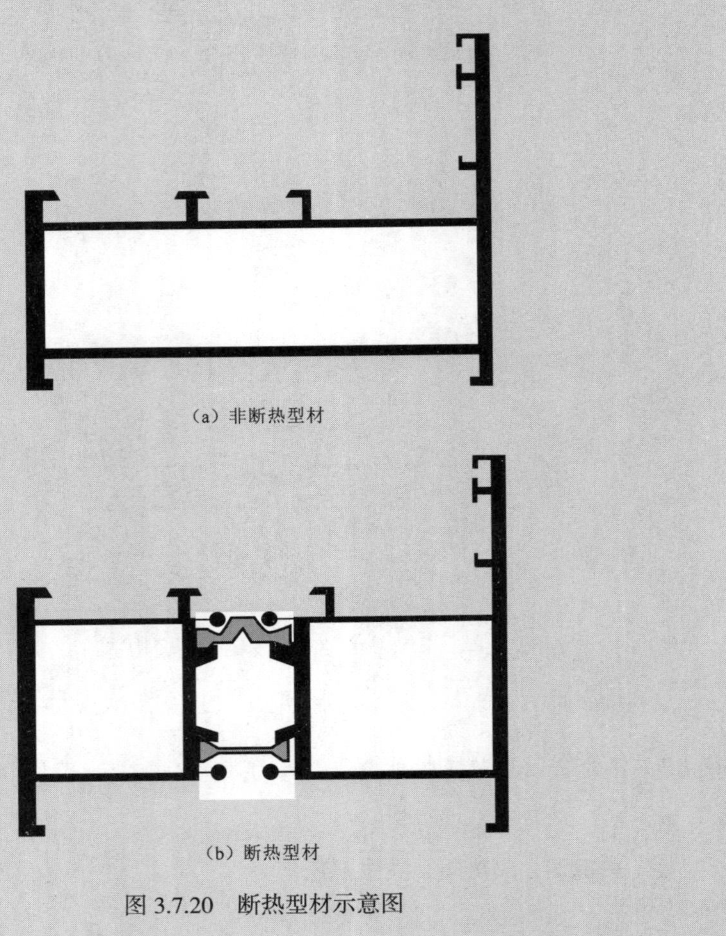
（a）非断热型材

（b）断热型材

图 3.7.20　断热型材示意图

知识拓展

彩钢门窗和铝合金门窗综合性能比较：同属金属类门窗，气密性、水密性、防腐和耐候等性能两者相当，差异主要体现在强度、保温隔热性、采光性、隔声性、防火性能等方面，铝合金门窗不如节能彩钢门窗。

3.7.4.3 门窗五金件

关键词：滑轨 铰链

知识点描述

门框与门扇、窗框与窗扇间五金连接件有铰链、风钩、插销、拉手及滑轨等；门框与墙体间五金件有门吸、密封条等。

资源链接

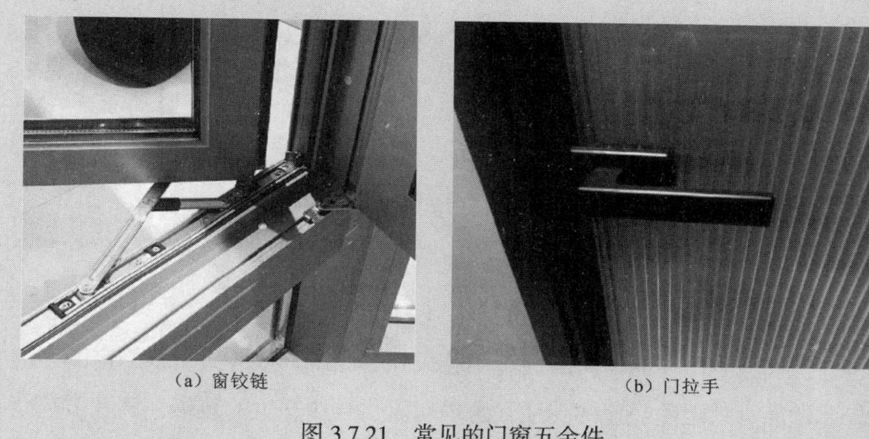

（a）窗铰链 （b）门拉手

图 3.7.21 常见的门窗五金件

3.7.5 塑钢门窗

关键词：塑料 钢材料 耐腐蚀 耐老化 现代建筑

知识点描述

塑钢门窗采用性能良好的通用性塑料作为框材，结构内部加钢衬支撑门窗。塑料门窗的框材导热系数低，具有良好的保温隔热性能，并且气密性和装饰性较好，是现代建筑中广泛应用的门窗形式。塑料门窗具有经济、节能、美观等优点，并且材料本身具有良好的耐腐蚀、耐老化等功能，因此塑料门窗在现代建筑中得到广泛的应用。

资源链接

图 3.7.22　塑钢上悬窗

3.7.5.1　多腔塑钢门窗

关键词：多腔　隔热性能

知识点描述

塑钢门窗的框材断面有单腔式和多腔式。多腔式塑钢门窗的多道腔壁能有效阻隔热流的传递，削弱对流、导热产生的热传，并且多腔能有效减少辐射热传的强度，所以其保温隔热性能优于单腔式。多腔结构又有双腔、三腔、四腔等形式，由于三腔以上的结构复杂，生产难度较大，因此目前最常采用双腔结构。

资源链接

图 3.7.23　遮阳一体化多腔塑钢窗截面

3.7.5.2 塑钢门窗构造要点

关键词：塞口式　预埋木砖

知识点描述

塑料门窗的安装采用塞口式，具体做法是直接利用射钉、膨胀螺栓等构件直接固定门窗框和墙体或将其与墙内的预埋木砖连接。木砖应做防腐处理。门窗框与墙体间的缝隙应用泡沫塑料等发泡剂填实，再用密封胶密封。

资源链接

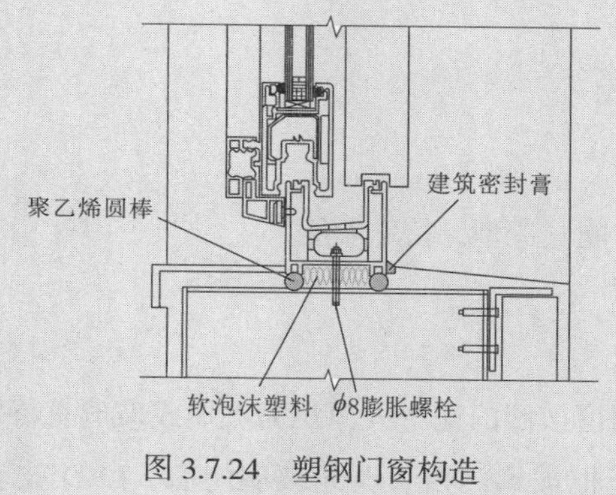

图 3.7.24　塑钢门窗构造

3.7.6　钢门窗

关键词：碳素钢　不锈钢　彩板　断热钢

知识点描述

钢门窗是框、扇采用钢质型材或板材制作成的门窗。根据钢门窗的不同型材，有普通碳素钢门窗、不锈钢门窗、彩板门窗、高档断热钢门窗。钢门常用作电梯门。钢门窗保温隔热性能较差，所以建筑外墙用钢门窗常采用断热型钢门窗。普通碳素钢门窗耐腐蚀性差，可通过镀锌或涂防锈漆进行防腐处理。钢门窗与其他金属的接触部位应设置防腐绝缘隔层，防止电化腐蚀。

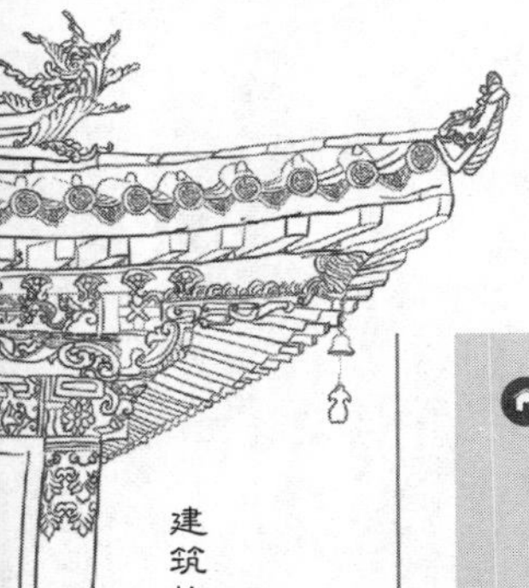

资源链接

图 3.7.25　不锈钢电梯门

3.7.7　玻璃门窗

关键词： 节能　造型　特殊功能

知识点描述

玻璃门窗按照门窗中大面积为玻璃或玻璃有特殊功能的方式进行分类，包含无框玻璃门窗、调光玻璃门窗、LED 玻璃门窗、镀膜玻璃门窗、中空玻璃门窗、夹丝玻璃门窗、钢化玻璃门窗等多种形式。这种门窗常用在有节能要求、光线要求或空间感受要求高的建筑空间内。

资源链接

图 3.7.26　玻璃天窗

3.7.7.1 无框玻璃门窗

关键词：公共场所 玻璃幕墙 钢化玻璃

知识点描述

无框玻璃门窗就是没有框的玻璃门窗，它具有良好的采光性，可以任意组合使用，常见于商场、酒店、高层办公等公共场所。无框玻璃门一般是采用 8 ~ 12mm 的钢化玻璃制作门扇，无框玻璃门上下采用装饰框或夹子即可固定，地面则需要埋设地弹簧。

资源链接

图 3.7.27 无框玻璃窗

拓展
玻璃门窗

3.7.7.2 调光玻璃门窗

关键词：空间层次 空间氛围 隔离空间

知识点描述

调光玻璃门窗常作为室内隔断用，玻璃可以通过通电进行光线调节，所以常见于更注重空间塑造的公共建筑。调光玻璃在断电时通过玻璃本身去隔离空间，通电时通过光的强度、色调起到增加空间层次感、增大空间感或增强隐私性的功能。调光玻璃门窗的造价高、安全要求高。

资源链接

（a）不通电状态

（b）通电状态

图 3.7.28　调光玻璃

知识拓展

LED 玻璃是通电发光玻璃的一种，是将 LED 膜技术同玻璃相结合，应用于建筑门窗中。与调光玻璃门窗类似，LED 玻璃门窗也是需要通电使用的门窗类型，常见于室内空间隔断及建筑外立面玻璃幕墙，由于 LED 的材料特性，LED 玻璃具有省电、节能的优点。

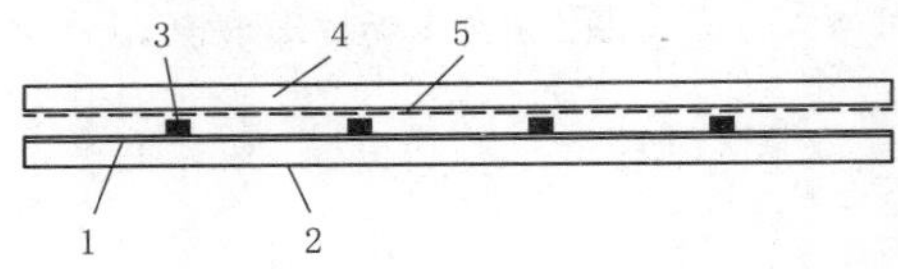

图 3.7.29　LED 玻璃结构

1—导线电路；2—下基板玻璃；3—单个 LED 点光源；4—上盖玻璃；5—EVA 膜（或 PVB 膜）

思政小课堂

现代科技的创新和引入，实现了人们对隐私保护、健康、视觉享受等的需求。集颜值与功能为一体的调光玻璃，可用于办公、休闲、居家等场所。比如某景区的公共卫生间就采用了调光玻璃，无人使用时是透明的，人进去锁门之后就会立刻不透明。

3.7.7.3 中空玻璃门窗

关键词：中空玻璃

知识点描述

建筑围护构件中，门窗的能耗约占建筑围护部件总能耗的40% ~ 50%，因此增强门窗的保温隔热性能、减少门窗的能耗，是改善室内热环境质量和提高建筑节能水平的重要环节。中空玻璃具有突出的保温隔热性能，是提高门窗节能水平的重要材料。近些年，中空玻璃门窗已经在建筑上得到了极其广泛的使用。

资源链接

图 3.7.30　三玻两腔中空玻璃

知识拓展

建筑节能相关标准，如《温和地区居住建筑节能设计标准》（JGJ 475—2019）、《公共建筑节能设计标准》（GB 50189—2015）等。

3.7.8 铁花门窗

关键词：庭院　装饰作用

知识点描述

铁花门窗在建筑中主要起到装饰作用，可用作建筑的庭院门、庭院内的铁花景观窗。因为其保温、隔热性能差，耐腐蚀性弱，很少用作建筑的围护结构用门窗。铁花门也可作为室内分隔板用，划分建筑空间。

资源链接

图 3.7.31　具有围护和装饰作用的铁花门窗

第四单元

知识点回顾

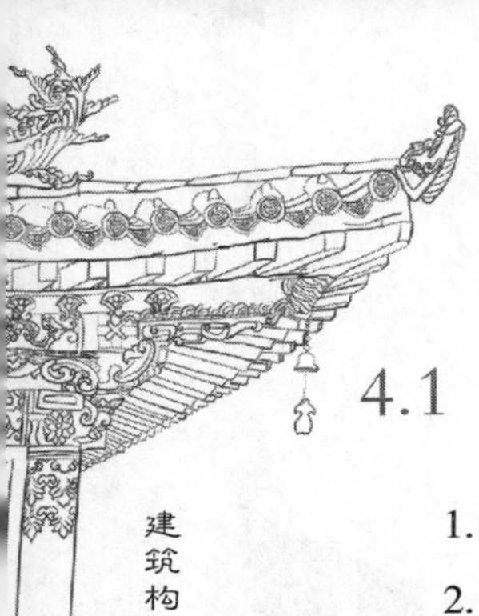

4.1　墙体知识回顾

1. 简述墙体类型的分类方式及类别。
2. 简述砖混结构的几种结构布置方案及特点。
3. 墙体设计在使用功能上应考虑哪些设计要求？
4. 砖墙组砌的要点是什么？
5. 简述墙脚水平防潮层的设置位置、方式及特点。

4.2　楼地层知识回顾

1. 简述楼盖层的基本组成和设计要求。
2. 简述地坪层的组成和各层的作用。
3. 阳台的结构及构造设计要求有哪些？有哪些结构布置形式？
4. 举例说明地面面层有哪些做法，有什么特点及要求。
5. 建筑吊顶的组成部分，应满足哪些要求？

4.3　屋顶知识回顾

1. 简述屋顶设计应满足的要求。
2. 屋顶坡度的形成方式有哪些？分析比较各方式的特点。
3. 简述建筑无组织排水和有组织排水的概念、特点和适用范围。
4. 简述卷材防水屋面的泛水、天沟、檐口、雨水口等细部构造的要点，画出构造图。
5. 简述平屋顶和坡屋顶各种保温构造做法的名称和适用条件，画出构造图。
6. 简述平屋顶和坡屋顶各种隔热构造做法的名称和适用条件，画出构造图。

4.4　地基与基础知识回顾

1. 基坑支护的方式如何选择？
2. 天然地基上能否建高层建筑？需要考虑哪些因素？
3. 除文中提及的基础类型外，还有什么不同的基础类型？
4. 建筑的基础为什么要有一定的埋置深度？

5. 地下室的层数有限制吗？

4.5 变形缝知识回顾

1. 变形缝的分类方式有哪些？
2. 墙体变形缝的接缝方式有哪几种？
3. 简述楼地层变形缝构造要点。
4. 简述等高屋面变形缝构造要点。
5. 简述不等高屋面变形缝构造要点。
6. 简述基础变形缝类型及构造。

4.6 楼电梯知识回顾

1. 楼梯的组成部分有哪些？各组成部分的作用是什么？
2. 常见的楼梯形式的使用范围有哪些？
3. 预制装配式楼梯的构造形式有哪些？
4 台阶与坡道的构造要求是什么？

4.7 门窗知识回顾

1. 简述披水板和滴水槽的作用及构造要点。
2. 什么情况下不能使用弹簧门？
3. 木门框的组成有哪些？
4. 简述不同材料门窗的特性及使用范围。
5. 简述门窗的开启方式和分类。

参 考 文 献

[1] 郑蝉蝉，肖泽南，仝玉，等 . 防火板包覆木楼板的防火分隔试验研究 [C]// 中国建筑学会建筑防火综合技术分会，中国工程建设标准化协会建筑防火专业委员会，中国消防协会建筑防火专业委员会，中国建筑科学研究院建筑防火研究所 . 第一届建筑防火大会优秀论文集 .

[2] 李路珂，杨怡菲 . 礼用之间：中国建筑、文献与图像中的顶棚 [J]. 世界建筑 ,2023(3):18-27.

[3] 李必瑜，魏宏杨，覃琳 . 建筑构造（上册）［M］. 6 版 . 北京：中国建筑工业出版社，2019.

[4] 徐德秀 . 园林建筑材料与构造［M］. 重庆：重庆大学出版社，2019.

[5] 张宏 . 建筑学视野下的建筑构造技术发展演变［M］. 南京：东南大学出版社，2017.

[6] 唐海艳，李奇，杨龙龙，等 . 民用建筑构造［M］. 重庆：重庆大学出版社，2016.

[7] 韩建绒，张亚娟 . 建筑识图与房屋构造［M］. 重庆：重庆大学出版社，2015.

[8] 王雪松，许景峰 . 房屋建筑学［M］. 重庆：重庆大学出版社，2013.

[9] 淳庆 . 民国钢筋混凝土建筑遗产保护技术［M］. 南京：东南大学出版社，2021.

[10] 王晓华 . 中国古建筑构造技术 ［M］. 2 版 . 北京：化学工业出版社，2019.

[11] 刘昭如 . 建筑构造设计基础 ［M］. 2 版 . 北京：科学出版社，2018.

[12] 原筱丽，刘莹 . 房屋建筑构造［M］. 武汉：武汉理工大学出版社，2018.

[13] 方宇婷 . 建筑构造［M］. 北京：中国建筑工业出版社，2022.

[14] 肖芳 . 建筑构造［M］. 3 版 . 北京：北京大学出版社，2021.

[15] 陈氏凤，王志萍 . 建筑构造与识图基本训练［M］. 2 版 . 北京：机械工业出版社，2018.

[16] 赵雷，齐虹星 . 建筑构造［M］. 成都：西南交通大学出版社，2019.

[17] 王光炎 . 建筑构造［M］. 北京：中国建筑工业出版社，2020.

[18] 杨维菊 . 建筑构造（上册）［M］. 2 版 . 北京：中国建筑工业出版社，2016.

[19] 赵西平 . 房屋建筑学［M］. 2 版 . 北京：中国建筑工业出版社，2017.

[20] 潘睿 . 房屋建筑学［M］. 4 版 . 武汉：华中科技大学出版社，2020.

[21] 民用建筑设计统一标准 GB 50352—2019［S］. 北京：中国建筑工业出版社，2019.

[22] 中国建筑工业出版社，中国建筑学会 . 建筑设计资料集［M］.3 版 . 北京：中国建筑工业出版社，2017.

[23] 艾学明 . 建筑材料与构造［M］. 3 版 . 南京：东南大学出版社，2022.

[24] 建筑模数协调标准 GB/T 50002—2013［S］. 北京：中国建筑工业出版社，2014.

[25] 建筑设计防火规范（2018 年版）GB 50016—2014［S］. 北京：中国建筑工业出版社，2018.

[26] 建筑内修设计防火规范 GB 50222—2017［S］. 北京：中国计划出版社，2017.

[27] 黄占斌 . 环境材料学［M］. 北京：冶金工业出版社，2017.

[28] 钱晓倩，金南国，孟涛 . 建筑材料［M］. 2 版 . 北京：中国建筑工业出版社，2019.

[29] 周俐俐 . 楼梯建筑结构设计技巧与实例精解［M］. 北京：化学工业出版社，2018.

[30] 付强，张颖宁 . 建筑楼梯［M］. 北京：中国建筑工业出版社，2022.

[31] 吴硕贤 . 建筑声学设计原理［M］. 2 版 . 北京：中国建筑工业出版社，2019.

[32] 王忠华 . 建筑节能原理与应用［M］. 2 版 . 北京：石油工业出版社，2022.

[33] 王瑞 . 建筑节能设计［M］. 2 版 . 武汉：华中科技大学出版社，2019.

[34] 陈乔 . 建筑装饰构造［M］. 武汉：武汉理工大学出版社，2020.

[35] 杨洁 . 建筑装饰构造与施工技术［M］. 2 版 . 北京：机械工业出版社，2020.

[36] 阎玉芹，于海，苑玉振，等 . 建筑幕墙技术［M］. 北京：化学工业出版社，2019.

[37] 建筑抗震设计规范（2016 年版）GB 50011—2010［S］. 北京：中国建筑工业出版社，2016.

[38] 马琳 . 建筑构造与识图［M］. 武汉：武汉理工大学出版社，2017.